JN082672

不可能を可能にせよ！

That Will NEVER Work
The Birth of NETFLIX and the Amazing Life of an Idea

NETFLIX 成功の流儀

マーク・ランドルフ
NETFLIX共同創業者・初代CEO
Marc Randolph
月谷真紀 訳

サンマーク出版

ロレイン――絶対うまくいかないと思った君に。
君はアイデアは信じなかったが、
僕のことはいつでも信じてくれたのを知っている。
愛してるよ。

著者より——本書は回想録であり、ドキュメンタリーではない。20年前のできごとについての私の記憶をもとに書いているため、作中の会話のほとんどは再構成したものである。執筆中に重視したのは、ネットフリックス創業者たちの人となりをできるだけ生き生きと、かつ正確に描き出すことだった。彼らの姿、当時の空気をそっくりそのまま再現したかった。何よりも、ネットフリックスで私たちが何に立ち向かっていたかを——そして逆風の中で成功をつかみとったあの気持ちを伝えたかった。

不可能を可能にせよ！　NETFLIX 成功の流儀　目次

第3章 人生一番のリスクはリスクをとらないこと
——1997年初夏：サービス開始10カ月前

第6章 いよいよ会社が立ち上がる
——1997年秋〜冬：サービス開始6カ月前

第7章 こうして社名は決まった
——1997年冬：サービス開始4カ月前

第8章 準備完了——1998年4月14日:サービス開始当日

第9章 ある日のオフィス——1998年初夏：サービス開始7週前後

第11章 ビル・クリントンにちょっと一言

——1998年9月：サービス開始5カ月後

第12章 「君を信頼できなくなっている」――1998年秋：サービス開始6カ月後

第13章 山を越えて
——1999年春：サービス開始1年後

第14章

先のことは誰にもわからない
——1999年秋：サービス開始1年半後

第15章 成功の中で溺れる ――2000年9月：サービス開始2年半後

第16章 激突 ――2000年9月：サービス開始2年半後

第17章 緊縮策

——2000〜2001年：サービス開始24〜36カ月後

第18章 株式公開 ——2002年5月：サービス開始49カ月後

エピローグ――ランドルフ家の成功訓

装幀　：重原隆
翻訳協力：オフィス・カガ
編集協力：株式会社ぷれす
ＤＴＰ　：山中央

主な登場人物

マーク・ランドルフ（主人公、NETFLIX 創設者）
ロレイン・ランドルフ（マーク・ランドルフの妻）
ローガン・ランドルフ（マーク・ランドルフの長男）
モーガン・ランドルフ（マーク・ランドルフの長女）
ハンター・ランドルフ（マーク・ランドルフの次男）

リード・ヘイスティングス（NETFLIX 投資家第 1 号、のちに共同経営者、CEO）

クリスティーナ・キッシュ（NETFLIX プロダクト・マネージャー）［夫カービー］
ティー・スミス（NETFLIX コミュニケーション・ディレクター）
エリック・メイエ（NETFLIX CTO）
ボリス&ビータ・ドラウトマン（NETFLIX 技術者　ウクライナ人夫婦）
スティーブ・カーン（マークのかつての上司でメンター　NETFLIX 投資家第 2 号）
デュエン・メンシンガー（NETFLIX 最高財務責任者［CFO］候補）
ジム・クック（NETFLIX 業務担当部長）
ミッチ・ロウ（NETFLIX 社員　元ビデオドロイド経営者、ビデオ流通のプロ）
グレッグ・ジュリアン（NETFLIX 経理担当）
コーリー・ブリッジス（NETFLIX 顧客獲得担当）
スレーシュ・クマール（NETFLIX エンジニア）
コー・ブラウン（NETFLIX ドイツ人エンジニア）
パティ・マッコード（NETFLIX 人事部長）
バリー・マッカーシー（NETFLIX CFO）
トム・ディロン（NETFLIX 業務運営部長）

ジョエル・マイアー（NETFLIX 調査・分析責任者）
ニール・ハント（NETFLIX プログラミング部門統括）
アレクサンドル・バルカンスキー（C-キューブ・マイクロシステムズ経営者）
マイケル・アールワイン（映画データ収集家）

マイク・フィドラー（ソニーアメリカ現地法人 DVD 事業代表）
スティーブ・ニッカーソン（東芝アメリカ現地法人 DVD 事業代表）
ラスティ・オスターストック（パナソニックアメリカ現地法人 DVD 事業代表）

ジョイ・コヴィー（アマゾン CFO）
ジェフ・ベゾス（アマゾン CEO）

ジョン・アンティオコ（ブロックバスター CEO）
エド・ステッド（ブロックバスター法務部長）

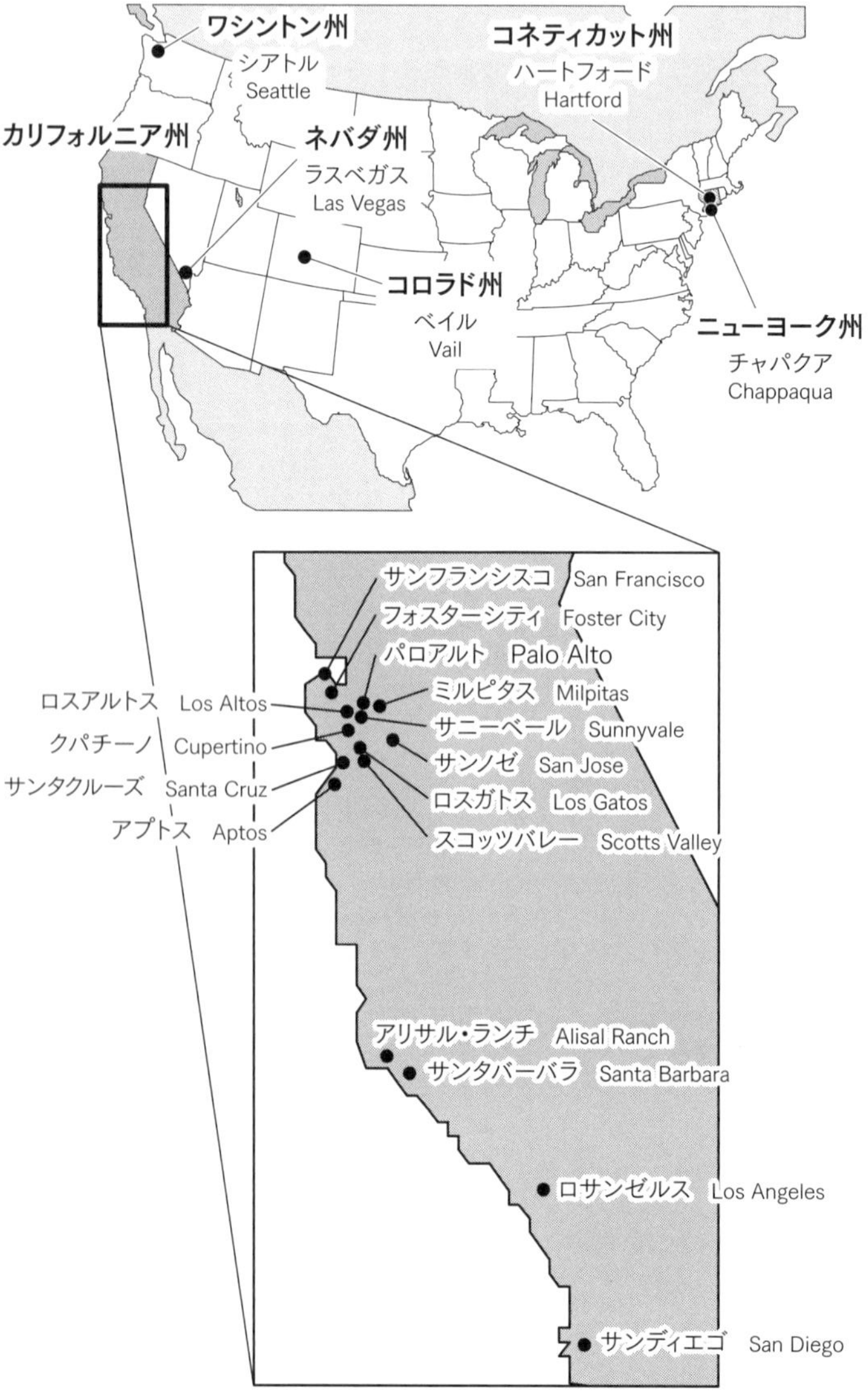
ワシントン州
シアトル
Seattle
コネティカット州
ハートフォード
Hartford
カリフォルニア州
ネバダ州
ラスベガス
Las Vegas
コロラド州
ベイル
Vail
ニューヨーク州
チャパクア
Chappaqua
サンフランシスコ San Francisco
フォスターシティ Foster City
パロアルト Palo Alto
ミルピタス Milpitas
ロスアルトス Los Altos
サニーベール Sunnyvale
クパチーノ Cupertino
サンノゼ San Jose
サンタクルーズ Santa Cruz
ロスガトス Los Gatos
アプトス Aptos
スコッツバレー Scotts Valley
アリサル・ランチ Alisal Ranch
サンタバーバラ Santa Barbara
ロサンゼルス Los Angeles
サンディエゴ San Diego

1997
1月

1998

1999

2000

2001

2002

2003

第1章

ひらめきなんか信じるな

サービス開始15カ月前

またしても遅刻だ。リード・ヘイスティングスをピックアップする駐車場まで車でたった3分。しかし、朝食で息子のゲロを浴び、鍵が見つからず、雨が降っていて、さあ出かけようというそのときになって、サンタクルーズ山脈を越えてサニーベールの会社に行くにはガソリンが足りないと気づいたのだから――待ち合わせの朝7時に間に合ったならラッキーというものだ。

リードはソフトウェア開発ツールを作っている会社、ピュア・エイトリアを経営している。その会社が先日、私が創業に参画したスタートアップ企業のインテグリティQAを買収した。リードは会社を買収したあとも私をピュア・エイトリアのマーケティング担当副社長として残した。私たちは交替で車を運転しながら一緒に通勤している。

会社にはいつも定刻に着いているが、誰が運転を担当するかで会社までの道中はがらりと変わる。リードが運転する日は、傷ひとつないピカピカのトヨタ・アバロンで定刻どおりに出発する。制限速度もきっちり守る。たまにスタンフォードの学生が運転手を務めるが、ハイウェイ17号線の曲がりくねった山道を慎重かつ正確に走るよう指示されていた。「ダッシュボードの上になみ入ったコーヒーカップがあるつもりで運転してくれ」とリードが言うのを聞いたことがある。気の毒に、学生は言いつけを守っていた。

私はといえば、車は後部2座席のくたびれたボルボだ。私の運転は優しい言い方をすれば「せっかち」だろう。だが「攻撃的」と言ったほうが当たっているかもしれない。カーブでのハンドルの切り方が急だ。何かで興奮しているときはますますスピードが上がる。

この日は私の当番だった。駐車場に入るとリードはすでに待っていた。自分の車に寄りかかって傘の下に身をすくめている。うんざりした顔をしていた。

「遅い」、彼は傘の滴を払って私の車に乗り込み、フロントシートのつぶれたダイエットコークの缶と紙おむつ2パックを後部に放りながら言う。「この雨じゃすごい渋滞になるぞ」

そのとおりだった。ローレルカーブのところに事故車、サミットに立ち往生したセミトレーラーがあった。その先はいつものシリコンバレーの通勤渋滞だ。プログラマーやエグゼクティブの車が、巣に向かう蟻《あり》のようにハイウェイに長い列を作っていた。

新しい企画

「すまん」と私は言った。「ところで新しいアイデアがある。野球バットのカスタマイズだ。完全個別注文、自分だけのオリジナルだよ。ユーザーにインターネットで情報を入力してもらい、コンピュータ制御されたフライス盤でユーザーが指定した仕様のバットを製作する。長さもグリップの太さもバレルのサイズも正確にね。世界にひとつしかないバットだ。逆に、ハンク・アーロンのバットをそっくり再現したければ、それも可能だ」

リードは無表情になった。私がよく知っている表情だ。傍目《はため》には、汚れたフロントウィンドウ越しに飛び去るセコイアの木々か、少々のろすぎるスピードで前を走るスバルをにらんでいるようにしか見えないだろう。だがその裏で何が起きているか私にはわかる。電光石火のプラスマイナス評価、超高速の費用便益分析、ほぼ瞬時にはじき出されるリスクとスケーラビリティの予測モデル。

5秒、10秒、15秒。約30秒経過したところで彼は私に向き直って言う。

「絶対うまくいかない」

こんな会話を私たちは数週間前からしていた。リードは残業続きで大型買収の話をまとめようとしていた。確定すれば私たちはふたりとも失職する。状況が落ち着いたら、私は自分の会社を立ち上げるつもりだった。私は毎日、車の中でリードにアイデアをプレゼンした。顧問か投資家として参画してくれと働きかけており、向こうも気持ちが動いているようだ。積極的にフィードバックをくれる。**彼にはものの良し悪《あ》しを判断する選択眼があった。**

で、私の車内プレゼンはどうか。ほとんどのアイデアは見込みなしだった。

この案も例にたがわずリードに却下された。現実的でない。オリジナリティに欠ける。絶対うまくいかない。

「それに野球は若い人の間で人気が落ちてきている」、砂を積んだトラックの後ろで車を停止したときに彼は言った。この砂はサンノゼに運ばれ、そこでコンクリートになって、活況を呈しているシリコンバレーで道路や建築物に使われるのだろう。「最初から縮小傾向のユーザー基盤に縛りつけられるのはごめんだな」

「それは違う」と私は言い、理由を説明した。私も事前調査はやっている。スポーツ用品の売上高の数字は頭に入っていた。野球バットの生産についても調べた——原料コスト、フライス盤の購入と稼働にかかる費用。まあ確かに、私情は入っているかもしれない。長男がリトルリーグのルーキーシーズンを終えたばかりだ。

冷静沈着な男リード

私が挙げた一つひとつにリードは答えを返していく。彼は分析的、理性的で、相手に遠慮した物の言い方で時間を無駄遣いしない。私も同じだ。ふたりとも声が大きくなっていったが、腹を立てているわけではなかった。意見のぶつかり合い、だが生産的なぶつかり合いだった。お互い気心は知れている。相手が頑として、妥協のない抵抗をしてくるのはどちらも承知している。

「このアイデアに対する君の執着は合理的とは言えないな」という彼の言葉に、私は笑いそうになった。陰で皆がリードをミスター・スポックにたとえるのを聞いたことがある。誉め言葉として言ったのではないと思うが、誉め言葉にしてしかるべきだ。『スター・トレック』の中でスポックはほとんど判断をまちがえない。リードもそうだ。彼がうまくいかないと思うことはおそらくうまくいかないだろう。

リードと初めて出会った頃に、私たちはサンフランシスコからボストンへアメリカを横断する飛行機に乗った。直前にリードは私の会社を買収していたが、それまではふたりきりでまとまった時間を過ごしたことがなかった。ゲートの前に座って搭乗時間を待ちながら、メモリリークディテクタとソフトウェアバージョン管理に関する資料のバインダーに目を通していると、誰かに肩をたたかれた。リードだった。「なぜそんなところに座ってる?」。私の紙のチケットに目を凝らしながら彼はたずねた。

私が理由を言うと、彼は私のチケットを取り上げてカウンターにつかつかと歩み寄り、私の席をファーストクラスにアップグレードした。

ありがたい、と私は思った。何か読んで、ゆっくりくつろいで、多少睡眠もとれるかもしれない。

ところがそれがリードという人間について知る最初のきっかけとなった。客室乗務員が来ると彼は無料のミモザカクテルを手ぶりで断り、体の向きを90度回転させて視線を私にロックオンした。それからの5時間半、彼は炭酸水を一口飲む間もそこそこに会社の事業状況の徹底検討を行った。私が口をはさむ隙はほとんどなかったが、まったく気にならなかった。それまでに聞いた中で断トツに見事な事業分析だった。まるでスーパーコンピュータにつながっているようだった。

私たちはもうファーストクラスには乗っていない。今私たちがいるのは洗車が必要なボルボの中だ。だが今でもリードの頭脳には魅了されるし、彼の物腰に爽快さを覚える。彼のアドバイス、シリコンバレーに「山越え」通勤しながら無償でしてもらえるコンサルティングに感謝している。

私のビジョンを理解して貴重な助言をしてくれる人間——ガソリン代の分担もさることながら——と同じ会社、しかも同じ街にいあわせるとはなんという幸運だろう。とはいえ、調査に1週間かけたアイデアにまったく実現性がないと聞かされるのは悔しかった。自分の事業アイデアの根拠はことごとく、目の前のトラックに積まれた砂のように不安定でもろいのかと、私の中に疑念が生じ始めていた。

そのトラックはまだ左の車線にいてのろのろと走り、後続の車を足止めしていた。むかっ腹が立ってきた。ライトを点滅させる。トラック運転手はバックミラーで私を一瞥《いちべつ》したが、反応さえしなかった。私は口の中で悪態をついた。

「肩の力を抜け」。リードは前方の渋滞を手ぶりで示して言った。彼はすでに2回も、しょっちゅう車線変更する私の癖は逆効果で非効率だと言っていた。私の運転は彼を怒らせ、車酔い気味にさせてしまう。「いずれ着くんだから」

「髪をかきむしりたい気分だ」と私は言った。「ただでさえ少ない髪を」。薄くなったくせ毛に手を突っ込んだとき、それは起きた。類いまれなひらめきの瞬間が訪れたのだ。すべてが同時に起きたように思えた。太陽が雲間から顔を出し、雨がやんだ。砂を積んだトラックはようやく目を覚ましたように発進して本来の車線に入り、車列が動き出した。何マイルも先にある、密集したサンノゼの街中まで見通せる気がした。家々、オフィスビル、そよ風に揺れる木の梢《こずえ》。車のスピードを上げるとセコイアの木々が背後に流れ去り、頂に真新しい雪の輝くハミルトン山が遠くに見えた。そのときにやってきたのだ。ついにうまくいくアイデアが。

「通販のパーソナライズ・シャンプーはどうだ」、私は言った。

ひらめきは簡単には起こらない

シリコンバレーはよくできた誕生秘話が好きだ。すべてを変えたアイデア、真夜中に頭上の電球がパッと輝いた瞬間、「違うやり方があるんじゃないか」という会話。

誕生秘話はひらめきが軸になっていることが多い。懐疑的な投資家、慎重な役員たち、興味津々の記者、そして最後に一般大衆に語られる話は、たいてい特定の瞬間にスポットを当てる。さっと霧が晴れたようになる瞬間だ。ブライアン・チェスキーとジョー・ゲビアがサンフランシスコに借りていた部屋の家賃が払えなくなり、エアマットレスを敷いて人を泊め、宿泊料を取ればいいじゃないかと気づいた——それがエアビーアンドビーだ。トラビス・カラニックが大みそかに専用運転手を雇ったとき800ドルもかかり、もっと安くなる方法がないかと考えた——それがウーバーだ。

ネットフリックスにも、ブロックバスターから借りた『アポロ13』に40ドルも延滞料金を払わされたリードが事業アイデアを思いついたとする話が出回っている。延滞料金をなくすにはどうしたらいいかと彼は考え、ネットフリックスのアイデアが爆誕したというわけだ。

いい話だ。使い勝手がいい。マーケティングでよく言う、**心に刺さる**真実味がある。

だが本書を読んでもらえばわかるとおり、それはすべてではない。もちろんリードが『アポロ13』を返し忘れた話は事実だが、ネットフリックスのアイデアは延滞料金とは関係がない。実のところ、創業当初私たちも延滞料金を請求していた。私が声を大にして言いたいのは、**ネットフリックスのアイデアが天啓のように生まれたのではないことだ。それは瞬時に、完璧で有用で明らかに正しい形でひらめいたのではない。**

ひらめきはまれにしか起こらない。誕生秘話にひらめきが登場する場合、たいがいは単純化されすぎているかまったくの嘘《うそ》である。そういう話が好まれるのはインスピレーションと天才にまつわるロマンと相性がいいからだ。アイザック・ニュートンにはリンゴが落ちる瞬間リンゴの木の下に座っていてほしいし、アルキメデスには浴槽に浸《つ》かっていてほしい。

だが真実はもっと複雑である。

優れたアイデアひとつの裏にはろくでもない千のアイデアがある、それが真実だ。しかも両者の違いを見分けるのは時として難しい。

カスタマイズしたスポーツ用品。パーソナライズしたサーフボード。愛犬専用に調合したドッグフード。すべて私がリードにプレゼンしたアイデアだ。私が何時間もかけて検討したアイデアだ。最終的に——何カ月もの調査、何百時間もの議論、ファミリーレストランでの果てしない打ち合わせを経て——私がネットフリックスになったアイデアよりも優れていると思ったアイデアたちだ。

何がうまくいき何がうまくいかないか、私にはまったくわからなかった。

1997年当時、私にわかっていたのは自分の会社を起業したい、その会社でネット販売をやりたい、それだけだった。

そのたった二つの願いから世界有数のメディア企業が生まれたなんてまさかと思われるかもしれない。だがそうだったのだ。

これは私たちがいかにしてパーソナライズ・シャンプーからネットフリックスにたどりついたかの物語である。しかしあるアイデアの数奇な一生――夢がコンセプトになり、皆で共有する現実となるまでの物語でもある。そしてその道のり――私たちが車の中でああでもないこうでもないとアイデアをこねくり回していたふたりから、かつて銀行だった場所でコンピュータとにらめっこする10人になり、証券取引所の電光表示板を自分たちの会社の名前が流れていくのを見つめる数百名の社員になった――で学んだことが、私たちの人生をどう変えたかについての物語である。

プロジェクト成功に必要な真実

この物語を書く目的は、私たちのような創業物語にいつのまにかくっついてくる神話の一部を壊すのがひとつ。しかし同じくらい大事なのは、最初に私たちが特に意識もせずにしたことのいくつかがうまくいったいきさつと理由をお伝えすることだ。リードと一緒に自動車通勤したあの日々から20年以上経《た》つ今になって、当時の私たちの発見には汎用性の高い、プロジェクト成功の決め手になる要素があるとわかるようになった。法則というほどのものではなく、原則ですらないが、苦労して獲得した真実だ。

例えば。**「ひらめきなんか信じるな」**

最高のアイデアが山の上で閃光《せんこう》とともに降ってくることなどめったにない。山の中腹、渋滞につかまって砂を積んだトラックの後ろにいるときにだって来やしない。**最高のアイデアは何週間も、何カ月もかけてゆっくりと、少しずつ姿を現す。実のところ、ようやくそんなアイデアを手にしても、長い間それと気づかないかもしれないのだ。**

1997
春

第2章

「絶対うまくいかないわ」

サービス開始1年前

1998
1999
2000
2001
2002
2003

子供時代の記憶で特に鮮明なのは、蒸気で動くミニチュア機関車を作っていた父の姿だ。一式で売っている小型の電動モデル、組み立ててセットの線路に乗せればあとはコンセントに差し込むだけで動き出す、あの類いではない。わが家のは本格的なマニア向けだった。車輪が鋼鉄製で蒸気で動く、本物を完全に再現したミニチュア機関車だった。車輪、ピストン、シリンダー、ボイラー、クランク、ロッド、はしご、ミニチュアの機関助士がミニチュアの石炭をくべるのに使うミニチュアのシャベルまで、ピースはすべて手作りしなければならなかった。自作しない唯一の部品は組み立てに使うねじだけだった。

ものづくりが好きだった父

父はそれをまったく苦にしなかった。父はもともと原子力技術者で、やがてその技能を原子力と核兵器の開発に投資していた大企業の財務顧問として使ったほうがはるかに儲《もう》かると気がついた。その仕事のおかげで私たち一家はニューヨーク郊外で何不自由ない暮らしができたが、父には研究室が恋しかった。研究機器、計算、ものづくりに携わる誇りが恋しかった。ウォール街の長い一日が終わって帰宅すると、父はネクタイを外してツナギに着替えた。本物の鉄道技術者が着ていたような作業着だ（父は世界中の技術者のユニフォームを収集していた）。着替えが終わると地下室に向かう。ものづくりの時間が始まる。

私はごく普通の、アッパーミドルクラスの家庭で育った。チャパクアにマイホームを構えるお父さんたちは電車でニューヨーク市内に通勤し、お母さんたちは少々大きすぎる美しい家の中で子供たちの世話をした。両親が学校の理事会やカクテルパーティーに出かけている間に子供たちは羽目を外した。

わが家の末っ子がようやく学校に上がると、母は不動産会社を始めた。私たちの家は斜面にリンゴ農園のある丘の上に建ち、裏には大きな池があった。子供の頃は家の周囲に何エーカーも広がる森を庭代わりによく外で遊んだ。でも家の中で両親の充実した書斎の本を読んで過ごす時間も多かった。書斎にはジークムント・フロイトの大きな肖像写真が2枚かかっていた。1枚はフロイト単独で、もう1枚は妻のマーサ・バーネイズの隣でポーズを取っている。その周りには額に入ったもう少し小さな写真や建築物のスケッチや署名入りの書簡が5枚ほど飾られていた。書棚にはフロイトの本が詰まっていた。『文化への不満』『快原理の彼岸』『夢判断』。

当時は1960年代。フロイト精神分析もめずらしいわけではなかった。だが書斎にフロイトのミニ博物館があったのは、家族の誰かが精神療法を受けていたからではない。フロイトが家族の一人だったからだ。彼はジギー伯父さんだったのだ。

厳密にはもう少し込み入っている。フロイトは正確には父の大伯父、私にとっては曽祖伯父にあたる。

直系でないとはいえ、両親はフロイトとの親戚関係を誇りにしていた。彼は成功者、20世紀思想の巨人であり、両親の時代の重要な知識人だった。アインシュタインが親戚にいるようなもので、私たちが大西洋をはさんでヨーロッパでもアメリカでも秀でた一族である証拠だった。

私の縁戚には20世紀の偉人がもうひとりいた。エドーワード・バーネイズだ。バーネイズは私の祖母の兄弟で、ジギー伯父さんの甥《おい》にあたる。あなたが広告の授業を取っていたら、あるいは20世紀のアメリカマスメディアの勉強をしているなら――ニューヨークの広告業界を描いたドラマシリーズ『マッドメン』を観《み》たかタバコの広告を目にしただけでも――きっと、彼の業績を知っているはずだ。バーネイズはいろんな点で現代広報《パブリックリレーションズ》の父であり、心理学と精神分析学の発見をマーケティングに応用する手法を考案した人物だ。朝食にベーコンエッグを食べる習慣ができたのは彼の仕業だ。トーマス・エジソンが電球の発明者として有名になったのも彼のおかげだ（本当はジョゼフ・スワンが発明し、エジソンが改良）。バーネイズはユナイテッド・フルーツ社がバナナを普及させるのに一役買ったあと、今度はＣＩＡとともにプロパガンダを行ってグアテマラのクーデターのお膳立てをした。

というわけで、必ずしも手放しで賛同できる仕事ばかりではない。しかし、エドワード伯父さんの業績に感心できないものが多かったにせよ、父が毎晩わが家の地下室でしていたこと――手元の道具で何かを創り出すこと――が自分にもできる、と私が思い込めたのはこの人のおかげだ。

高校時代は無関心な学生だった。大学では地質学を専攻した。しかし自分の運命を紙の上で確認したければ、出生証明書さえ見ればよかった。そこには「マーク・バーネイズ・ランドルフ」と書かれている。マーケティングの代名詞が私のミドルネームなのだ。

父の教え

父の機関車は美しかった。作るのは数年がかりだった。ひとつ完成させるごとに、父はペンキを塗って仕上げた。さらにひとつ、またひとつ。そして父は私を地下室まで呼び、機関車のボイラーをエアコンプレッサーにつなぎ、作業台に置いた小さなブロックの上に機関車を載せる。空気はバルブをすんなりと流れ、私たちはピストンの前後する動きと車輪のなめらかな回転を見守った。動力を車輪にスムーズに伝える手作りのロッドとコネクターの連携に見とれた。父は圧縮された空気を送ってミニチュアの汽笛まで鳴らしてみせた。

その甲高い音が私は大好きだった。私にとってそれは、努力がまたひとつ実を結んだこと、またひとつ美しい何かが作られたことを正式に告げる音だった。だが父はその音を聞いてしばしば哀愁にひたった。父に言わせると、蒸気で——コンプレッサーの空気ではなく——作動する本物の機関車の汽笛はもっと情緒のある音色だという。その音は父の想像の中でしか聴こえない。地下室に父の機関車を走らせる線路はなかった。ほとんどは本格的に動かさずに、エアコンプレッサーのテストを行うだけだった。私が上階に戻ると父はエアコンプレッサーのスイッチを切り、作業台から機関車をいとおしそうに取り上げて棚におさめ、新しい機関車にとりかかる。

やがて、父が好きなのは機関車を完成させることではなく、手を動かしている時間そのものだとわかるようになった。旋盤に向かう日々、ボール盤やフライス盤と対峙《たいじ》する何千時間だ。機関車が走るところを眺めた記憶はそれほど多くない。覚えているのは、完成したばかりの機関車を見せようと私を地下室に呼ぶ父の弾んだ声だ。50台分の機関車の思い出は、たった1本の車軸に集約されるかもしれない。

「ひとつ教えておこう」、父が左目に拡大鏡を当てながら言ったことがある。「本気で財産を作りたかったら、自分で事業をやるんだ。自分の人生をコントロールしろ」

当時私は高校生だった。エネルギーの大半は女の子とロッククライミングとどうやって酒屋の店員に年齢をごまかしてビールを買うかに向いていた。財産が何を指すのかよくわからなかったが、父の言わんとすることはわかったつもりだった。ああそうだよね、当然じゃないか。

だが父の言葉がようやく理解できた気がしたのは、20年後の1990年代初めだ。それまで何年間も大企業や小さなスタートアップで、他人のためにマーケティングの仕事をしてきた。雑誌『マックユーザー（Mac User）』を共同創刊し、コンピュータ製品を通販で提供した草分けのうちの2社、マックウェアハウスとマイクロウェアハウスを共同創業した。1980年代のソフトウェア大手だったボーランド・インターナショナルでも長く働いた。どの会社でも、私はダイレクト・マーケティングを専門としていた。個々の消費者に直接手紙やカタログを送り、反応を調査していたのだ。その仕事は好きだったし、得意でもあった。私には製品と顧客をつなぐ才能があった。人々が何を求めているかわかっていたし、わからなければ探り出す方法を心得ていた。顧客にリーチするすべを知っていた。

自分の会社を立ち上げる

だがずっと、ある意味、他人のために働いていた。ボーランド・インターナショナルでは大企業の歯車のひとつだった。『マックユーザー』とマックウェアハウスでは共同創業者ではあったが、そこで立案したアイデアは一部しか自分のものではなかった。やりがいはあったが、完全に一人で一から会社を立ち上げたらどうなるだろうという思いが常に心のどこかでくすぶっていた。**自分が解決する問題が自分の問題だったらもっと満たされるのではないか。**金槌《かなづち》を片手に父が私に言っていたのは、そういうことだったのか。父がチャパクアのわが家の地下室に降りて、鍛冶の神ウルカヌスのように作業台に向かっていたのはそういうわけだったのか。父は自分だけの問題を設定して、取り組みたかったのだ。

1997年に私もそんな心境になっていた。あと1年で40歳になる。すばらしい妻と三人の子供に恵まれ、サンタクルーズの街を見下ろす丘の中腹に私たちには少々大きすぎるほどの家を買うだけのお金も手に入れていた。

そして、思いがけずまとまった時間も。

ピュア・エイトリア買収

私の会社を買収し、私が引き継いだマーケティング部門の増強にゴーサインを出してから6カ月経《た》つか経たないうちに、リードは別の会社からの買収話を受け入れ、私たち全員——私、リード、私がマーケティング部門に連れてきたばかりのふたり——のクビが決まった。その後の約4カ月、買収先による綿密な調査の間、私たちは毎日出勤しなければならなかった。給料はもらいつづけていたが、やることは何もなかった——本当に何も。

とてつもなく退屈だった。ピュア・エイトリアのオフィスは今どきのスタートアップの遊び心のあるオフィスとは似ても似つかなかった。昼寝用カプセルもなければ、ロビーにピンボールマシンがあるわけでもない。パーティションで仕切られた職場、人工のオフィス用観葉植物、一定の間隔を置いてごぼごぼと音を立てる冷水器を思い浮かべてほしい。

リードは買収手続きの完了に忙しく、すでに大学に戻って勉強する計画を立て始めていた。CEOとしての職務を終えようとしていた彼は、少し燃え尽き感を覚えていた。世の中を変えたい、だがテクノロジー企業のCEOの立場では無理だと実感するようになっていた。**「本気で世の中を変えるつもりなら、百万ドル単位ではきかない。十億ドル単位の資金が必要だ」**と彼が言ったことがある。それだけの資金がないとすれば、世の中を変える方法は教育だと彼は思い定めた。次第に教育改革に情熱が向かい始め、しかしこの分野で高い学位を取得しなければ誰にも相手にされないだろうと考えた。進学先としてスタンフォード大学に狙いをつけていた。新会社を立ち上げる気はなかった……が、投資家か顧問、あるいは両方の立場でビジネスには関わっていたいともほのめかしていた。

最初、買収によって生まれた宙ぶらりんの時間を私はスポーツに熱中して埋めた。アイスリンクとパックを恋しがっていた東海岸からの移住組を大勢集め、数人の生粋のカリフォルニア人も引き入れて、駐車場で滑稽な自己流ホッケーをやり始めた。オフィスビルに囲まれた影の中、駐車した車の間で互いに体をぶつけあいながら、塩ビパイプで手作りしたゴールに擦り切れたテニスボールを打ち込んで数時間過ごした。

ゴルフ練習場にもしばらく入り浸ったが、数週間で自分にゴルフの才能はないとさとった。練習にそれなりの時間をかければコースに出られるようになるとずっと思ってきて、その仮説を数週間にわたって試したのだ。

1時間半かけたランチのあと、オフィスに戻る途中で練習場に通った。どれだけ球を打っても、さっぱり上達しなかった。

当時も心のどこかでわかっていたと思う。たとえ完璧なスイングができたところで、心の空白は満たされなかっただろうと。私が求めていたのはホッケーの試合に汗を流すことでも、地元のゴルフ場デラビエガでバーディーを獲《と》ることでもなかった。求めていたのはプロジェクトに全身で関わっているという感覚。目的だった。

それで新会社のアイデアを模索し、生まれたのが通販のパーソナル・シャンプーだったというわけだ。

新会社のアイデア

バックパックの中に小さなアイデア帳を常備し、どこへ行くにも持ち歩いた。ドライブにも、マウンテンバイクに乗るときも、まさにどこへでも。アイデア帳はハイキングショーツのポケットにちょうどおさまった。サーフィンにまで持っていった――もちろんサーフィン中は岸に置いたバックパックに残していったが。114番目に却下されたアイデアが「ユーザーの身長、体重、筋力とサーフィンスタイルに合わせてマシン成形したパーソナライズ・サーフボード」なのにはちゃんと理由があるのだ。最高のアイデアは必要から生まれるというが、プレジャーポイント〔サンタクルーズのサーフィンの名所〕で波をつかまえようとしているときに自分に適した形のボード以上に必要なものはない。

私はアイデアマンだ。私にシリコンバレーのオフィスでの暇な時間と高速インターネット接続と複数のホワイトボードを与えたら、ホワイトボード用のマーカーを買い足さなくてはならなくなるだろう。私はたぶん、ゴルフ練習場で恥をかく生活をやめるだけのために事業計画を考え出すようになったのかもしれない。

だが自分が声をかけて引っ張ってきた人たちへの責任感もあった。彼らは何の不満もない会社を辞めて来てくれたのに、やる仕事がなくなってしまった。デスクトップスキャナーを作っていたビジョニアという会社で仲間だったクリスティーナ・キッシュは、働き出して1週間で買収話に見舞われた。ボーランド時代の友人、ティー・スミスは出社初日で解雇を言い渡された。

私についていこうと決めた彼女たちの判断を後悔させたくなかった。私たちが全員失職したとき、彼女たちに次の舞台を用意したかった。それに、身勝手な理由だが、彼女たちを手放したくなかった。クリスティーナやティーのように有能で頭が切れ、一緒に働いていて気持ちのいい人たちを見つけてしまったら、そばに置いておきたいではないか。

それで私はふたりにも新会社のアイデアを話すようになった。ふたりは理想的な聞き手だった。私はアイデアを出すのは得意だが、詰めが甘い。細部を考えるのが苦手なのだ。クリスティーナとティーにはそれができた。

クリスティーナはプロジェクトマネージャーだった。少し内気なところのある、黒髪を後ろでシンプルなポニーテールにまとめた彼女は、先見的なアイデアを実際の製品に落とし込む経験をすでに何年も積んでいた。細かい点に目配りがきくとともに、スケジューリングの手腕に優れ、何があろうと頑として期日までにやりとげる能力があった。先見的なアイデアを可能性の領域から現実に変換する技術に非常に長《た》けていた。

ティーはPRとコミュニケーションのスペシャリストだ。とにかく顔が広い。心をつかむプレスリリースの書き方を心得ているだけでなく、媒体のキーパーソンを知っているし、相手に電話を折り返させる殺し文句もわかっている。記者を招いてのプレスツアーを取り仕切るのは彼女で、それをまるで公式晩餐会《ばんさんかい》のように采配した。ドレスコードからきわめて微妙なしきたりまで熟知していた。どのフォークを使えばいいのかを彼女は必ず知っていた。彼女にとって広報とは一種のステージであり、そこに君臨する女王、歌姫が彼女だった。マドンナ同様、彼女もファーストネームだけで通じた。ラフな格好をしたユーザーグループのモデレーターから格式の高いビジネス紙の編集長まで、誰にでも彼女は「ティー」で通っていた。

実に対照的なふたりだった。クリスティーナは生真面目でちょっと近寄りがたいところがある。ティーはエキセントリックで、自由気ままな装いをし、豊かな髪には奔放にウェーブがかかり、カリフォルニアに何十年住んでいてもボストンなまりが抜けない。クリスティーナは職場でもスニーカーを履き、マラソンが趣味だ。ティーは私に英国の靴のブランド、マノロ・ブラニクが何であるかを教え、シャンパンを2杯飲むとティプシー・バブルズと名のる二つ目の人格が現れた。

だがどちらも頭脳明晰《めいせき》で細部をおろそかにせず、一流の職業人だった――今もだが――点では共通していた。

アイデアさえ良ければ新会社に資金を出すのもやぶさかではないとリードが思っているのをか

ぎつけると、私はクリスティーナとティーに応援を頼んだ。私たちはピュア・エイトリアのホワイトボードの前で何時間も費やすようになった。会社の高速インターネット（当時はめずらしかった——そしてシリコンバレーでさえ、今ほど速くはなかった）を活用して、理想的なとっかかりを探し、何百もの分野の事前調査をした。リードに車内プレゼンする前に、アイデアは検証され、クリスティーナとティーの吟味を経ていたのだ。

駐車場ホッケーでゴールを決めたときよりも、ゴルフ練習場でどれほど遠くまで球が飛んだときよりも、ホワイトボードを前にしたアイデア検討会は楽しかった。ホワイトボードに書き出したアイデアがことごとくハズしていても、クリスティーナとティーの調査で私の深夜の天才的なひらめきが実現性ゼロだと明らかになっても、私にはいずれ名案をつかむ確信があった。地下室での父のように、この作業には喜びがあった。私たちは構想を描いている。いつかそれを形にできるのではないか。

アイデアは私リードは資金

「わかったよ」。火曜の朝、今度はリードのピカピカのトヨタの中で私はため息をつきながら言った。「これもボツか」

車がなめらかに時速55マイル〔1マイル=約1・6キロメートル〕に加速する中、リードはうなずいた。スピード制限きっかり、速すぎも遅すぎもしない。

　アイデア帳の95番目、ペット一頭ごとに個別に調合したフードのアイデアを議論したところだった。アイデアはいいが、コストがかかりすぎる。しかも何かあったら賠償責任で地獄を見る、とリードは指摘した。

「もし犬が死んじゃったらどうする」とリードは聞いてきた。「お客さんを失うぞ」

「お客さんは愛犬を亡くすことになるしね」。私はその朝、柵をかじって穴をあけたわが家のラブラドールレトリーバーの顔を思い浮かべながら言った。

「そうそう」とリードはうわの空で調子を合わせた。「だが要は、顧客ごとにカスタマイズして世界でひとつだけの製品を作るのは単純に難しいんだ。どうやっても簡略化できない。12個作っても、1個作るのと同じ手間が12回分かかるだけ。うまくいかないよ」

「だが売るものが必要だ」

「もちろん。しかし拡張性のあるものじゃないと。12個売るのにかかる手間が1個売るのと同じものがいい。ついでに1回売ったら終わりじゃなく、顧客がついたら同じ相手に何度でも売れるものを探してみろ」

　私は最近考えたアイデアを頭の中で総ざらいした。パーソナライズ・サーフボード、ドッグフード、カスタマイズ野球バット。どれもオリジナル製作だ。ドッグフード以外（サーフボードとバット）はたまにしか買わない。ドッグフードの購入頻度は月に数回といったところか。

「比較的よく使うものって何だろう？　同じ人間が繰り返し使うものって」

リードは少しだけ上を仰いで一瞬考えた。運転席にいたスタンフォードの学生がちらりとこちらに顔を向けて言った。「歯磨き粉ですかね」

リードは顔をしかめた。**「歯磨き粉1本使い切るのに1カ月はかかる。頻度が足りない」**

「シャンプー」、私が言った。

「やめてくれ」、リードが言った。「シャンプーはもういい」

私はしばらく考えたが、その朝は頭がうまく働かなかった。すでにコーヒーを2杯飲んでいたが、昨晩の疲れが残っていた。３歳の娘が夜中に怖い夢を見て起きてしまい、ようやくなだめて寝かしつけられた——泣きやんで目をつぶってもらった——のは、リビングルームのテレビボードの奥深くにささっていた、擦り切れるほど観た『アラジン』のおかげだった。結局娘が寝入ってからも、私はほとんど最後まで観てしまったのだ。

「ビデオテープは？」

リードは私を見た。「嫌なことを思い出させてくれたな」と彼は頭を振りながら言った。「こないだ、映画の返却が遅れてブロックバスターに40ドルもとられたんだぜ。しかし……」。言葉が止まり、顔から表情が消え、彼は窓の外を再び凝視した。やがて視線を上に向け、彼はうなずいた。

「いけるかもしれない」

ビデオでeコマース

その朝、クリスティーナとティーと私はいつものように私の執務室に集合した。クリスティーナにリードとのドライブの顚末《てんまつ》を話すと、彼女はホワイトボードに歩み寄って、この数日間に書き溜《た》めた長いリストと予測と計算結果をゆっくりと消していった。

「バイバイ、ワンちゃん」、ティーが言った。

「すでに世の中にある製品でいこう」と私は言った。「ただしネット経由で入手できるようにして、そこにわれわれが一枚嚙《か》めるものだ。ベゾスは本でそれをやった。本を売るために自分で書く必要はないんだ」

事実、アマゾンは実店舗でしか絶対にできないと思われていたサービスが今ではネットで可能、しかも実店舗より優れたサービスが可能だと証明し、株式公開したばかりだった。eコマースが次の波だ。みんなわかっていた。だから紙おむつ、靴、箱に入るものならおよそ何でも商材にして、オンラインショップが次々と立ち上がっていたのだ。

だから私は毎朝リードとアイデアを話し合い、こてんぱんにされていたのだ。

「ＶＨＳビデオテープを考えてみた」と私はクリスティーナに言った。「あれはまあまあ小さい。一度か二度観たあとずっと取っておきたいとは必ずしも思わない。レンタルビデオ店ははやっているよね。あれをネットでレンタル注文できるようにして、お客さんの自宅に直接送れるんじゃないかな」

クリスティーナは眉根を寄せた。「ということは送料が二度かかりますよね。発送と返送で。お客さんが送料を負担してくれるとは思えないわ」

私はうなずいた。「確かに」

「コストが高くなりますよ」、クリスティーナは小さなノートに数字を書き出しながら言った。「まずテープの仕入れ代、それから送料――2回分。あと送るのに使う包装材でしょ、あと仕入れたテープを保管する場所……」

「それに」とティーが口をはさんだ。「『めぐり逢《あ》えたら』を観るのに1週間も待てる？」

「私なら永久に待つさ」と私は言った。

「つまりね、映画って観たいと思ったら、今観たいじゃない」とティーが言った。

「そうね、でも最近レンタルビデオ屋のブロックバスターに行った？」とクリスティーナがノートに几帳面《きちょうめん》に書き込んだ数字の列にじっと目を落としながらつぶやいた。

「ひどいわよ。並べ方がいいかげんで、やる気が感じられない。品ぞろえも少ないし」

私は執務室の隅にあったホッケースティックを手に取って、ほとんど無意識にテニスボールをファイルキャビネットに打ち込み始めた。ティーがホワイトボードの前に戻って青のマーカーで一番上に「ＶＨＳオンラインストア」と書いた。

再び、三人のアイデアマラソンが始まった。

妻ロレインのダメだし

その晩、私は帰宅するとわが家のビデオコレクションを眺めた。思ったより少なかった。『アラジン』『ライオン・キング』『美女と野獣』、全部ディズニーのパッケージ入りだ。これを郵送すると考えると、ずいぶん大きく見えた。

夕食のテーブルで、妻のロレインは片手で3歳の娘のモーガンの顔についたスパゲティソースをふき取りながら、もう片方の手で末っ子のハンターにアップルソースをスプーンで食べさせていた。私は上の息子のローガンに、フォークでスパゲティを巻き取るやり方をスプーンで教えようとしていた。その間にロレインに新しいアイデアを説明しようとした。どちらもあまりうまくいかなかった。

毎日夕食までには帰宅するようにしていたので、よく仕事を持ち帰っていた。ロレインはある程度は大目に見てくれた。また彼女はいつも、客観的に見て実現可能かどうかを知るための格好のバロメーターになってくれた。新しいアイデアとなると私はつい入れ込みすぎてしまう。

今回、私の話を聞くロレインの表情は疑わしげだった。彼女とコロラド州ベイルで出会ってから20年近くになる。私のスキーパトロール仲間のルームメイトの友達だった。スキー場には恋人と一緒に来ていたのだが……まあ、私の登場によって彼氏との仲がうまくいかなくなったとだけ言っておこう。彼女に惹《ひ》かれた理由は今も変わらない。聡明で、常識をわきまえた現実的な物の見方をするところだ。前のめりになる私を抑えてくれる。

ローガンがフォークに絡めたパスタをなんとか口に入れるのを見届けながら、私はその日の熱意の残りをかき集めてロレインに私の名案を売り込んだ。「この三人を引き連れてブロックバスターに行く苦労を考えてごらんよ」、私はモーガンのソースまみれの顔と歯のない口でご機嫌に笑うハンターの顔を指して言った。「悪夢だろ。それが解決する」

ロレインは唇を真一文字に結んで、ほとんど手をつけていないパスタの皿の縁にフォークをかけた。皆が食べ終わったあと、彼女はシンクの脇で立ったままパスタをかきこまなければならないだろう。その間に私は三人の子供たちを追い立てて風呂に入れ、その後ベッドに追い立てるという長い一連の作業にとりかかる。

「まずね、あなたシャツがソースだらけよ」と彼女は言った。

私は見下ろした。本当だ。別に高級なシャツではない。１９８７年にポーランドのバグハントの宣伝に使った白いTシャツ、スコッツバレーから40マイル圏内でしかオシャレと認められないしろものだ。ソースのしみでオシャレ度が増すわけでもない。子供たちが食事をするときテーブルのそばに常備しているウェットティッシュで私はしみをこすった。

「それとね」、ロレインは満面の笑みで言った。**「それ、絶対うまくいかないわ」**

敵は貸ビデオ店のブロックバスター

ロレインの理由はその週の終わりにクリスティーナとティーが指摘したのとだいたい同じだった。テープは郵送するには大きすぎる。利用者が送り返してくれる保証がない。輸送中に破損する可能性が高い。

だが何より、コストが高すぎた。昔のＶＨＳビデオテープがどれほど高かったか、今では忘れられがちだ。わが家にあったビデオテープが子供たちの映画ばかりだったのにはわけがある。１９９０年代当時、ＶＨＳビデオテープに気軽に買える価格をつけていた映画スタジオはディズニーだけだった。しかもそれは当時でさえ公開から時間の経った作品のみだった。ディズニーにしてみれば『バンビ』だって新作に等しかった。この作品を観ていない客が毎日生まれてくるのだから。

探しているのが子供向け映画じゃないとしたら？　残念ながらテープ1本が75〜80ドルもした。レンタルビデオ店から利用者を奪えるほど魅力的なＶＨＳラインナップをそろえる資金はとてもなかった。

クリスティーナは何日もかけてブロックバスターとハリウッドビデオのビジネスモデルを研究したが、結果は希望が持てるものではなかった。

「実店舗のレンタルビデオ店も苦戦してます。利益を出すには1本のテープを1カ月に20回転させなければならない。顧客の流れを途切れさせてはいけない。そのためにはどうしても、人が観たがる作品の在庫がなければならない――できれば新作の。金曜の夜ブロックバスターに行列ができるのはジャン=リュック・ゴダールを借りるためじゃない。『ダイ・ハード』が観たいからよ。人が大勢並んでるのはそのためですよ」

「なるほど。うちも新作に力を入れよう」、私は言った。「こっちもその手で戦えばいい」

クリスティーナは首を振った。「そうもいかないわ。例えばテープ1本を80ドルで仕入れて4ドルで貸すとします。送料、包装材費、人件費を差し引いたら、利益は1回のレンタルで正味1ドルよ」

「つまり、80回貸し出してようやくトントンになるのね」とティーが言った。

「そう」、クリスティーナが言った。「レンタルビデオ店なら新作を1カ月に25回貸し出せる。郵便で送る時間がかからないから。レンタル期間は24時間だしね。それに包装材の費用と送料も不要だから、レンタル1回当たりの利益も多いの」

「うちはレンタル期間を2日までとしよう」と私は言った。

「それでも送付に最低3日かかるわ」、クリスティーナはノートを見ながら言った。「理想のシナリオでは――可能性は低いけど――映画は1週間後に戻ってくる。同じテープを1カ月に4回貸し出せる。運が良ければですよ」

「じゃあ、利益を出せるだけの回数、新作を貸し出した頃には、もう新作じゃなくなっちゃうわね」とティーが言った。

「そのとおり」とクリスティーナが答えた。

「しかも競争相手はブロックバスターよ」とティーが言った。「アメリカの潜在顧客の家から10~15分圏内にほぼ1軒は必ず店舗がある」

「地方は?」と私は言った。だが本気で口にしたわけではない。彼女たちが正しいのはわかっていた。テープがもっと安くなり、郵便が早くならない限り、映画の郵送レンタルはほとんど不可能だ。

「最初からやり直そう」、私はイレーザーを手にして言った。

1997

初夏

1998

1999

2000

2001

2002

2003

第3章

人生一番のリスクは リスクを とらないこと

サービス開始10カ月前

それからの数週間、私はクリスティーナとティーとともにアイデアを揉《も》み、そのアイデアをリードと議論したが、どれもこれもスコッツバレーとサニーベールの間の路上で私のボルボの床に撃沈した。心が折れ始めていた。

ＤＶＤのことをどうして知ったかは覚えていない。クリスティーナが市場調査で当時出たばかりの技術に気づいたのだったかもしれない。インテグリティＱＡで私の共同創業者だったスティーブ・カーンがホームシアター技術にめっぽう詳しかったから、ピュア・エイトリアのオフィスでそんな話をしたのかもしれない。私が新聞で読んでいたのかもしれない。ＤＶＤは１９９７年にサンフランシスコと他の６都市で試験販売されていた。

だが情報の出所はリードだったのではないかと思う。彼はピュア・エイトリアに無償で送られてくる技術専門誌をすべて本当に読んでいた――私に来たものはオフィスの片隅に積まれたまま埃《ほこり》をかぶっていたのだが。ネットを介したビデオレンタルのアイデアが惨敗に終わってしばらくしてから、リードはまた私にビデオ店でとんでもない額の延滞料金をとられたと愚痴った。映画は彼のアンテナに引っかかっていたのだ。そして映画の郵送レンタルは彼にこれはと思わせることができた数少ない私のアイデアのひとつだった。

まだ店舗にないＤＶＤ

ただひとつだけは、確実に覚えている。ＤＶＤを店頭で見かけたことはなかった。１９９７年以前にＤＶＤが買えたのは唯一、日本だけだった。そしてかりに見つかったとしても再生する方法がない。アメリカではＤＶＤプレーヤーは販売されていなかった。ＤＶＤよりレーザーディスクのほうが見つけるのははるかに簡単だった。

１９９７年3月1日、ＤＶＤプレーヤーが初めてアメリカで試験販売されたときも、ＤＶＤは日本以外では買えなかった。アメリカでＤＶＤ作品が発売されたのは3月19日になってからだ。しかも買えるようになったわずかな作品も新作とはいいがたかった。『熱帯雨林』『アニメ名作集』『アフリカ・セレンゲッティ』。最初に作品の大量リリース――32作――が行われたのは1週間後、ワーナー・ブラザースからだった。

ＤＶＤの規格の変遷も興味の尽きない話だが、本書で取り上げるには長すぎる。要点を絞ると、映画スタジオ、ビデオプレーヤーメーカー、大型ビデオ販売チェーン、コンピュータ会社――どこも、競合する二つの技術が熾烈《しれつ》な市場争いを繰り広げ、顧客が混乱してビデオカセットレコーダーを何年間も買い控えた、あのＶＨＳ対ベータマックス戦争の轍《てつ》を踏むのは避けたいと思っていた。そして数年前に世に出た高価でばかでかいレーザーディスクも、映画マニアとコレクター以外誰にも受けなかった。１９９０年代中盤にはさまざまな技術の開発合戦が行われたが、すべてコンパクトディスクのサイズだった。

注目してほしいのは、コンパクトディスクのサイズだ。私が目をつけたのはそこだった。ＣＤ

はＶＨＳテープよりはるかに小さい。そしてはるかに軽い。おそらく定型の事務用封筒におさまる小ささと軽さで、送るのは32セント〔1セント＝約1円〕切手で十分だろうと思いついた。ＶＨＳに必要な重い段ボール箱と高い郵送料とは比べものにならない。

ファーストセール・ドクトリン

クリスティーナの調べで、映画スタジオとメーカーはＤＶＤを個人が収集できるくらいの価格設定にする計画だとわかった。１枚15～25ドルだ。映画会社がレンタルビデオ店という新業種の普及にテープの価格を釣り上げて対応した１９８０年代とは大きな変わりようだ。

映画会社はレンタルビデオ店がＶＨＳを１本買って１００回貸し出して――これが可能なのは最高裁が「ファーストセール・ドクトリン」〔著作物の複製をいったん売却すると著作者の権利は失われ、買った側が自由に処分できるとするもの〕で認めた権利に基づく――利益を上げているとわかると、唯一の対応策はそのレンタル収入の「公正な取り分」を得るべくＶＨＳの価格を上げることだと判断した。それだけの値上げをすれば一般消費者が買わなくなるのはわかっていたが、ほとんどの人には映画を所有したい欲求はなかったから、割りの合う値上げだった。

映画会社はその過ちに学び、ＤＶＤはＣＤのように消費者が収集できる商品にしようともくろんだ。ＤＶＤの価格が十分に安ければ、顧客はレンタルするという発想をやめてＣＤで音楽アルバムを買うように映画を買うだろうとの理屈だ。顧客がレンタル会社を介さず自宅リビングの棚に映画をそろえるようになる未来を映画会社は想定した。

仕入れコストも送料も安くなる。もし（まだまったく不確かではあるが）ＤＶＤという形式が普及すれば、映画の郵送レンタルには成功の芽がある。本、音楽、ペットフードなど他の巨大なカテゴリーが徐々にネットに進出する中、映画レンタルカテゴリー（年間80億ドル規模だ！）は魅力的なターゲットだった。ＤＶＤに賭けるのはリスクではあったが、このカテゴリーに食い込む道がついに開けたのかもしれない。ＶＨＳレンタルがこれだけはやっているのだ、ＤＶＤ郵送レンタルを成功に持ち込む――そしてビデオ郵送レンタルカテゴリーをしばらくは独占できる可能性はある。

ＶＨＳ郵送レンタルは見込みがない。だがＤＶＤ郵送レンタルならうまくいくかもしれない。

あとはＤＶＤの実物を探すだけだ。

DVD郵送レンタル

私には郵便配達人になるという長年の妄想がある。カリフォルニアに来て数年後に、これはロレインと私のお定まりのジョークになった。社内政争に嫌気がさしたり、起業、資金調達、バブルというたえまない浮き沈みのサイクルへの不安にさいなまれたりすると、ふたりでワインを手に自宅のデッキに出て、よその土地での別の人生を空想した。北西部のモンタナ州の小さな町で私は郵便配達人として働き、ロレインは子供たちを家庭学習で育て、私が5時に担当地域を回り終えると夫婦で一緒に夕食を作る。会社存亡の機もない。徹夜もない。休日出勤もない。出張もない。夜中の3時に起き出して、健やかな眠りを妨げていた心配ごとを書き出すこともなくなる。

　この空想にはもっとゆったりしたシンプルな生活への憧れ――たえず走りつづけなければならない生活から降りたいという願望が含まれていた。一日が終われば忘れてしまえる仕事には心惹《ひ》かれるものがあった。ロレインにも、シンプルライフの空想には同じくらい切実な思いがあったに違いない。会話の途中で仕事が気になりだし、心ここにあらずになる私の癖を彼女は何年も許容してくれた。彼女が何か言ってから、私がそのときの考えごとから集中力を引きはがして答えるまで2～3秒間が空いてしまうのにも彼女は慣れっこになっていた。

　シンプルライフには経済面の魅力もあった。シリコンバレーは住宅相場がアメリカでトップクラスに高いだけではない。ここではすべてが高かった。これまでに興した事業でかなりの蓄えができ、今も給料を稼いでいるのに、全力で走りつづけなければ生活レベルを維持するのもままならないと感じていた。ポーチでロレインと私は現実的なお金の算段込みで長々と空想にひたって過ごした。これまでの蓄えと今の家を売ったお金があれば、モンタナで豪邸が買える。40歳でセミリタイアできるだろう。パートタイムの郵便配達の仕事でも、余裕のある生活が送れるぞ……。

　でも憧れが皆そうであるように、森に囲まれた新生活への夢はかなえずにおくのがおそらく一番よかったのだろう。もし本当にモンタナ州の例えばコンドンに住んで、自分の持ち場を配達して回るしかやる仕事がなかったら、郵便局職員の激高による暴力事件がなぜ頻発しているのかをたちまち身をもって知るはめになったのではないだろうか。

実は、私は悩むのが好きなのだ。毎日、目の前に頭をひねる問題があるのが好きなのだ。解決すべき何かが。

ダイレクトメール王

その夏、私はサンタクルーズ中心街のパシフィック通りの端にあるカフェ、ルル・カーペンターズでさんざん頭をひねった。リードと私は週に一度か二度そこで落ち合って、出勤前に朝食をとるのをならわしにしていた。カフェの開け放した大きな窓を背にリードと私がいつも座っていたテラス席からは、道路を隔てて正面に、パシフィック通りに面して教会のように聳《そび》え立つサンタクルーズ郵便局が見えた。

サンタクルーズ郵便局はたくさんの柱が並び立ち、威容を誇る建物だ。時代を感じさせる魅力に満ちている――御影石と砂岩をあしらった外装、光沢のあるタイルの床、私書箱の並ぶ通路、古色を帯びた真鍮《しんちゅう》の取っ手。私はメールが主流のテック業界にいたから1997年にはもう手紙と縁遠くなっていたが、郵便局のドアをひっきりなしに出入りする人の流れを見ていると、誰かと文通したくなった。週に何千と、いや何十万と郵便を送っていた最初の仕事に記憶がさかのぼる。私はダイレクトメール王だったのだ。

また何かを郵便で送りたくなった。

「どうだろう」、カプチーノの表面の泡に描かれた繊細な葉の模様に目を落としながら私は言った。クリスティーナとティーに手伝ってもらって作り上げた「ＤＶＤ郵送レンタル」案のプレゼンを始めて30分経《た》っていた。「とにかく試してみないか。君の家にＣＤを送ってみる。破損していたら破損していたで、このアイデアがうまくいかないとわかる。無事に着いたら、火曜の夜に聴く音楽ができるわけだよ」

リードは私にひたと視線を当てた。月曜の朝８時、リードはおそらく4時には起きて、すでにエスプレッソのダブルショットを流し込んだはずだ。今はレギュラーコーヒーを半分ほど飲み終わっている。彼はここまでに数回、私たちのどちらもＤＶＤの現物を見たことがないと指摘していた。

私のほうは浮足立っていた。私もリードと同じくらいに起床して、太陽が昇る頃にはレーンでサーフィンをしていた。それから数時間後、陸に上がってコーヒーを飲んでいても、この最新のアイデアが目の前で、遠くまだそれと確認できない波の兆しとして膨らみながら、水平線から立ち上がりつつあるイメージとして見えていた。乗れる波になるかどうか見きわめるにはまだ早い。それでも、うまくポジション取りしておくにこしたことはない。

リードは私のはやる気持ちを感じ取った。「わかった、わかったよ」と言った。「スコーンを食べてしまえよ」

とにかくやってみる

私たちはパシフィック通り沿いにある中古レコード店、ロゴスまで歩いていき、店の前で開店を待った。ロゴスはもちろんまだDVDを扱っていない。だがCDで十分代わりになるだろうと考えた。私はカントリーミュージック歌手パッツィー・クラインの中古のベスト盤を購入した。失敗しても、誰かが聴きたいと思う作品だ。数分後、リードがCDをクラムシェル型ケースから出している間に、私はオフィス用品店ペーパービジョンに飛び込んで封筒を探した。ひとつ送るのに封筒一箱買うのはばからしいので、籐《とう》の籠に入った2匹の子犬が「誕生日おめでとう」と言っているグリーティングカードを買った。ピンクの封筒がついている。リードは郵便局で自宅の住所をプリントアウトし、その間に私が自販機で32セント切手を購入した。

封筒にCDを入れる。切手を貼る。私は封筒の糊《のり》をなめて閉じ、幸運を祈ってキスすると、真鍮板に「地域便」と記された投函口《とうかんぐち》に入れた。

まさに運が働いたといえる。数カ月後、ネットフリックスの実験を始めてだいぶ経ってから、私はサンタクルーズ郵便局の内部を見学させてもらった。そのときにはもう会社は走り出していた。まだサービス開始前だったが、ハイウェイ17号線のトヨタ・アバロンで数々のアイデアをボツにしていた時期からすればずいぶん遠くまで来た。サービス開始がいよいよ現実味を帯び、郵便局内で私たちが投函したＤＶＤが実際にどう取り扱われるのかを見て、封筒の設計を工夫しなければと考えたのだった。

投函口の向こう側に入っていたしみだらけのバスケットの脇、搬出口、配送センターを通りながら私は子供に戻った気分だった。９カ月前にあのピンクの封筒がたどったのと同じ経路をサンタクルーズ郵便局長みずから案内してくれた。切手を貼って投函すると仕分けされ、袋に入れられ、配達トラックに乗せられ、最終的にリードの家の郵便受けに届けられる。高度に自動化されたシステムが高速稼働していて、強い圧力がかかり、頑丈に作った封筒のプロトタイプでも壊れてしまうのではないかと私は予想していた。かりに局内がそうなっていなくても、郵便物はここから近いサンノゼの大きな施設に送られて荒っぽく仕分けされ、サンタクルーズ局に戻されて配達に回されるのだろうと。でも実際に目にしたのはもっと人間的でアナログな現場だった。地域便は手作業で仕分けされるとたちまち局内を移動してドライバーにじかに渡される。驚くほど速くてていねいなプロセスだった。

「どこでもこうしているのですか？」と私はたずねた。

郵便局長は愚問とばかりに笑った。「もちろん違います」と彼は言った。「これは地域便ですから。域外郵便物はすべてトラックでサンノゼまで運ばれ、そこで仕分けされます」

「つまり、ＣＤを裸のまま封筒に入れて地域外に送った場合は、傷がついたりひびが入ったり割れたりしていたわけですか？」

「その可能性が高いですね」、と局長は答えた。

ツイてたな、と私は思った。

これを誤検知〔試験で事実とは異なる結果が出ること〕という。ラッキーの別名だ。あのときもし別の郵便局を使っていたら、あるいはリードがロスガトスかサラトガに住んでいたら、ＣＤは破損していたかもしれない。サンタクルーズのリードの家ではなくスコッツバレーの私の家に送っていたら、無事に着かなかっただろう。私は本書を著していなかっただろう。あるいはひょっとして書いていたかもしれないが、それはシャンプーの物語になっていただろう。

早期参入で優位に立つ

だが翌朝、ピンクの封筒が投函口に消えてから24時間も経たないうちに、スコッツバレーの駐車場で会ったリードは例の封筒を出してきた。中には無傷のＣＤが入っていた。

「届いたよ」と彼は言った。

「やったぜ」と私は言った。

さらば、カスタマイズ・サーフボード。バイバイ、パーソナライズ野球バット。

CDが無事に届いたとき、リードと私は自分たちのアイデアを見つけたと直観したのだと思う。クリスティーナとティーが挙げた反対材料――返却までの時間、利便性――はひとつも解消されていない。だが送料がたった32セントで、DVDが1枚20ドルで買えるのなら、挑戦する価値はある。

DVDとVHSを分かつ本当の要因は、クリスティーナとティーと私の調べで、ラインナップだとわかった。アメリカ国内でDVDが買えるところでも、タイトル数は多くなかった。1997年半ば時点でまだ125タイトルほどしか選択肢がなかった。VHSなら映画が何万本も出ている。

「考えどころは、早期参入するかですよね」。私がCDを見せるとクリスティーナは言った。「レンタルビデオ店の先手を打っておいて、あとは在庫の豊富さで勝負？」

私はうなずいた。「むしろ『在庫そのものがあるかどうか』の勝負だな。DVDプレーヤーなんてまだ誰も持ってないから、レンタルビデオ店がDVDを扱うようになるのはしばらく先になるだろう。唯一の選択肢としてわれわれは長い間優位に立てる」

「普及までのタイムラグを私たちが埋められるかもしれない」とティーが言った。「お店でDVDが見つからなければ、お客さんは届くまで待たされるのを気にしないでしょう」

クリスティーナは眉間にしわを寄せたままだったが、賛成に傾いているのが見てとれた。

「わかったわ」、彼女は言った。「誰か実際にＤＶＤは観《み》た？」

アイデアに値段をつける

アイデアは見つかった。あとは実現のための資金の調達だ。

会社を始めるにあたって、実際に行うのはアイデアに他の人から理解を得ることである。将来の社員、投資家、ビジネスパートナー、取締役会のメンバーに対して、自分のアイデアが相手のお金や世間的評価や時間を費やす価値があると納得させなければならない。最近はそれを、事前に製品を検証して行う。ウェブサイトかプロトタイプを構築し、製品を作って、トラフィックや初期の売上を測定する――すべては投資家になってくれそうな人を訪問したとき、及び腰の相手に、自分がやろうとしていることはたんなる優れたアイデアではなく、すでに存在してうまくいっていると証明する数字を手に入れるためだ。

例をひとつ。数年前、息子は大学を卒業後、起業を志して友人とサンフランシスコに転居した。スコッツバレーのわが家からサンフランシスコに車で向かう間に、息子はスクエアスペース［ウェブサイト制作ツール］でウェブサイトを作り、ストライプ［オンライン決済システム］にクレジット口座を開設し、アドセンスでバナー広告を購入し、広告効果測定のためオプティマイズリー［テストツール］にクラウドベースのアナリティクス［アクセス解析ツール］を設定した。それをすべて1回の週末でやってしまった。

(息子たちがテストしたアイデアのひとつが、通販のシャンプー。いやはや、カエルの子はカエルというべきか)

しかし1997年当時は、パワーポイントひとつで200万ドル調達できた。というより、調達しなければならなかった。理由はたくさんあるが、もっとも根本的な理由は時代にある。1997年にはスクエアスペースなどなかった。ストライプも、アドセンスも。オプティマイズリーもなかった。クラウドはいわずもがなだ。ウェブサイトを作りたければ、エンジニアとプログラマーに作ってもらわなければならなかった。ウェブページを置くサーバーを持つ必要があった。クレジットカードを受け付ける方法を考え出さなければならなかった。アクセス解析は自分でやらなければならなかった。週末でなんてとんでもない。6カ月かけて試すことになる。

そしてそのためにはお金が必要だった。社員を雇用し、スペースを借り、設備を購入し……アイデアの良さを証明して本格的な資金調達ができるようになるまで生き延びるためのお金だ。

一種のジレンマだった。アイデアがうまくいくと証明するためのお金をもらわなければ、アイデアがうまくいくことを投資家に証明できない。

アイデアで相手に売り込まなければならない。

しかし最初のお金を受け取って最初の1株を売るには、価格をつけなくてはならない。これを評価という。アイデアにいくらの値打ちがあるのかを数字にしなければならないのだ。

世間的には、「100万ドル相当のアイデアがあるんです！」と言えばかなりのものだ。だがシリコンバレーではそれほどではない。

どういうことか。ネットフリックスの現在の時価総額は約1500億ドルだ。1997年当時、リードと私は知的財産――DVD郵送レンタルのアイデアに加え、そのアイデアに従事している人間が彼と私であるという事実――の価値は300万ドルと判断した。法外な額ではない――妥当に思われた。真剣なビジネスと受け止めてもらうには十分で、誰も出資したがらないほど高すぎはしない。

会社を離陸させるには200万ドルかかるだろうと私たちは計算した。ウェブサイトをサービス開始に持っていくまでに100万ドル、第2弾の資金調達をしている間の運転資金としてプラス100万ドル。エンジェル投資家が必要だ。幸運にも、ふたりともその目星はついていた。リードだ。

リードが私たちの事業のエンジェル投資家を志望したのは、シリコンバレーを去って教育界に行くつもりだったとはいえ、つながりは残しておきたかったからである。私たちに出資すれば、彼にとってビジネスの世界に関わりつづける手立てとなる。彼がこよなく愛していたスタートアップ・カルチャーの一部でいられる。彼は小さな会社を立ち上げて運営することで、生活に秩序と意味と喜びを得てきた。私が思うに、教育界に転身してそれを失うのが怖かったのかもしれない。私たちの会社のエンジェル投資家になれば一種のセーフティネット、自分が知り尽くしていて歩き方もよくわかっている世界に戻るための命綱を確保できる。自分抜きでその世界が回る恐怖感、単純にいえばそうなるだろうか。

私は出資しないと決めた。ひとつには、三人目の子供、次男のハンターが生まれたばかりだったからだ。それにリードとは異なり、私はプロジェクトに多大な時間を捧《ささ》げる。

私は時間のリスクをとる。彼はお金だ。

しかし最初に資金を出さなかったため、私の会社所有比率は実質的に変わることになった。理由を理解するには、スタートアップの資金調達のやり方について少々知識が必要だ。数学が絡んでくるが、少しがまんしておつきあいいただきたい。

株の希薄化

先ほど触れたように、リードと私はネットフリックス（この時点では私たちふたりとアイデアだけの存在だった）の価値を３００万ドルと見積もった。計算を簡単にするために、ネットフリックスの株式を最初に1株50セントで６００万株にすると決めた。1株で会社の所有権を６００万分の1持つことになる。創業1日目の時点では会社の所有者はリードと私のふたりだけであり、私たちは会社を半分ずつ持つことにした。ひとりが３００万株、つまりネットフリックスの50％を持つ。あれから何事も起こらず私が今でもネットフリックスの50％を所有していたら、今の私の人生はちょっと違ったものになっていただろう。すでに述べたように、ネットフリックスの現在の時価総額は約１５００億ドルだ。その半分を所有していたら、一財産になっていただろう。

ところがその後、「希薄化」という現象が起こった。

思い出してほしい、この時点ではネットフリックスはふたりの男とアイデアひとつだけだった。私たちはウェブサイトを構築しなければならない。人を雇わなければならない。オフィスを借りなければならない。ホワイトボードのマーカーを買わなければならない（ホワイトボードマーカーが私は大・大・大好きなのだ）。だからお金が必要だ。リードは喜んで出すつもりだったが、見返りに何か価値のあるものを受け取らなければならなかった。そこでどうするかというと、彼に株式を売るのである。すでに持っている株式を売るのではなく、新しい株式を作って、それを彼に売るのだ。先ほど言ったように1株は50セントの価値があるから、リードが２００万ドル出すのとひきかえに、４００万株を彼に売る。

これでめでたしだ。アイデア（私たちが３００万ドルと評価した）と２００万ドルの現金を資産に持つ、５００万ドルの価値がある会社ができあがった。しかし所有権は変化した。私が３００万株所有しているのに変わりはないが、総株式数は１０００万株になったから、私の所有比率は50％から30％に変わった。同時に、リードの所有権は増えた。彼の持ち分は７００万株になったのだ。アイデアに対するもともとの３００万株に、投資とひきかえに受け取った４００万株が加わったのだ。

つまり、リードの会社所有比率は50％から70％に上がった。私たちは70対30のパートナーになったわけだ。

私はまったく気にならなかった。希薄化はスタートアップの世界では何もめずらしくない。私の持ち分が50％から30％に減ったのはたしかだが、手元に現金がない状態で会社の50％を所有するより、目標に向けて邁進《まいしん》するためのお金がある会社の30％を持つほうがいい。

50対50のパートナーの地位を維持するためにリードと投資を折半することもできたかといえば、できた。「プロラタ」〔出資を受ける際、株式の希薄化を防ぐために追加投資を行うこと〕と呼ばれ、よく行われている。だが私はリードほど資金が潤沢ではなかったし、家族への責任も重く、リードと違って向こう数年間は起きて活動している時間をほぼすべて注ぎ込んで私たちのアイデアに取り組む予定だった。それに、所持金の大部分をこのプロジェクトに投じたら、他のリスクがとりにくくなると考えた。もし私が仕事だけでなく100万ドルまで失う立場にいたとしたら、会社の初期にきわめて重要だった思い切りのいい決断ができていたかどうか、わからない。

最高技術責任者

シリコンバレーでもっとも希少な資源は技術人材だ。立ち上げたばかりの無名の会社はトップ人材の誘致に苦労することがある。だがリードには、ピュア・エイトリアの買収を成功させたおかげで影響力があった。数日後には、ネットフリックス創生期のエキセントリックで国際色の強いオペレーションチームを構成するキープレーヤーのひとり、エリック・メイエと引き合わせてくれた。どことなくマペット人形を思わせるせわしない感じのフランス人で、やがてわが社の最高技術責任者（CTO＝Chief Technology Officer）となる人物だ。就職したての頃にリードと一緒に働いていたが、今では大手会計事務所KPMGの上級職に就いていた。エリックのような優秀な（そして高給をとっていた）ソフトウェア開発者をうちのような寄せ集め集団に引き入れるにはかなりの説得が必要だろうとわかっていた。だから彼の電話番号をもらうとすぐに説得を開始した。

一方で、事業計画らしきものを考え出さねばならなかった。「らしきもの」という言葉を使った点に注目してほしい。私は完璧な計画を作る気はなかった。たいていの事業計画は――細部まで考え抜いた市場進出戦略、詳細な収支予測、バラ色の市場シェア予想――まったくの時間の無駄だ。いざ事業が始まったらたちまち意味がなくなる。自分の予想がどれほど的外れだったかを思い知らされるのだ。

実際には、現実の顧客に揉まれて生き残る事業計画などひとつもない。だからアイデアをなるべく早く現実と出合う衝突コースにのせるのが肝要だ。

しかしまずはたたき台を出すという課題が残っていた。これについてはクリスティーナが頼りだった。私の執務室で私たちはホワイトボードに向かい、オンラインビデオ店の具体的な造りをイメージしようと知恵を絞った。クリスティーナは案に出たウェブサイトのページを一枚一枚、ＤＶＤのタイトル画像、あらすじ、注文方法などのコンテンツ要素がどこに入るか手描きで几《き》帳《ちょう》面《めん》にスケッチした。私はオフィススペース、少なくともチーム体制が整ったら集まれる会議室を探し始めた。スコッツバレーの私の家と同じ通りにあるベストウェスタンホテルが第一候補だった。週２５０ドルで会議室が借りられる。

根拠なき熱狂

すべてがあっというまに進んだように見えるかもしれない。実際そうだった。わずか数週間のうちに、漠然としたアイデアのリストを、実行に向けてある程度筋の通った計画にした。ここが90年代後半のシリコンバレーらしさだ。とにかく何でもスピーディーだった。

80年代がのんびりしていたわけではない。厳密には違う。だが進歩のスピードはもっと段階的だった。エンジニアリング主導のカルチャーだったから、ものができるスピードですべては動いていた。80年代に働いていたボーランド・インターナショナルでは、社屋の造りそのもの――エンジニアが窓のある最上階をあてがわれ、他は全員その下の階にいた――がヒエラルキーを意識させた。一番偉いのはエンジニアで、他の人間は皆彼らのために働く。ヒエラルキーとともに堅実さがあった。変化は計画に従って、論理的に起こる。

90年代半ばには事情が一変していた。アマゾンでのジェフ・ベゾスの成功は、未来の進歩をもたらすのがこれまでよりパワーのあるハードウェアやより革新的なソフトウェアだけではなく、インターネットそのものであると知らしめた。インターネットを活用して物が売れる。インターネットこそ未来だ。

インターネットは予測がつかなかった。インターネットのイノベーションは一企業の中に集中していなかった。まったく新しい世界だった。

ものごとがどれほど目に見える形で――しかも急速に――変わったかを示そう。1995年、私がボーランドを退職する頃は、世の中に存在するウェブサイトをすべて掲載した出版物が実際に買えた。サイトの数は2万5000ほどしかなかったから、その本のページ数は100ページ足らずだった。しかしリードと私がブレーンストーミングをしながらサンタクルーズ山脈を越えて通勤していた1997年3月には、およそ30万のウェブサイトが存在した。同じ年の年末には100万――そしてユーザーの数はさらにその100倍に増えていた。インターネットをマネタイズする新しい方法を考え出そうとしていたのは私たちだけではない。最新の媒体を活用するにふさわしい切り口、製品、方法を探していた私たちのような人間が何千人もいた。

90年代後半のシリコンバレーが「根拠なき熱狂の時代」と呼ばれるのを耳にしてきた。熱狂、については同意見だ。人類史上屈指の革命的で画期的な技術の到来に熱狂せずにいられるだろうか。

だが根拠なき？　そうは言えない。インターネット時代の幕開けに私たちが覚えた興奮には完全に根拠があった。私たちの目の前には緑の沃野《よくや》が手つかずの状態で広がっていた。起業家やエンジニアと90年代後半について話してみれば、彼らの話がアメリカ建国期に北米大陸を探検したルイスとクラークの日誌さながらに聞こえるだろう。誰もが遠征隊出発前夜の開拓者の気分だった。誰もに十分な土地があった。

1997

7月

1998

1999

2000

2001

2002

2003

第4章

型破りな仲間を集める

サービス開始9カ月前

ＣＤの郵送実験をした１週間後、私はクパチーノにあるレストラン「ホービーズ」の８人掛けテーブルの端にいて、大きなＢＬＴサンドを半分食べ進んだところだった。テーブルの上の食べかけのバーガーやギザギザにカットされたフライドポテトが脇に寄せられ、バインダーとノートとコーヒーカップが置かれている。アイデアは実現に向けて走り出していた。

知らない人のために言っておくと、ホービーズは高級な店ではない。いわゆる街の食堂である。テーブルは壁に固定され、料理写真の載っているメニューはラミネート加工されていて、汚れていないのはシフトが終わるごとに食洗器に入れられるからだ。コーヒーは１杯２ドルでいくらでもおかわりができた。

アイデアは人に話せ

ホービーズを選んだのはおいしいからではない。アイデアを外部に漏らさないためにホービーズで打ち合わせをしていたのでもない。というか情報漏洩《ろうえい》を私たちはまるで心配していなかった。その頃にはもう、**自分のアイデアを人に話すのはむしろよいことだと気づいていた。アイデアを話す相手が多いほど良質なフィードバックがもらえ、過去の失敗談を教えてもらえる。人に話せばアイデアの精度が上がり、相手が肩入れする気になってくれるのも常だった。**

で、なぜホービーズだったのか。ひとえに場所がよかったからだ。私たちはコンパスを使って、フォスターシティのクリスティーナの家とスコッツバレーの私の家をそれぞれ軸にして同じ大きさの円を描いた。二つの円が重なったところを見ると、クパチーノのスティーブンス・クリーク通りがちょうど中心になる。誰の家からも車で30分とかからない。

誰かって？　もちろんクリスティーナとティーと私だ。暫定CTOのエリック・メイエは泡が立ちすぎたカプチーノにフランス人らしくあきれ顔をしている。エリックがコーディングの腕は一流だと太鼓判を押した、外国語なまりの強いウクライナ人夫婦のボリス・ドラウトマンとビータ・ドラウトマン。そしてリードもピュア・エイトリアのオフィスから抜け出せるときには、たまに顔を出した。

ホービーズで打ち合わせをしなければならなかったのは、私たちが中途半端な変な立場にあったからだ。実体のある会社に向けて動き出していたが、オフィスといえるものがなかった。借りるお金もなかった。クリスティーナとティーと私はまだピュア・エイトリア社員の身分だったから、日中オフィスに社外の人たちを出入りさせて別会社の仕事をするわけにはいかなかった。それで私たちは仕事の合間を縫って終業後や昼休みにホービーズに向かい、私たちの未来の会社について話し合う2時間のミーティングをしていた。何をやるか、どうやるか、いつ始めるか。

クリスティーナとティーは何時間もかけて市場調査を行い、コブサラダを食べながら私たちにプレゼンした。「先週レンタルビデオ店15店舗に行って、これだけのことがわかりました」とティーが言えば、クリスティーナは自分が想定するサイトの外観を描いた仮のスケッチを出してくる。ボリスとビータはエリックとかたまって座り、技術的な仕様を話し合っていたが、あまりにも高度で私にはほとんどちんぷんかんぷんだった。私はたいてい三つの仕事を同時進行させていた。体はテーブルにいて会話に参加しているが、脳は別のところにいて、新しい人材に入社をどう説得するか、社名は何にすべきか、資金の工面がついたら会社をどこにするか、考えをめぐらせていた。いつまでもホービーズにはいられない。

最高財務責任者（CFO＝Chief Financial Officer）も必要だ。私はボーランド時代から知っているデュエン・メンシンガーという男に目をつけていた。彼なら適任だ。プライスウォーターハウスに10年近く勤めた職歴もあるプロである。短パンとビーサンがあたりまえのカジュアルなカリフォルニアで、彼がボタンダウンシャツ以外を着ているのを見たことがない。だが私が惚《ほ》れ込《こ》んだ、周到できちんとしていてリスクに慎重な資質があだとなり、デュエンは私たち愉快なアウトサイダー集団に飛び込むことに二の足を踏んだ。しかし私の誘いを何度も丁重に辞退しながらも彼は含みを残し、財務モデルの構築を手伝い「レンタルCFO」のような立場で動くのには同意してくれた。

正反対の問題に悩まされたのがジム・クックという男についてだ――結局彼はネットフリックス・チームの最重要メンバーのひとりとなるのだが。クックはクリスティーナの友人の大男で、イントゥイットの財務で長年働いた実績があり、いつも自信たっぷりの笑顔を絶やさなかった。そこは気に入っていた。**スタートアップの世界では楽観主義は美点である。**しかし困ったのは、彼がCFOになるのを切望していたことだった。確かにその職務にふさわしい外見ではあった。プレスされたズボン、びしっとアイロンのかかったドレスシャツ、それもすべて淡いブルーで統一されている。銀行員のような身なりだった。几帳面《きちょうめん》で、細部をおろそかにせず、有能だ。またデュエンと違ってスタートアップのリスクの取り方にも慣れていた。むしろ楽しんでしまうところが私たちとそっくりだった。そんな彼は業務運営――DVDの仕入れ、保管、送付の方法に知恵を絞ってもらうのに適任だと私は思った。

ところが彼は首を縦に振らなかった。何度かミーティングを重ねてようやく、彼の満面の笑みがたんなる楽観主義ではないと気づいた。あれは交渉戦術だったのだ。交渉で望む結果が得られない場合、私の戦略では、ため息をついて疲れの混じった悲しみをにじませ、親を失望させてしまった子供のような気分にさせる。「怒ってるんじゃない。ただ失望しているだけ」というあれだ。ジムの戦略はひたすら私に不気味なにやにや笑いをふりまくのである。こちらはなんとも気がそがれる。

肩書インフレ

だが彼の手には乗らなかった。ジムは10月に財務および業務担当部長として入社することになった。結局、**彼が執心していたのは実際の財務の仕事より肩書だとわかったのだ。私はいつも肩**

書インフレには用心している。一見こちらは何も損しないようでも、玉突き式に過剰昇進を引き起こすため、実際は見た目よりずっと高くつくからだ。それだけの理由で、私はすでに副社長職は作らないと決めていた。少なくとも最初は。かわりに全員を部長職に就け、肩書には各人がやりたい仕事ではなく実際にやっている仕事を反映させるようにした。しかしジムのケースでは多少のルール破りはやむをえなかった。肩書をめぐる対立で失うにはもったいない人材だったから、私はしぶしぶ財務の役職を追加するのに同意し、そのかわり臨時とはいえデュエンに入ってもらう以上、最初にジムに求める本来の立場は業務担当であると釘《くぎ》を刺した。いずれＣＦＯをやってもらう。それまではがまんしてほしい。

そうこうしている間にも、ジムや他の皆が仕事をする場所を見つけなければならなかった。オフィスが必要だった。私はサンタクルーズの会社になることに強くこだわっていた。シリコンバレーの常識にあらがい、サニーベールやサンノゼの判で押したようなオフィスパークに移るのを避けたい。サンタクルーズにはピンとくるものがあった。ビーチの街、サーフィンの街だ。60年代の気配がまだ残っている。人間よりフォルクスワーゲンのバンの数のほうが多いのではないだろうか。この街の気風はシリコンバレーの「なにがなんでも成長せよ」モデルとは対極にある。サンタクルーズの人々は基本的に発展に抵抗する。道路の拡張には反対してきた。成長を求めていないのだ。

サンタクルーズ山脈を越えると成長が神だ。だがサンタクルーズでは、成長は下品である。

私はサンタクルーズのゆったりした気風を自分の会社に採り入れたかった。山の向こうから野心的な若いテクノロジー業界の連中をそのまま引っ張ってくる気はなかった。**自由な発想をする人間、少し型破りな人間がほしかった。他とは違う会社にしたかった。**

自分にも、一緒に働く仲間たちにも生活とのバランスを確保したかった。山にも海にも行きやすく、のんびり暮らせるサンタクルーズは魅力だったし、パロアルトへの通勤に毎日2時間もかけたくない。自分の会社を立ち上げるなら、生活とシームレスに融合させたかった。子供たちがオフィスに立ち寄って一緒にランチがとれ、延々と続く自動車の列をじりじりと進みながら何時間もかけて帰らなくても子供たちと夕食の食卓を囲めるようにしたかった。

私はサンタクルーズのオフィススペースを物色していた。しかし手元にお金が入るまでは、スコッツバレーのベストウェスタンホテルを出られなかった。

話はそれるが、このベストウェスタンホテルはまだ存在している。本当のオフィスができるまで何週間も過ごした会議室の机に座ってみたいと思って、先週車で行ってみた。自分の記憶を確かめたかったのだ。会議机はどれくらいの大きさだっただろうか。擦り切れたカーペットは何色をしていただろうか。私は車を停《と》め、高ぶる気持ちを抑えながら建物の外側を回った。だがネットフリックスの最初のオフィスだった部屋を窓越しにのぞいてみると、長机も、エルゴノミックチェアも、常備されていた傷だらけの水差しとプラスチックのカップも、そこにはなかった。部屋の中には当時の私たちの誰も用がなかったであろうものばかりが置かれていた。わびしげなランニングマシン、サイズのそろっていないダンベル、隅に広げられた汚いヨガマット。

時の流れは残酷だ。そして、テクノロジーの世界に記念碑などない。

レンタルビデオ業界の見本市

その夏はランチにさんざん時間を費やした。ホービーズに加え、月に数回ウッドサイドまで車を走らせた。ミッチ・ロウというビデオ店オーナーを口説くためである。

初めてミッチと出会ったのは、ラスベガスで行われたビデオソフトウェア・ディーラー協会（VSDA）年次大会の会場だった。6月にそこを訪れたのはまったくの勘で、ごく一般的なリサーチをする以外に具体的な計画は何もなかった。ビデオレンタルに特化したeコマースビジネスを始めようとしているのであれば、ビデオレンタルについての漠然とした知識にもっと肉付けすべきだろう。レンタルビデオ店の運営に使っているソフトウェアを誰かから買って、それをオンラインのレンタルビデオ店に転用できるのではないかとの期待も頭の隅にあった。

参加にはちょっとした細工が必要だった。VSDAは「見本市」、つまり一般向けではなく業界人のみ入場可という体裁をとっていた。そこでベガスに出発する1カ月ほど前、事前登録の際に、私は「カリフォルニア州スコッツバレーのランドルフ・ビデオ」のジェネラルマネージャーを装うことにした。アンケートにはなるべくそれらしく回答した。

従業員数は？：７名。

年間売上額は？

これが難問だった。レンタルビデオ店の売上高などさっぱりわからない。うーん、75万ドルでどうだ。

数週間後、入場バッジが郵便で届いた。

ＶＳＤＡを私はどんなところと予想していたのだったろうか。おそらくダイレクト・マーケティング時代に知っていた、展示ブースがあり、座談会があるような通常のドライなビジネスの催しだろう。いかにもなレンタルビデオ会社の社員が全体を仕切っているイメージを私は持っていたのではないだろうか。レンタルビデオ店を覚えている年齢の人ならどんなタイプかわかるだろう。大きな眼鏡をかけ、常に人を小ばかにしたような笑みを浮かべた20代だ。

行ってみたら実際はまったく違っていた。ＶＳＤＡは常軌を逸していた。会場には何千人もの人がいて、何百というあっと驚く意匠を凝らした展示ブースに群がっていた。コンベンションセンター内をモデルたちが映画スタジオのノベルティを配りながら歩き回っている。セレブたちがポーズをとって写真撮影に応じている。バナーはどれも目の覚めるような原色で彩られ、会場内はスポットライトで煌々《こうこう》と照らされている。映画のサウンドトラックが巨大スピーカーから床が震えるほどの大音量で流されていた。ディズニーワールドとハリウッドの先行上映会《プレミア》とインディアナ・ステート・フェアをごちゃまぜにしたような感じだった。

私は緑色のスクリーンの前に立ち、『ミッション：インポッシブル』のポスターに自分の笑顔をはめてもらった。ウォレス、グルミットと一緒に写真におさまった。展示ホールのエントランスに立っている30フィート〔1フィート＝約30センチメートル〕もある恐竜のキャラクター、バーニーの足元にたたずみ、彼が口を開けたり閉じたりして客を出迎えているのを驚きのまなざしで眺めた。

幻覚剤でも飲んだような気分だった。

私は何時間も展示ブースをめぐり歩き、主にレンタルビデオ店のビジネスの仕組みを探り出そうとした。メジャープレーヤーはどこか。儲《もう》かっているのはどこか。どうやって利益を出しているのか？　私はド素人を演じる戦略を取った。刑事コロンボ式に実態に迫ろうとしたのだ。しかし成果ははかばかしくなかった。

終了まぎわになって、私はこの手のコンベンションで「パイプとカーテン」セクションと呼ばれている大きなブースの前を通りかかった。こう呼ばれているわけは、ブースが腰高の金属パイプの枠組みと目隠しのカーテンで隣と仕切られているからだ。ここは人通りが少なく、出展料の安いブースが集まっていた。きらびやかな電子ディスプレイは見当たらない。ジョン・キューザックやデニス・リチャーズらスターがいる気配もない。記念マグカップや3D眼鏡のお出迎えもない。かわりに小型の机の後ろにそれぞれ中年男性が座って、利益率や在庫について静かに話し合っていた。

私が会いたかった人たちはここにいた。ソフトウェアのわかる男たちだ。ようやく私は奥に近いブースで、口ひげを生やした30代半ばのこれといって特徴のない男に話しかけていた。親切そうな顔つきで物腰が優しく、手書きの名札にはただ「ミッチ」とだけ書かれている。私はことさら大げさにコロンボ風を装った。

「うちの店では7人の従業員と私がノートと鉛筆でレンタル記録をつけてきたんですがね」と私は言った。「こういうソフトウェアって実際のところ何をするもんなんですか?」

彼の笑顔から私のたくらみはどうやら見抜かれたようだったが、彼はそれをおくびにも出さなかった。話しているうちに、ミッチがビデオドロイドという小規模なレンタルビデオチェーンを経営しているとわかった。10店舗所有していて、1店舗につき数千タイトルを管理している。新作映画と古典映画がそろった在庫を維持する現実的な課題についての話しぶりにも興味を引かれたが、本当に感銘を受けたのは彼の映画に関する深い知識と、借り手との間に築いたさらに深いつながりだった。彼は借り手が何を好み、何を要求し、何を求めているかに注目していた。自身が映画ファンだったから、顧客が大好きになれる映画と出合う手伝いをしようとしていた。つまり、顧客が観《み》たいと思う映画だけでなく、本人も観たいと自覚していない映画を紹介していたのだ。

　ミッチは歩くインターネット・ムービー・データベース（ＩＭＤｂ）だった。店で終日映画を観て、家に帰れば夕食をとりながら映画を観て、さらに映画を観ながら夜更かしした。レンタルビデオ店の従業員にいかにもいそうなタイプ――膨大な知識を鼻にかけ、お高くとまったエリート主義者――とは違い、ミッチは社交的で気さくで、自分の好きなものについて喜んで語りたがった。事業経営を始めてからの数十年間に、彼は何千人もの人々と彼らが何を観て、何が好きで何が嫌いか、他にはどんなものを視聴しているかを語り合ってきた。映画の知識と人間観察が詰まった頭の中の膨大なデータベースのおかげで、彼は相手の性格と関心と好みに合った映画をぴたりと予測できた。

　いわば映画のソムリエである。

　そして彼は私のコロンボの手口にだまされなかった。会話を始めて10分ほど経《た》ってから、彼は私ににっこりと笑いかけて――一見他意がないようでいて目の奥が鋭く光っていた――言った。

「本当は何をやろうとしているんです？」

　私は一瞬口ごもってから、ビデオ郵送レンタルのアイデアのあらましを話した。彼はまあまあ関心を持ってくれたようだった。電話番号を交換してからブースをあとにした私は、業界の大物というわけではない目立たない人物ではあるが、いい相談相手が見つかったのかもしれない、と思っていた。本当にいい奴だったなあ。

その日あとになってから、私はコンベンションセンターの地図を探そうとＶＳＤＡのプログラムを開いた。表紙裏のページ半分にでかでかと、「パイプとカーテン」セクションにいたあの男のカラー写真が載っていた。写真の下に名前が印刷されていた。「ＶＳＤＡ会長　ミッチ・ロウ」

レストラン・バックス

ＶＳＤＡのあともミッチと私は連絡を取り合った。彼が住んでいたのはマリン郡だったのでもっぱら電話だったが、私たちの動きを彼に逐一知らせ、有益な答えがもらえそうだと思えば質問をした。数回ウッドサイドで会って一緒にコーヒーを飲んだ。資金調達を始めた頃には積極的に入社を働きかけ、バックスでランチをおごるようになった。

　バックスはシリコンバレーの聖地のひとつだ。ここで産声を上げた――構想されたり、資金提供が決まったり、あるいは組織形成が行われたりした――会社は実に多く、レストラン側が報酬を要求するようになってもいいくらいだ。料理もとてもおいしく、家庭料理を出す街の食堂をぐっとレベルアップした感じだが、魅力はなんといっても雰囲気である。店内にはところせましと物が飾られているが、もっとも目を引くのは天井から吊《つ》り下げられたエンジンのないモーターレス車だ。ソープボックスダービーをご存じだろうか。ボーイスカウトでやった、手作りの木製自動車で坂道を駆け下りる競技だ。そのシリコンバレー版だと思ってもらえばいい。パロアルト市のサンドヒルロードでは毎年、モーターレス車のレースが行われ、百万ドル規模のベンチャーキャピタル企業が優勝を争っていた。走るのは木製の自動車ではなく、車輪のついた宇宙船だ。スポンサー企業は最先端のハイテクな炭素繊維複合材料を探し出した。そして自社の人脈を使い、ロッキードマーティン社の風洞〔実験施設〕を借りた。ひとつ何千ドルもする軸受けを調達した。タイヤさえドラッグレースに使われる自動車よりも軽く、強靭《きょうじん》で、高価だった。

バックスにはそんな常軌を逸したマシンのひとつが――サンドヒルでは優勝を逃したが、ダウンヒルのモーターレス車のスピード記録を樹立した――客が食事をしている頭上に吊り下がり、努力と創意とお金さえあれば不可能はないといつも思わせてくれた。

バックスのどのボックス席にもベンチャーファイナンスの残り香があった。そこに置かれたナプキンは、ひょっとしたらうまくいくかもしれない常識外れのアイデアの概要を描く何千本ものペンの筆圧を受けてきたはずだ。ある意味、そこはシリコンバレーのＶＳＤＡだった。クレイジーで、どこか幻覚を見ているような気分にさせる、部外者を幻惑するたくらみがあるかに思える場所。私がミッチを連れて行ったのはまさにそれが理由だ。

創業者の15ポンド

そんなランチの席で私は情報集めをした。クリスティーナとティーと私が話し合った可能性のありそうな問題解決策を投げかけてみて、ミッチに論破されるのを聞くだけでも勉強になった。彼はコンテンツの知識と業界の知識を理想的に兼ね備えていた。映画を愛し、映画レンタルの物流管理も同じくらい愛していた。

ミッチはシリコンバレーにいる人種とは違っていた——今でもだが。地に足の着いた事業経営者だった。ただ、信じられないほど進歩的なアイデアを持っていた。例えば彼のレンタルビデオチェーン名のビデオドロイドも、いずれ映画はキオスク端末から受け取れるようになると彼がごく早い時期から予見していたことを示す（ジョージ・ルーカスは一時、「ドロイド」という言葉の使用権は自分にあると主張し、ミッチに対して知的財産権侵害行為の中止通告をしていた。この言葉を使い始めたのは『スター・ウォーズ』の何年も前からであるとミッチが証明するまでそれは続いた）。

彼の外見と物腰はどこから見ても「普通の人」だった。ところが彼と話をすればするほど、見た目よりはるかに興味深い人物だとわかってきた。かつては衣類の密輸業者として共産主義下の東欧圏に出入りしていた、とふと漏らしたことがある。母親がポルノ界のアカデミー賞を獲《と》った、とも照れながら打ち明けてくれた。出演者ではなく、業界の功労者としてだ。ミュアウッズにあったミッチの実家が、70年代と80年代に何十本ものアダルト映画のセットに使われたという。

とうとう、私は正式に彼に社内の役職をオファーした。しかし彼は丁重に辞退した。家業の会社の経営が気に入っている。ビデオ事業が気に入っている。マリン郡を離れることにためらいがある。

と言いつつも……彼はバックスでのミーティングには応じつづけた。理由はバイソン（バッファロー）のミートローフではない――それもとても美味ではあったが。彼は興味をそそられていたのだ。私に助言や指針を与えるのをやめなかった。そして私はランチをおごりつづけた。あの春から夏にかけてミッチ・ロウを口説きながら食べたルーベンスサンドイッチは、私が「創業者の15ポンド」と名づけた贅肉《ぜいにく》となり、体重に追加された。私はベルトをゆるめながら、このカロリー摂取が報われてほしいとひたすら念じていた。

1997

秋

1998

第5章

どうやって資金調達をするか？

サービス開始8カ月前

1999

2000

2001

2002

2003

シリコンバレーにしばらくいると、ＯＰＭという妙な略語を耳にするようになる。すでに2社ほどのスタートアップを立ち上げた歴戦の起業家とつきあっていると、創生期の会社に関する会話の中にＯＰＭという言葉がたびたび登場する。それは例えば金言を授ける文脈で使われる。「会社を始めるにあたってもっとも重要な原則を知りたいか？　ＯＰＭだよ」。あるいは警告として聞かされる。「自信があるのはわかっているが、あくまでＯＰＭにこだわりなさい」。アメリカ中のオフィスパーク内の会議室で、ヨガの練習の一環として唱える真言のようだったりもする。「ＯＰＭ、ＯＰＭ、ＯＰＭ」

ＯＰＭって何？　とあなたは首をかしげるかもしれない。スタートアップ企業にまつわるちょっとしたスラングだ。

借入金〔Other People's Money〕である。

起業家がＯＰＭを忘れるなと口を酸っぱくして言う、**その真意は「夢に資金を投じるなら、使うのは他人の金だけにしておけ」である。起業はリスキーだ。賭けるのは自分の身ひとつにするべきである。あなたはアイデアに人生を注ぎ込む。財布の中身を注ぎ込むのは他人にやってもらおう。**

自分のお金ではなく時間をＤＶＤ郵送レンタルのアイデアに注ぎ込んでいた私も、ＯＰＭのアドバイスを守っていた。リードは違った。彼は前述したように、創業資金として自己資金の200万ドルを提供するのに同意していた。しかし数週間後、彼は金額を見直した。おじけづいたわけではない。ただ自分以外の資金提供者を求めたのだ。

「アイデアはいいと思うが、視野が狭くなるのが心配だ」と彼は言った。

「独善的になるんじゃないかってことかい」

リードはうなずいた。「君は自分のたわごとに酔ってしまうところがあるからな」

「信じていればたわごとじゃない」と私は言った。

とはいえ、リードの指摘は当たっていた。仕事人生を振り返れば、私は自分の売り込んでいるものを底なしに信じてたいてい批判された。ネットフリックスの前にも、給料は下がるが一緒に働こう、安定した仕事を辞めて生き残る可能性の低いスタートアップに来いと口説き落とした人の数は数人を下らない。だがどのときも、私はほらを吹いていたのではない。最新のスプレッドシート生成であれDVD郵送レンタルであれ、**私は自分が売り込んでいるものを本気で信じていたのだ。**

OPMの利点

私はリードと自分がやっていることを絶対に信じていた。だがリードの言わんとするところもわかった。他人に資金を出してもらうとなれば、他人の口出しを受け入れる——つまり、ピュア・エイトリアの執務室やリードのトヨタ・アバロンの外にいる人の意見を聞かざるをえなくなる。アイデアの検証をせざるをえなくなるのだ。

ＯＰＭの利用にはそういう利点もある。起業に人生を賭ける前に、自分が完全に正気を失っているわけではないという安心感を多少得ておくのも悪くはない。他人にお金を出してくれと説得すると、何も考えずに支持してくれる人（「そのアイデアいいね！」）とよくわかった上で支持してくれる人がおのずと区別できる。**私は若い起業家によく、まず相手の考えを聞くように、ただし必ず返ってくる「それいいね」の答えをすぐに「数千ドルの出資をあてにしていいですか？」の質問でフォローアップしろと助言している。**相手はたちまち猛然と後ずさっていく。その逃げ足の速さたるや自転車レース選手のランス・アームストロングも真っ青だ。

加えて、あとで資金調達の第2弾を行う際に必要となるかもしれない未来の投資家との接触は早いにこしたことはない。創業資金《シード・ファンディング》の「シード」とは通常は新たに種を蒔《ま》かれ、成長を期待される事業を指す。だが、創業当初から事業に参画する投資家という意味もある。

結局、リードは出資額を当初宣言していた２００万ドルから１９０万ドルに減らした。残る10万ドルを他の誰かから調達することになった。

サバイバル体験で学んだもの

まず出資を依頼するのは難しいという話から始めるべきだろう。非常に難しい。だがコネティカット州ハートフォードの路上で小銭を恵んでもらおうとするのと比べたら何ほどのものでもない。

私は大学時代、自然の原野を利用してリーダーシップ・スキルを教える野外プログラム、野外リーダーシップ訓練（ＮＯＬＳ：National Outdoor Leadership School）の30日間の山中遠征のために毎年夏の２カ月間を費やしていた。青少年期に私はＮＯＬＳのため何カ月も山の中で過ごし、子供たちにも同じ体験をさせ、今もこの学校と関わりを持っている。自立とチームワークと野外でのサバイバルスキルを教えるこのプログラムで、私は北アラスカの川からパタゴニアの山頂を取り巻く氷河までありとあらゆるところに行った。人間形成に大きな影響を受けた。それは私に規律と自立を教えてくれ、大自然への健全な敬意を植えつけてくれた。縄の結び方、進路の取り方、素手でマスを獲《と》る方法を教えてくれた。

私がリーダーたるものについて身につけたことはすべて、バックパックを背負って学んだのだ。

そんな大学時代の夏休みの3カ月目は、いつも自宅で体力を回復させたり親戚を訪ねたりして過ごしていた。ところが3年生が終わった年の夏、私は正式名称「ウィルダネス・スクール」という団体のアルバイトをした。通称「フッズ・イン・ザ・ウッズ」〔問題のある若者を矯正するための野外キャンプ。フッズとは低所得者地域出身の不良少年を指す〕といった。差別表現が含まれる点で不適切だが、事実とそぐわない点でも不適切な名称だった。実際に有罪判決を受けた若者たちが参加するが、その夏私が出会った子たちのほとんどは聡明で好奇心旺盛で、態度もよかった。だがとかくキャッチーな名称のほうが定着するものだ。

友人のドキュメンタリー映画製作者がこのプログラムについての短い映画を作っていて、食料、物資、予備のフィルムと予備のバッテリー、ブームマイク、20ポンド〔1ポンド＝約454グラム〕あるオーディオメーカーNAGRAのテープレコーダーを運ぶ人間を求めていた（カムコーダーが出てくるはるか以前の1979年の話だ）。

私の仕事は、名目上はドキュメンタリー映画の音響担当だった。実態は、荷物運びのラバだ。でも森の中で1カ月過ごしたあと、共鳴するものを感じた。私は翌年の夏、ウィルダネス・スクールのインストラクターの仕事に申し込んだ。

無一文で放り出される

ウィルダネス・スクールはコネティカット州ハートフォード、ニューヘイブン、スタンフォードの都市部にある貧困地区の子供たちを、自然に触れさせる野外遠征に連れて行く。プログラムに参加する子供たちの多くは生まれ育った街を出たことがない、つまり土を踏んだ経験がほとんどない。プログラムでは彼らに川でカヌーを操ったり、崖を登ったり、キャッツキル山地の山道を歩いたりといったことをさせる。そこで基本的なアウトドアスキル――火のおこし方、シェルターの作り方、汚れた水を飲める水に変える方法――を教えながら、リーダーシップとチームワークを身につけさせていく。だが本当の目的は、子供たちを無理だと思うような状況に放り込んで、自分には想像していた以上の能力があるのだと繰り返し実感させることだった。

ウィルダネス・スクールの仕事で私は屈辱とはどんなものかをしっかりと胸に刻まれた。他のリーダーやインストラクターたちの大半と同じく、私も緑豊かな郊外で育った、恵まれた子供だった。表面上、私たちと野外に連れて行く子供たちに共通点はほとんどなかった。私たちは食事をきちんと与えられ、住む家にも困らず、裕福に育っている。参加した子供たちの多くはホームレス状態、家を転々とする生活、飢えに耐えてきた。

ハートフォードの外に出た経験のない子供たち——貧困のうちに育ち、私が一生知らないであろう窮乏生活にすでに耐えてきた——にとって、コーンウォールかゴーシェン郊外の森にいきなり放り込まれるのは、控えめに言っても大きな環境の変化だ。そんな体験がどれほどの衝撃かを理解させるため、ウィルダネス・スクールは私たちに数々のトレーニングを行ったが、いずれも子供たちと同様に右も左もわからない感覚を体験するようにできていた。場所はすべて大学生たちの出身地であるハートフォード、ニューヘイブン、スタンフォードの街だ。私たちが子供たちに課す試練と同じくらい、私たちにとって居心地の悪い体験になるように企画されていた。

その中でもっとも強烈だった演習とは？　目隠しされ、車でハートフォードの適当に選んだ交差点に連れて行かれ、財布と時計を取り上げられ、3日後に迎えに来ると言われたものだ。食べ物も水もない、寝る場所も用意されていなかった。あるのは万が一ギブアップすると決めたときのために、腕に書かれた電話番号だけだ。言うまでもなく、私たちは皆、敗北を認めてそこに電話するくらいなら高架下で凍死する覚悟だった。

私は火曜日の午後5時に、チャーターオーク街とテイラー通りが交差する角で降ろされた。最初はありふれた街の普通の午後と何も変わらないように見えた。昼を食べたのが遅い時間だったので、空腹の不安はなかった。地図を読むスキルがここで役に立ち、コネティカット川の場所はすぐにわかった。緑のある場所でなら生き延びるすべを知っている。夜になると、私はゴミ袋と落ちていた木の枝でシェルターをこしらえた。暖かい夜だった。眠れないと感じた私は川べりまで下りていき、そこで飲んで騒いでいたティーンエージャーのグループに話しかけてビールを何杯かせしめた。彼らと夜通し飲んで夜明けまで起きていたいとは特に思わなかったが、ビールには空腹を防ぐだけのカロリーがあるという知識はあった。時間しのぎにもなる。

究極の営業とは？

翌朝、目が覚めると猛烈に腹が減っていた。私ははっきりわかる揚げ物の匂いに吸い寄せられるように街中に歩いていき、中心部のフードコートにさまよいこんだ。私はハゲワシのようにテーブルの周りをぐるぐると歩きながら、誰かに朝食をおごってくれ――あるいはせめて、ベーグルをひとつ分けてくれと頼む勇気を奮い起こそうとした。しかしふと別の考えが浮かんだ。頼む必要はないんじゃないか? 私はビジネスパーソンたちがエッグマックマフィンやベーグルをあわただしく口に運ぶのを観察し、彼らが席を立つのを待ってさりげなく入れ替わることにした。ゴミ箱をあさりはしなかったが、他人が食べ残したハッシュブラウンポテトをさらうくらいはできた。広場に集まったハトの一羽のように、どんな動きにも気を張りつめていた。他人の食べ残しを食べ始めた私に対する人々の視線――というかわざとらしい無視――も痛いほど感じた。

人からあんな目で見られたのは生まれて初めてだった。

2日目の夕食時には、空腹で胃の壁がくっつきそうだった。食べ残しのピザでは足りそうになかった。遠回しなやり方をやめ、何ドルか手に入れて、何か買わなければならない。お金が必要だ。他人は持っている。私がやらなければならないのは近づいて頼むことだけだ。私は銀行の窓に映った自分をちらりと見て、そこそこ清潔感がある、東海岸のお坊ちゃん風の服装と、まだひげが伸びていない比較的きれいな顔を確認し、自問した。どれだけ難しいものだろうか。

答え:すごく難しいぞ。

マーケティングや営業で与えられた業務を見定めるひとつの方法は、頼みごとの難易度の分析である。相手に何をお願いし、対価としてこちらは何を約束するのか。何年もあとになって、初めてマーケティングの世界に入ったときに、私は営業の大成功例のひとつとしてミネラルウォーターに注目した。あれは究極のマーケティングだ。相手からお金をもらって、ひきかえにこちらから渡すのは……水だ。タダ同然で、ほとんどどこでも手に入るもの。地球の表面の75%を覆っているものである。

だが、小銭を無心するのに比べたら何でもない。物乞いこそ究極の営業である。これほど直截《ちょくせつ》な頼みごとはない。交換するものがないのにお金をくれと言うのだから。

私たちは他人にものをねだらないようしつけられている。何かをくれと頼む場合はお返しをしなければならないと覚え込んできた。だから何も返すものがないのに――サービスも、商品も、歌さえも――お金を求めるのは、心底怖い。深い淵をのぞきこむような気分だ。

ハートフォードであの日、私はむきだしの手を差し出すのはつらすぎると思った。そこでゴミ箱からプラスチックのカップを拾って、人通りから少しはずれた中心街の歩行者優先道路に陣取った。自宅から数百マイルも離れてはいたが、知っている人――友達、友達の友達、友達の親――と出会ってしまう可能性は絶対に避けたかった。頭の中でセリフを練習した。「小銭ありませんか？」身の上話も考えた。ヒッチハイクの末にどうにもならなくなってしまった、バスでお金を盗まれた、財布をなくした。本当のことだけは絶対に言えない。恵まれない若者たちを引率してコネティカットの田舎で野外体験させる夏のバイトのために、都会で一風変わった試験を受けているところですなんて。

最初に通りかかったのは、スーツを着た背の高い、さっそうとした弁護士タイプだった。彼が3フィート以内に近づく前に私は萎縮してしまった。目も合わせられなかった。肩を振って作業ベストを脱ぎながらバス停に向かっていた建設作業員に対しても、向かいの薬局に急ぐ半袖ユニフォーム姿の看護師に対しても、同じだった。そのたびに私は相手と目を合わせてお金を無心しようと決意するが、体が動かない。少しずつ、肩が縮こまり、頭がうなだれてきた。

私は山にも上った。いかだで川下りもした。トライアスロンにも出た。だがこれほど難しい挑戦はなかった。

しかし、ついにトライした。母と同年代の気さくな感じの女性が角を曲がってこちらにやってきた。歩く速さからするとどこか目的地があるようだが、気持ちに余裕がありそうな足取りだ。私は勇気を奮い起こして彼女の目を見つめ、蚊の鳴くような声で言った。「小銭ありませんか？」

「ありません」、彼女は固い表情になって素通りした。

とはいえ殻を破れた。その後の4時間で私は1ドル75セント、例のフードコートでホットドッグを買えるだけの額を稼いだ。頼み方も次第にうまくなった。簡潔にすませるのを覚えた。目を合わせる。うなだれ気味に、でも大げさにならずに。声は相手に聞こえる程度には大きく、だが相手に要求がましさや恐怖感を抱かせない程度に抑える。

しかし私にとってのブレイクスルーは人に素直に真実を伝えたことだった。「小銭をいただけませんか？　本当にお腹《なか》がすいているんです」。本音を口に出すことには人の心に届く何かがあった。それは相手におやと思わせ、冷めた態度と警戒心を解いたのだ。

鍵は頼みごとをする恥、赤の他人にもっとも基本的で本質的な欲求をさらけだす恥の克服だった。これは頭で考えるより難しい。

頼むのはみじめだった。断られると落ち込んだ。だがそれよりはるかにつらかったのは黙殺だった。必死の思いで勇気を振り絞り、赤の他人の前で恥をしのんだのに、完全に無視される——これほどつらかったことはない。

あの体験をしたあとでは、投資家に2万5000ドルの出資を依頼するなど朝飯前だった。本当だ。

5年後に消える会社

出資者として最初に狙いをつけた中に、アレクサンドル・バルカンスキーという男がいた。私がこれまでの人生で接した数々の個性豊かなフランス人のひとりである。ボーランド・インターナショナルのかつての上司で、私の採用面接に上半身裸、アンブロのランニングショーツ一枚で現れたフィリップ・カーンもフランス人だ。アンワイヤード・プラネットのCEOアラン・ロスマンは、入社の誘いを断った私にブチ切れた（いやいやいや、電話器にインターネット・ブラウザを表示するなんてそんなばかな話あるわけないでしょ、と私は思ったのだ）。そしてもちろん、生まれかけていた私の会社にCTOとして入社することになっていたエリック・メイエも。

さて、アレクサンドルはDVDおよびビデオ技術界の大物だった。彼の会社、C-キューブ・マイクロシステムズはアナログの動画や画像素材をデジタルに変換して保存や転送をしやすくるビデオ圧縮ソフトを作っていた。アレクサンドルなら申し分ないと私たちは思った。私たちの事業内容もそれがうまくいく理由も理解してくれるし、この分野に造詣が深いから私たちのサービスをどうポジショニングすべきかについて貴重な知見をもらえるだろう。

リードと私はミルピタスにある彼の本社に車で出かけた。面談の重要性を考慮し、私はハイキング用の短パンをこぎれいなジーンズに、おきまりのTシャツをポロシャツにと服装を少しだけ格上げした。リードは彼なりの一張羅で決めていた。濃い色のジーンズに白のボタンダウンシャツだ。緊張はしていなかった。リードも私もこの手の話し合いはもうベテランだったし、出資に値するビジネスだと確信があったからだ。だが受付係の案内でロビーの椅子に座り、5分経《た》ち、さらに10分、15分経っても誰も現れなかったときは、ふたりともじっとりと汗をかき始めていたと思う。

門前払いかよ。

そのときドアが開き、背の高い、健康そうな男が出てきた。ブレザーとスラックスに高そうな革製のスリッパを履いている。

「どうも」、と彼はかすかなヨーロッパなまりで言った。

あちゃあ、この人フランス人？　と私の心の声。

事業案を売り込む際は、プレゼンを最後までそのまま聞いてもらえると思ってはいけない。最高裁に提訴するようなものだ。主張を始めるやいなや必ず質問が飛んでくる。質問がないとしたらたぶんまずい状況だ。相手が黙っているのは十中八九、礼儀正しく耳を傾けているからではない。まったく食指が動かないから黙っているのだ。それどころか、こちらの主張に説得力がなくまるで話にならないから、議論する気も起きないのだ。

だから私たちは中断、質問、事業案への徹底的なツッコミに対する準備をしてきた。虚を衝《つ》かれたのは、私たちのプレゼン――DVD郵送レンタル！　世界最大の品ぞろえ！　世界初のビジネス！――の途中でアレクサンドルが首を振り、差し向かいに座っていた私たちとの間に置かれたガラスのテーブルを拳でたたいて、私にはいまだに再現できないフランス語なまりで言った言葉だった。

クゥダラナーイ、ネ。

（私なりに文字で再現）

くだらない？　嘘《うそ》だろう？　すでに200万ドルを賭け、やる気満々のメンバーがそろったチームもでき、次のアマゾンになるまぎれもないチャンスがあるのだ。私はリードを見た。知らない人には読めない表情で彼はアレクサンドルを見つめていた。だが私は彼を知っている。リードは不安に襲われていた。

アレクサンドルは私たちにDVDはすぐにすたれると言った。「この技術を長期的に採用するところはありませんよ」と彼は言った。「飛躍的な進歩といえるのはアナログからデジタルへの転換です。映画がデジタル化すれば、プラスチックの円盤でデータを持ち運ぶ意味はなくなります。そんなのはあまりにも非効率だし時間もかかる。映画をダウンロードして観《み》るようになるのは時間の問題です。あるいはストリーミングでね。いずれ、おそらくは早晩、無用になったDVDを倉庫いっぱい抱えて身動きとれなくなりますよ」

「それはどうでしょうか」と私は言った。「そうなるまでにはまだ時間がかかるのではないかと思います。少なくとも5年は」

アレクサンドルは首を振って「もっと早いですよ」と言った。「5年後には消えている会社に投資はできません」

実際はどうだったか。彼の予言はおおよそ当たっていた。DVDは確かにアナログのVHSからダウンロードないしストリーミングに移行するまでのはざまの技術だった。DVDを葬り去る技術が実現まぎわにあるのを、彼は誰よりもよく知っていた。なんといってもそれが彼の専門分野だったのだから。ネットフリックスの現在の事業をざっと見るだけでも、いずれ視聴者がインターネット経由で観たい映画にほぼすべて直接アクセスできるようになる、と言った彼の説は裏づけられる。

だが彼はタイミングについてはまったく読み違えていた。彼はハリウッドを理解していなかった。映画スタジオ各社がDVDという形式に大きく賭けていることを私たちは知っていた。さらに重要なのは彼らがDVDの所有に賭けていたことだ。彼らはレンタルビデオ店が消費者に対して中間業者としての地位を確立し、同じビデオを何十回も貸し出した80年代の二の舞いを避けたがっていた。家庭視聴市場における自分たちの分け前を確保するだけのために映画の価格を上げる事態を望んでいなかった。消費者の家庭に自社の映画を直接届けたかったのだ。そしてＤＶＤ――競争力のある価格がつけられる新技術――はリセットボタンを押すチャンスだった。

ではオンラインダウンロードについては？　65歳の映画スタジオの重役はテクノロジーに詳しい人種とはいえない。彼らは音楽業界で起きたことを恐れていた。ナップスターによって違法ファイル共有の時代が幕を開けた。ＤＶＤはＣＤよりも強固な著作権侵害防止の仕組みを入れて開発されたとはいえ、映画スタジオは共有が簡単なデジタルファイルで客に映画にアクセスさせるのを警戒していた。

アレクサンドルは「ラストマイル」問題も見くびっていた。アメリカ国内の大部分で、映画のダウンロードはまだ機能的に不可能か、少なくとも現実味に乏しかった。高速インターネットは断続的にしか使えず、率直に言ってまだそれほど速くなかった。しかもインターネットはコンピュータまでしか届かない。テレビまではたどりつかないのだ。数日かかって映画のダウンロードに成功したとしても、コンピュータからテレビに映す方法がなかったし、ほとんどの人はオフィスチェアに座ってコンパック・プレサリオの画面で『トータル・リコール』を再生したいとは思わないだろう。

「すばらしいですね、しかし……」

アレクサンドルは全人生を賭けて映画とテレビがインターネット上でストリーミング可能になる瞬間を目指した。C-キューブはいろんな意味でその実現の立役者だった。だがパイオニアがたいていそうであるように、アレクサンドルは早すぎたのだ。

それまでの間に、私たちはＤＶＤの世界で成功するビジネスモデルを作り上げていた。時間の猶予はあったのだ。私たちが構築したブランド・エクイティ――顧客との関係、映画マッチングのノウハウ――はどれひとつとっても、世界が変化してもなお意義を失わず有益でありつづけるだろう。

アレクサンドルにもそう話した。しかし彼はどんな反論をしてもきれいに爪を整えた手を振って却下した。それに投資家候補と意見がぶつかった時点で、もう終了である。私たちは悄然《しょうぜん》とオフィスをあとにした。心外な、少し不安になる結果だった。サニーベールに戻る車で私はいつものようにスピードを出し、家に着くまでずっと急カーブを切りつづけた。リードは一言も発しなかった。

シリコンバレーでは、あからさまにノーを言う人はいない。売り込みが終わると、たいてい「すばらしいですね、しかし……」で始まるセリフを聞かされる。それに慣れきってしまい、相手が「すばらしいですね」と言い出したら、頭の中で書類をまとめて車のキーを探る用意を始めてしまうくらいだ。

すばらしいですね、しかし本格的に関与する前にもう少し実績を見させてもらいたいと思います。

すばらしいですね、しかし会員数が1万人を越えてからもう一度話し合いませんか？

すばらしいですね、しかしこれは当社が現在力を入れている投資領域ではありませんので。

アレクサンドルは**すばらしいですね**とは言わなかった。**クゥダラナーイ、**ネと言ったのだ。

私たちはすっかりおじけづいてしまった。

高度な頼みごと

ここからは頼みごとの難易度が一段階上がる。スティーブ・カーンに売り込みをすることになっていた。ふだんなら旧知の相手に売り込みをするのは楽しみなものだが、今回は複雑な事情があり気まずかった。リードから出資の見直しを迫られていたからだ。

スティーブはボーランドでの最初の上司で、今もだがいろいろな面で私のメンターだった。彼は常識家で常に私の尻ぬぐいをさせられていた。私が彼の執務室のドアをノックするのを見ると、いつも「こいつ今度は誰を怒らせたんだ？」か「今回はどんなとんでもない案を思いついたんだ？」のどちらかが頭をよぎったそうだ。私がピュア・エイトリアの地下にある彼の執務室に降りて行ってランチに誘った日も、彼の頭にはこの二つの疑問のどちらかが浮かんだに違いない。

やがてネットフリックスとなるアイデアを前に進めようと決断する以前から、私はスティーブに自分の会社の取締役になってほしいと思っていた。まずひとつには、取締役会には可否同数を避けるために必ず三人以上の取締役がいなければならないからだ。

もうひとつの理由は、スティーブが熱烈なビデオ技術オタクだったからである。彼はインテグリティQAの売却で入ったお金をホームビデオシアター設備に注ぎ込み、それがきっかけでインテグリティQAの共同創業者だったボブ・ウォーフィールドとの設備拡大競争が勃発した。その熾烈《しれつ》な競争はまだ続行中だった。サラウンドサウンド、スタジアムシーティング、遮音カーテン、革張りのリクライナー、最先端の映写装置……。ホームシアターに設置できるものはおよそ何でも、スティーブもボブもすでに持っているか、近々導入する予定だった。ビデオ技術製品が最新を名乗れる期間は約45日だったが、スティーブとボブは最新製品のオーナーであることを自慢できるその短い時間枠を常に争っていた。

だがスティーブに取締役になってもらいたかった最大の理由は、友人だったからだ。彼が協力的で、誠実で、思慮深かったからだけではない。必ず味方になってくれる人がひとりいるのは心強いからだ。

取締役就任を依頼するのは楽だった。私の頼みは基本的に彼の時間を少々もらう程度のことだ。

ランチ――オフィス近くのショッピングセンターに入っている食べ放題のインド料理店――に連れ出し、目の前のティッカマサラに手もつけずアイデアを開陳する私の話を彼は辛抱強く聞いてくれた。間を置かずして「引き受けるよ」と彼は言ったが、口調からアイデアの内容そのものは実は何でもよかったのが感じとれた。

しかし今、リードは彼に時間以上のものを求めなければという考えになっている。取締役になるなら、スティーブもいくらか出資すべきだとリードは説明した。

ただ私たちの会社の取締役になる特権のためだけに、彼に2万5000ドルを求めるのは抵抗があった。気がひけてしょうがない。何日も先延ばしした。まるでおとり商法ではないか。負担はかけないからと頼んだはずのことに、いつのまにか値札がついているのだ。

前回と同じインド料理店に誘った。ゲン担ぎのつもりだった。私はそわそわと落ち着かなかった。スティーブがメニューを手にとるかとらないかのうちに、私は言ってしまった。**2万5000ドル出資してもらえませんか？**

スティーブの顔に浮かんだ表情は忘れられない。彼は息を吐き、唇を引き結んでメニューを置いた。ありていに言えば参ったなという表情がゆっくりと彼の顔を覆った。その瞬間、ガーリックナンの入った籠をのぞいてみたり、テーブルの下で紙ナプキンをちまちまとちぎったりしながらも、私は気づいた。これは板挟みになっている顔だ。「正解の出しようがない」という顔だ。もしスティーブがノー、2万5000ドル出すつもりはないと言えば、ケチに見えてしまう。

アイデアを本気で信じてはいないように見えてしまう（おそらく信じていなかったのだろうが）。だがイエスと言えば、彼は出す予定のなかった2万5000ドルを手放すはめになる。しかも、そうするのはアイデアが気に入ったからでも成功すると思ったからでもなく、私の頼みだからだとお互いわかっている。ハートフォードの路上でピンチを脱したときと同じものが、私の顔と声ににじみ出ていたからだ。私が本当に困っていることが。

彼がイエスと言ってくれたとき、私たちはふたりともそれがアイデアのためではないのがわかっていた。あとになって話してくれたが、スティーブは「この2万5000ドルは返ってこないだろうな」と内心思っていたそうだ。

母へも出資依頼をする

一番緊張したのは母への出資依頼だった。

スタートアップの創業期《シード》に親にお金を融通してもらう人は多い。むしろ当時は「シード・ラウンド」〔事業の芽が出る前の段階で出資を募ること〕と言う人などおらず、「フレンズ・アンド・ファミリー・ラウンド」と呼びならわされていた。

それでも、40近くなって既婚で三人の子供もいて、自分の会社を複数成功させていながら、親に電話してお金を出してもらおうとするのは少々情けなかった。食品店でママの足にしがみついてキャンディバーを買う50セントをねだる8歳児に戻ったようだ。

それでも電話した。

母に頼んだのは、父は問題外だったからだ。父はお金に関しては頑固で意志を曲げなかった。自分の両親が大恐慌ですべてを失ったせいもあり、父は財政管理では極端にリスクを嫌った。昔ながらの家計簿をつけていて、所得や投資から月々の公共料金まで記録していた（父が亡くなったとき、書類の整理をしていたら見つかった家計簿には、エンジニアらしい几帳面《きちょうめん》な筆跡で1955年から2000年までの毎月のガス料金がすべて記載されていた）。ウォール街で父は全財産を失う人々を見てきた。事業に関する父の考え方は、かりに利益が出るとしても2年はかかるベンチャーキャピタルやスタートアップより、大企業や銀行寄りだった。確実で、利益重視で、実体のあるものでなければならない。ネットフリックスの最初のアイデアを父に売り込んだとしたら、父は拡大鏡を取り出して徹底解剖しただろう。

母はお金に慎重だったが、使うときはパーッと使った。それに母自身も起業家だ。私が高校生のときに母は自分の不動産会社を立ち上げて成功し、今では自分の好きに使えるお金がある。私たち兄弟の大学の費用を出したのも母だ。

母は東海岸にいたから、じかに顔を合わせて頼むわけにはいかない。電話でこの話をするのが嫌でたまらなかった。**営業は演劇のようなものである。対面の売り込みであれ電話であれ、ビジネスパーソンが誰かを――顧客、クライアント、投資家候補、誰であろうと――説得しようとす**

るときのやりとりは芝居のようなもので、双方がそれぞれの役割を演じる。だが息子が母親に電話でお金の無心をするとなると、ただの芝居ではすまない。歌舞伎である。すべてが様式化され、所作が決まっている。

どちらも母が最終的にイエスと言うのはわかっていた。私の母なのだし、完全に理不尽な投資というわけではないし、母はいつも私と私のキャリアを応援してくれた。私を信用してくれていた。実は母に頼んだ理由のひとつは、母が出資してくれるとわかっていたからだ。私がわかっていることを母がわかっているのを私はわかっていた。

母の思考が次のような過程をたどるのをふたりとも承知していた。

(A)いったい何の話かしら。
(B)ちょっと待って、何ですって？
(C)あらまあ、驚いた。
(D)出資してあげましょうかね。母親なんだし。

要するに、私は少々甘えた息子を演じる。母は懐疑的ながらも寛大な母親を演じる。お互いが、何十年来の親子関係で定着した昔からの役割を演じるのだ。それをふたりとも了解していた。ジギー伯父さんのしたり顔が目に浮かぶようだ。

あの恐怖の電話についてはあまり覚えていない。私はまだ今ほど「頼む技術」の鍛錬ができていなかった。きっといやらしい営業の決まり文句をいくつか口にしてしまったに違いない。「今日お電話したのは私の会社に投資する『チャンス』をさしあげるためです」とかなんとか。チャパクアの実家に戻っていたら、母と書斎にこもってブランデーを飲みながら投資の話し合いをしていただろう。

あの電話を思い出すと、今でも身がすくむ。

きっと母は礼儀正しく関心を示す質問をしただろう。私は礼儀正しく熱を込めて答えたはずだ。唯一実際に覚えているのは——これを口にしたのは母なりの優しさだと私は思った——気長に見ればこの投資は実を結ぶと母が心得ていたことだ。「15年後にこのお金で都心部にアパートメントが買えるわね」と母は笑いながら言った。

母は出資したお金がたんなる贈与ではないと私に伝えたかったのだ——母が出資した理由が私の話した事業のメリット・デメリットや今後の見通しとは何の関係もなく、彼女が私の母で私が彼女の息子だから、それだけであるのを母も私もわかっていたが、それでもこれが本気の投資だということを。

母が断ってくれたらと私は心の半分では願っていた。だってこうなったら本当にやらなければならないではないか。

1997

秋〜冬

1998

1999

2000

2001

2002

2003

第6章

いよいよ会社が立ち上がる

サービス開始6カ月前

数週間にわたってしつこく追い回したあげく（理由が何であれ、リードは小切手に本当にサインして日付を入れるのをどうやらしぶっていた）、出資者第1号はようやく小切手をくれた。これでオフィスを借り、社員を雇い、折り畳み式の長机をいくつか買える。

もちろんそれだけではない。小切手はスタートが可能になったことを意味する。頭の中にあるアイデアと世の中に存在する会社の違い。無と有の違いだ。

この小切手はすべてなのだ。それにかなりの大金でもある。

小切手をためつすがめつ眺め、金額を何度も確かめた。コンマの数は足りているか。日付は正しいか。サインの筆跡は見覚えのある彼のものか。

資金入手

はるばるサンタクルーズの銀行まで車を走らせたい気持ちもある。ダウンライト、光沢を放つタイル、カウンターの奥で半開きになった金色の金庫の扉がヨットの操舵輪《そうだりん》のように暗闇に浮かんでいる立派な銀行だ。襟のあるシャツに着替えよう、ネクタイもしたほうがいいかな。場にふさわしく身なりを整えねば。

百九十万ドル《ひゃくきゅうじゅうまんどる》は大金だ。持っていると落ち着かず、誰かから盗んできたような気がしてくる。最寄りの銀行に行ったほうがいいか。ロスガトスのショッピングセンターの銀行だっていいじゃないか。一刻も早く手元から離したい。

逃亡者のような気分になってきた。

銀行の列に並びながら汗ばんだ手で小切手の存在を何度も確認し、やがて小切手はポケットの中でふにゃふにゃになった。傍目《はため》には持ち逃げ犯に見えたかもしれない。

もちろん、大金を扱うのはこれが初めてではない。今回よりもはるかに大きな金額があたりまえに行き来する会社で働いてきた。

だがそれを実際に自分の手に持ったことはなかった。

列はなかなか前に進まなかったが、ついに自分の順番が来た。窓口係の女性にとってこれはきっと今日一日のハイライトになるぞ。

妄想が浮かぶ。彼女ははっと息をのむ。彼女にそっと目配せされた支店長は私をうやうやしく奥の部屋に通す。部屋にはアンティーク家具が設《しつら》えられ、ペルシャ絨毯《じゅうたん》が敷かれている。支店長は私にシャンパンを注ぎ、部下が手続きを行う間、慇懃《いんぎん》な口調で世間話をする。

1，900，000．00ドル。

カウンター越しに小切手を渡すが、何も起こらない。窓口係の顔には感銘を受けた様子も、いささかの驚きも見えない。平常運転だ。

「現金のお引き出しはなさいますか？」と彼女はたずねた。

ネットフリックスCEO

リードの出資金が銀行に入り――そしてピュア・エイトリアの買収が完了して――私たちはようやくベストウェスタンホテルから出られた。が、移転先はそこから遠くなかった。私は通りを隔てた向かいにある、スコッツバレーの平凡なオフィスパークに場所を見つけた。賃借料は私には法外に高く思えた。しかも複数年契約だ。このあとの展開へのそこはかとない楽観が完全なる無分別ではありませんように、と私は念じた。

そこは、ボーランドで経験した豪華な会社キャンパス――あるいは今はやりの、白木の内装に緑をあしらい、間仕切りがなく消防署のような滑り棒とビーンバッグチェアしか見当たらないだだっ広いオフィスとは、雲泥の差だった。私たちが入居したオフィスパークはまったく無個性だった。歯科医とか税理士が診療所や事務所を構えるような場所である。実際、精神科の診察室がいくつかと眼科が1軒入っていた。だがオフィスパークの大半を占めていたのは小さなスタートアップで、活況と破綻のサイクルに乗って回転ドアのように入居しては退去していった。

正面の旗を掲揚するポールの隣には花壇があって、そこには常にみずみずしい花や植物が植わっていた。実際にそこで育てられているわけではなく、世話すらされてはいなかった。すでに育って咲いた状態の花が土に植えられ、枯れたら株ごと引き抜かれて新しい花盛りのチューリップやパンジーやスイセンに植え替えられる。花さえ咲いていれば費用など度外視だ。満開のチューリップを手押し車に載せて手早く土に挿し込んでいく庭師のそばを通りながら、その花壇がスタートアップの一生の特別ひねくれた比喩に見えてしかたがなかった。植えられて、花を咲かせ、枯れ……取り替えられる。

私たちのオフィスは仕切りのない大きな一室で、変な緑色のカーペットが敷きつめられていた。以前は小さな銀行が入っていたところで、まだ金庫室があって扉は施錠されておらず出入りできた。長い廊下に沿って執務室がいくつかと会議室がひとつ、奥に駐車場と向かいのウェンディーズが見える執務室があった。ＣＥＯである私がそこをもらった。とはいえ中に入れるものは何もなかった。

贅沢《ぜいたく》な空間ではなかった。家具を入れるのに使った金額は１０００ドルにも満たない。アーロンチェアも、ピンポン台も、自然派炭酸飲料ラクロワを常備した冷蔵庫もない。仕出し屋が使うような安っぽい折り畳み式長机が６台か７台。オフィスにおよそ不釣り合いなダイニングチェアは、わが家の物置から持ち出したものだ。他にほしいものがあれば家から持ってくるしかなかった。何人かの社員が、座面も脚もまだ砂だらけのビーチチェアを持ち込んだのをはっきりと覚えている。ロレインは初めてオフィスを訪れたとき、会議机の椅子を指さして「あれ、昔うちにあったダイニングチェアじゃない？」とたずねた。

私たちは家具のかわりにテクノロジーにお金を使った。ネットでデルのコンピュータを数十台購入し、オフィスに送ってもらった。自前のサーバーも購入し――1997年当時は共有クラウドサーバーなどなかった――隅に設置した。ケーブルを何マイル分も購入し、終業後に自分たちで配線した。オレンジ色と黒の延長コードとイーサネットケーブルがオフィス中をのたうつヘビのように張りめぐらされた。天井から電線がブドウの蔓《つる》のように下がっていた。

引っ越し当日のことは覚えていない。ピザをとってコストコに買い出しに行ったかもしれない。だがそれより、各自が自分の仕事道具を持って三々五々集まっただけだったような気がする。1997年秋にネットフリックス最初のオフィスの中に立ったとしたら、目に映るのはコンピュータオタクの地下の部屋と地方遊説中の政治家の選挙陣営を足して二で割ったような光景だっただろう。それでも私たちは大満足だった。

私たちのオフィスは明確なメッセージを発していた。**主役は自分たちじゃない、お客様だ**と。ここで働く理由は目先の変わった特典や無料の社食があるからではない。仲間意識とやりがい、優秀な人々と難しくて面白い問題を解く時間を過ごすチャンスのためだ。

うちで働くのはきれいなオフィスで働きたいからではない。有意義なことをするチャンスを求めるからだ。

家は言い値で買え

スコッツバレーのオフィスへの引っ越しと同時期に、私は自宅の引っ越しを考え、ついにはその準備を始めていた。

ネットフリックスという実験を始めた最初の数カ月間、私は徒歩5分の小さな借家に住んでいた。ロレインと私がそこに越してきたのは１９９５年、山の中で何年も暮らしたあとだ。サンタクルーズまで車で30分という距離と、毎日1時間半かけて山を越える通勤に疲れ果て、私たちは山の家を売却してスコッツバレーの小さな借家に引っ越し、将来に備えて貯金していた。

私は徒歩通勤が気に入っていた。これだけ自宅に近ければ、夕食の時間に抜け出して家で家族と数時間過ごし、またオフィスに戻って仕事を終わらせるのも楽だ。だが将来的にずっと続けられるやり方ではなかった。私は猫の額よりも広い庭がほしかったし、ロレインも子育てのためにもっと大きな家を希望していた。子供が三人いたら、小さな借家では少し走り回っただけでぶつかってしまう。外で遊ばせる場所も乏しく、ハイウェイが至近距離にあったから夜は車の騒音でなかなか寝つけなかった。

しかし新居探しは難航した。予算内におさまる家はサンタクルーズの近くだとどこにもなく、山の向こうのサンノゼ方面で探しても事情は変わらずだった。不動産屋は私たちの予算を聞くと、もはや笑いを狙っているのかと思うほど欠陥だらけの家ばかり紹介してきた。ある家は屋根に草が生えていた――意図的にではない。別の家はヤギの群れつきだった。

その後10月になって、スコッツバレー郊外の丘の上にある敷地面積50エーカーの3階建ての家が売りに出された。かつてブドウ畑で、20世紀初めには高級別荘地だった場所である。オーナー夫婦は80代で、維持管理が困難になったとのことだった。子供たちを引きずるようにして見に行った私たちは一目ぼれした。理想的だ。土地が広く、家も大きい。

価格のほうも100万ドルを少し切るお値段だった。

その晩、頭に少々血が上った状態で、私は母に電話して助言を求めた。母は不動産業をしていたし、うちの家族のことは私と同じくらいよく知っている。

「僕たちはあの家を本気でほしいと思ってる」と私は言った。「でも大金なんだ、今までの人生で使ったことのない金額だ。新しい会社を立ち上げたばかりだし。余分なリスクを負うべきかな。こっちからのオファーはいくらで出したらいい?」

「本当にほしいなら、値引き要求して買い逃すようなまねはしちゃダメ」と母は言った。「払えるかどうかの不安は長くは続かないわよ。でも暮らす喜びは一生のもの。向こうの言い値で買いなさい」

そこで、そのとおりにした。

買ってから後悔しなかったといえば嘘《うそ》になる。契約が完了した当日の夜、ロレインと一緒に数人の友人たちとデッキに座ってワインを飲みつつ、新しいわが家の芝生に聳《そび》え立つセコイアの次第に長く伸びていく影の中、子供たちが追いかけっこをするのを眺めていた。表向きは自分たちの幸運を祝っていたそのときでさえ、私は人生最大のミスをやらかしてしまったんじゃないかと考えていた。

会社が失敗したらどうする？　失業したらどうする？　DVD郵送レンタルが結局軌道に乗らなかったら？

「大学を卒業した直後を覚えてる？」ロレインがその最初の晩、来客が車で走り去ったあとで言った。「二人で贅沢したこと」

ロレインと結婚したばかりの頃、私たちには1万ドルの借金があった。当時、私は新卒で就いたダイレクトメール・マーケティングの仕事をしていて、年収約3万ドルだった。証券会社の新人社員として株の電話営業をしていたロレインの収入も同じくらい。私たちは1年で借金をゼロにすると目標を立て、12カ月間どんなに小さな支出でも細かくノートにつけた。歯磨き粉：1・50ドル。駅でドーナツ：75セント。

週に一度、二つの贅沢を自分たちに許した。同じ通りにあるアセンズ・ピザでスクエアピザを1枚と、瓶ビールのシュリッツを1ケース。飲み終わったら瓶は店に返却して返金してもらう。

「一度やったんだから、またできるよな」、私はうなずいた。

元来、私はケチな人間ではない。むしろ、仕事にあたっての私の行動はおおむね、お金に関して細かくて慎重だった父への一種の反動だった。支出ノートをつけていたのは特定の問題に対処するための例外である。ふだんはあるだけ使うタイプだ。**無駄遣いや愚かな使い方はしない。しかし浮き沈みのサイクルを繰り返すシリコンバレー経済の中にいて、手元に回ってきたお金は使**

うべきだといつも考えてきた。賢く使う必要はあるが、使うべきだと。

ストックオプションはすぐ売れ

若くしてスタートアップでかなりの成功をおさめたが、大株主になったことは一度もない。だから給料はそれなりにもらっていたが、莫大《ばくだい》な見返りを手にしたわけではない。実際に初めて予期せぬ大金を手にしたのは、30歳の誕生日の数カ月後にボーランドに入社したときだ。タイミングがよかった。製品が飛ぶように売れ、株価もうなぎのぼりだった。私は金持ちになった……が、私が持っていたのはストックオプションだけだったから、書類上の話だ。ある晩私は出張先の香港のバーで、ボーランドの営業担当上級副社長のダグ・アントーンの隣にいた。自社株の上がりようについて話をしていて、私がまだ1株も売っていないと言ったら、彼は飲んでいた酒を吹き出しそうになった。

「何をぐずぐずしているんだ」と彼は言った。「私だったら、ストックオプションの行使権が発生したらすぐ売るね。株価がこのまま上がりつづけるならストックオプションの価値が高まる余地はおおいにある。だがもし下がったら、現金化しておいてよかったと思うはずだよ」

あの日以来、私は彼の方針を採用しただけでなく、周囲にも広めるようになった。社員には権利が発生した時点でストックオプションを売却しなさいと常に言ってきた。出所は新人証券ウーマン時代のロレインの上司だが、愛用している言葉がある。**「株は強気相場《ブル》のとき儲《もう》かる。弱気相場《ベア》のときも儲かる。欲をかいた《ピッグ》ときだけ損する」**

（この上司はのちにインサイダー取引で起訴された。言行を一致させていればそうはならなかったかもしれないのに）

お金に対してそんな愛憎相半ばする考え方を公言していた私だが、ネットフリックスを創業して初めて迎えた秋は、ふと立ち止まって考えるたびに家計の不安にさいなまれた。唯一の解決法は働くことだと思えた。ネットフリックスの将来を確かなものにしようとがっぷり四つに組んでいる間は、将来を心配せずにいられた。また新しい家の改装に手を動かしている間は目の前が暗くなる気分を免れた。引っ越す前は何カ月もの間、土日を使って家を改修した。蔓植物を取り払い、トラクターで藪《やぶ》を一掃し、前の持ち主が10年、20年、どうかすると30年前から倒れたまま放置していた枯れ木を片づけた。

私はブドウの木などの果樹をふんだんに植える構想を描いていた。東海岸で缶詰フルーツのサラダや甘いシロップ漬けの梨を食べる子供時代を送った私は、庭に出て木から果実をもぎ、自分の所有する大地を踏みしめながら食べる生活に強い憧れがあった。だがそのためには植樹しなければならない。伐採して場所を作り、苗木を植え、繊細な樹木を何週間も、何カ月も手塩にかけて育てなければならない。

1997年の秋と冬、引っ越すまでの数カ月間の日課は理想そのものだった。朝起きるとロレインを手伝って子供たちに学校へ行く支度をさせ、車に飛び乗ってオフィスまで3分の通勤。天気がよく急いでいないときは歩いていった。才能を見込んでみずから声をかけて集めた仲間たちと、自分が思いついたアイデアに取り組んで気持ちよく一日を過ごす。私たちは計画に深く没頭した。ＡＤＨＤと軽度の強迫性障害――ではないかと昔から思っている――のある人間にとって、これほど居心地のよい場所はそうあるものではない。

課題は1000件よりどりみどり

職場では毎日、取り組むべき問題が１００件、いや１０００件、よりどりみどりだった。優秀な部下たちに囲まれていたから、私は自分の関心ある問題に集中できた。これは計画段階のスタートアップのトップを務める大きな喜びのひとつだ。会社の規模が絶妙で、誰もが複数の職務を担当しなければならないくらい小さいが、自分に合わない職務は引き受けずにすむ程度には大きい。

あの秋に私たちが取り組んだ課題のほんのさわりを紹介しよう。

1. オフィスの開設準備

ボーランドやピュア・エイトリアのような大手上場企業で働いていたり、すでに稼働しているスタートアップの社員の立場だったりすれば、考える必要のないことだ。だがトップを務める立場になると、電話やプリンターやホチキスの針など、会社生活のもっとも基本的な必需品を社員に用意するのは究極的には自分の責任だと私は学んでいった。電話を買わなければならない。コンピュータを買わなければならない。機器をすべて実際に動かすためにオフィスの配線をしなければならない。内装を考えるのに使った時間はトータル5分程度だが、それでも誰かが折り畳み式の長机を買ってきてまっすぐ一列に並べて設置しなければならない。

それだけにとどまらず、**今まで考えもしなかったような意思決定をしなければならなかった。**オフィスの清掃を頼むのは毎週か隔週か。鍵はどのように整理する？　銀行はどこを使う？　人事管理は外部の会社にまかせるべきか？

ある意味、こうした意思決定はすべて、1990年代後半の私たちがイノベーターとして直面していた問題の縮図のようなものだった。事業を立ち上げるときは、何もないところ、ゼロ、無から始める。そして成功させる方法を考え出さなければならない。1997年のテクノロジー系スタートアップもそれは同じで、しかも当時出始めのインターネットを使ってまったく新しい技術製品の販売に特化した企業であればなおさらだった。DVDはまだ世の中に現れたばかり、高速インターネットは揺籃《ようらん》期にあり、オンラインサイトには既製のテンプレートなどなかった。何かをやりたければ自分で一から作らなければならなかったのだ。

2．チーム作り

実際に会社となったからには、人員を少し充実させる必要があった。中核となる人間は7名いた――クリスティーナ、ティー、エリック、ボリス、ビータ、ジム、私――が、埋めなければならない穴はたくさんあった。会社とDVDユーザーをつなげられる人間が必要だった。会社と映画スタジオや流通業者をつなげられる人間が必要だった。そしてバックエンド〔ユーザーからは見えないデータ処理などの部分〕のコーディングができる技術者が必要だった。シリコンバレーでもっとも不足している人材だ。**技術人材探しはその後も常に課題となる。**

秋が深まる頃には、なんとかミッチ・ロウにわが寄せ集め集団への加入を説得できた。彼は今では冗談で、片道1時間半の通勤となる入社を最終的に決めた理由は、道中にアメリカ大統領の伝記のオーディオブックを聴き終えるためだったと言う。ミッチはワシントンから年代順に聴き進め、数年後にようやくジョン・タイラー〔第10代大統領（1841～1845年）〕まで到達した（アメリカ大統領史にどれだけハマっていたのだろうか）。

だがミッチが入社した本当の理由は、自分の店の経営に少々飽き、映画キオスクの実験はいささか時代を先取りしすぎていると気づいたからだと私は思っている。VSDAで私が出会ったときに彼が熱心に売り込んでいたソフトウェア会社、ナーバス・システムズも、実現性を持つにはまだ数年かかる段階だった。

ミッチの入社によってかけがえのないリソースが獲得できた。映画レンタルビジネスを熟知し、映画スタジオの幹部や流通業者に深い人脈があり、顧客にこれが観《み》たかったと思わせる映画を紹介するノウハウを持っている人物。彼は豊富な経験と知識をもたらしてくれた。説得に成功した瞬間、彼は私がリクルートした人材の中でもっとも重要なひとりになると直観した。

が、彼の妻はこの会社は絶対うまくいかないだろうとまだ思っていた。

顧客との接点をさらに増やすため、ティーがコーリー・ブリッジスを連れてきた。担当は顧客獲得、というか具体的には、私たちが冗談で「秘密工作」と呼ぶ任務だった。カリフォルニア大学バークレー校で英文学を専攻していた彼は抜群に文章がうまく、人物を創造する才能があった。DVDの所有者を見つける唯一の方法はインターネットのオタクコミュニティ、つまりユーザーグループ、掲示板、ウェブフォーラムなど、特定の分野のマニアが集まるネット上の井戸端会議の場だと彼は早くに気づいた。こうしたコミュニティに潜入するのがコーリーの作戦だった。彼はネットフリックス社員の身分を明かさず、ホームシアターマニアか映画狂を装って、DVD愛好家や映画ファン向けのコミュニティで交わされる会話に参加し、中心人物たちと仲よくなると、時間をかけて徐々に、皆から一目置かれているコメント投稿者やモデレーターやウェブサイトオーナーにネットフリックスという新しくてすごいサイトがあると予告した。サービス開始は何カ月も先だったが、コーリーの種蒔《ま》きはやがて大きく報われる。

技術人材は？　エリックのつてで、ピュア・エイトリアからスレーシュ・クマールという有能なエンジニアを引き抜き、コー・ブラウンという優秀だがエキセントリックなドイツ人も採用した。エリックもボリスもビータもコーは天才だと口をそろえた。コーはいつも午後3時か4時に出勤し、明け方までオフィスにいた。私が特に早く出社したとき、朝6時にひからびたティーバッグや食べかけのシリアルバーが散らばったデスクにいる彼を見かけることがあった。オフィスの配線をしてくれたのはコーだ。彼ひとりで一晩で仕上げてしまった。彼は勤勉で、発想が豊かで、とても無口だった。一緒に仕事をしていた期間に彼が発した言葉の数は20語もなかったのではないだろうか。

3．礎を築く

健全なスタートアップの文化は創業者の価値観と選択から生まれるという信念が私にはある。**企業文化には創業者の人間性と行動が反映される。作り込んだミッション・ステートメントや委員会の会議によってできるものではない。**

社員が最大の資産だとか、働きやすい職場にしたいと口でいくら言ったところで、結局はその言葉を実行に移す行動を地道に始めるしかないのだ。

というわけで、小切手を入金してから私はいくつかの意思決定に迫られた。社員への給料をいくらにするか。福利厚生は提供するか。歯科保険はどうする？

答え：

あまりたくさんは出せない。

もちろん。

なし。

創業期にはうちで働くために全員が給料ダウンを受け入れた。うちがケチだったからではない。資金がいつまで続くか読めなかったから、そして次に紹介する第４項、ＤＶＤの在庫を増やすためにお金がたくさん必要だったからである。

あの頃、私は銀行から1ドル硬貨を40枚ごとの束でもらってきてデスクの瓶に入れておき、週に一度の会議の際、その週に会社に一番貢献した社員に「ボーナス」として進呈していた。「全部一度に使うんじゃないぞ」と言うのがおきまりだった。

それでも、会社が将来成功するために皆に犠牲を求めるからには、いざ（願わくば！）成功したあかつきには皆に一枚噛んでほしかった。当時のうちの給料は他社よりずっと低かったが、創業期の社員には全員、ストックオプションの形で事業から大きな恩恵を受けられるようにしていた。私たちは最初のうちは給料が安くても、最終的な見返りは莫大になるはずと自分たちに賭けていたのだ。

4．在庫の構築

私たちの目標は世界一完全なＤＶＤの在庫をそろえることだった。そうすればマーケティングで有利なキャッチコピーが使えるし、まだＤＶＤプレーヤーを持っている顧客がわずかしかいない環境で商売している実店舗型の競合他社との差別化要因にもなる。彼らにとってはＤＶＤを扱うこと自体あまり意味がないから、発売されるＤＶＤをすべて在庫しようなどという発想はなかった。

私たちの目標はそれだけではない。人気作品は複数用意するつもりだった。そうすれば、観たい映画があって借りに訪れた人を空振りさせずにすむ。

だが例えば『Ｄ２　マイティダック　飛べないアヒル２』を何本注文するかをどうやって判断するのか。もちろん、予測される需要と供給を正確にマッチさせる複雑なアルゴリズムをのちに私たちは開発した。だが当時は推測に頼るしかなかった。いや正確には、数十年分の消費者知識を駆使して理想的なレンタルライブラリを考え出したミッチ・ロウの推測に頼った（そして蓋《ふた》を開けてみれば、彼はめったにまちがえなかった。彼は観ればヒット作がわかったし、失敗作《ターキー》についても、隣の部屋のオーブンで焼いているかのごとく鼻が利いた）。

ミッチは流通業者との橋渡しもしてくれた。１９９７年当時、ＤＶＤを扱う流通業者は雑多な顔ぶれで、何十もの州に点在していた。小所帯のニッチな会社ばかりで、電話に出てもらうまでに時には数日かかった。出荷は数週間がかかり、しかも2回に1回は注文したものが全部は入っていなかった。世の中に存在するＤＶＤをすべて網羅したライブラリができるまでには、希少な作品のＤＶＤ1枚を探し求めて数週間費やすこともよくあった。ＤＶＤ化された映画は数百本しかなかったが、それなりの大きさのライブラリを構築するのに何カ月もかかった。

そして次なる問題。ライブラリの収納場所を探さなければならなかった。

これはジム・クックの領分だ。元銀行の金庫室を覚えているだろうか。ジムはそこを倉庫に変え、出荷数がいずれ一日数千枚になる想定でＤＶＤの保管、品探し、出荷の手順を何カ月間もかけて実験した。

収納法は？　アルファベット順にそろえるのか？　最初の数カ月間のジムの作業は気の遠くなるようなものだった。あの頃、金庫室に足を踏み入れるとそこは収集癖のある映画マニアの地下室のようだった。だがやがて正真正銘のレンタルビデオ店に見え始めた。作品がジャンルごとにアルファベット順に整理され、出たばかりの新作は新作セクションに分けられた。

5．封筒作り

サービス開始前に解決しなければならなかった最大の問題のひとつが封筒だった。リードと行った最初のテストでは何の変哲もないグリーティングカードの封筒を使ったが、全国に何千枚もＤＶＤを送るのに、薄っぺらい封筒に裸のままのディスクを入れてというわけにはいかない。どんな取り扱いを受けるかわからない他州の郵便システムからディスクを守る、本格的な封筒が必要だった。また、顧客に送り返してもらうのだから、再利用に耐えうる程度に丈夫でなければならない。そして使いやすくしたい。直観的にわかるように。第一種郵便［普通郵便］に相当するサイズと重量におさめなければならない。第四種郵便〔小包〕扱いになったとたん、送料は跳ね上がり配達日数が延びる。送料と配達日数のどちらかでもオーバーしたら事業が成り立たない。

手当たり次第に実験した。段ボール、カラー用紙、クラフト紙、タイベック、プラスチック。ありとあらゆるサイズの正方形と長方形を試した。台紙を入れた。クッション材を試した。何千ものデザインが、クリスティーナかジムか私がダメだしをしてボツになった。オフィスに入って、奥のテーブルいっぱいに広げられているのがネットフリックスの封筒の素材だか、プリスクールに通う息子の図画工作の残骸だかわからなくなる日々もあった。

封筒の仕上がりは絶対に妥協できなかった。ユーザーとの最初の物理的な接点だったからだ。もしディスクが割れて届いたり、破損や傷があったり、配達が遅れたりしたら――あるいは届いたときのパッケージを使ってディスクを返送する方法がユーザーにわからなかったら――終わりだ。封筒作りはきわめて重要で、私が初期に深く関わったプロジェクトだった。私はプロトタイプをいじって遅くまで会社に残り、食事中もナプキンにアイデアをスケッチした。封筒が夢にまで出てきた。

6. ウェブサイトの構築

おそらくもっとも想像しにくいのはこれだろう。クラウドの登場とウェブサイト構築ツール――スクエアスペースなど――の普及で、ＭａｃＢｏｏｋとインターネット接続があれば、ドメインを買って画像とテキストをアップロードするだけで誰でも簡単にウェブサイトが作れるようになった。だがeコマースの黎明期《れいめいき》だった1997年当時は、ウェブサイトの概念ができてまだ数年しか経《た》っていなかった。だからインターネットを使って何かを販売しようと思ったら、自分で一から作るしかなかった。

購入する必要があったのはサーバースペースだけではない……サーバーそのものもだ。オンラインストアのテンプレートを買ってすませるわけにはいかない。コードを書く必要があった。それはつまり設計、コーディング、テスト、調整に何千時間もかけるということである。ウェブサイトの見た目をどうしたいか。ユーザーにはサイト内をどのように移動してほしいか。映画の検索結果はどのように表示させるか。サイト上で映画をどのように分類するか。各映画のページにはどんなコンテンツを出したいか。

顧客が映画を選択したあとの画面はどうするか。個人情報をどのように入力してもらうか。住所の州の略称やクレジットカード情報の入力をまちがえたらどうなるか。

こうした疑問は誇張ではなくほぼ無限にあった。それらを解決するために、まったく性格の異なる二つのチームを組織しなければならなかった。デザイナー（主に私とクリスティーナ）と、それを実際に形にするエンジニアである。エンジニアは職務上当然ながら、融通が利かない。こうしてほしいと指示したそのままを実行する。だからクリスティーナは指示に曖昧さを残してはいけないと早い段階でさとった。彼女はウェブサイトのすべてのページを一枚一枚丹念に手描きして、私たちの希望を正確に再現し、各要素が前後の要素とどう対応するかについて余白に何十件もメモをつけた。それをエリックに渡し、エリックのチームが作る。できたものを私たちがチェックしてさらに注文を出し、彼らが組み込む。

このやりとりを何度となく繰り返す。

作業は数カ月続いた。

伝わっただろうか。とにかくやることがたくさんあった。

だがそこには本物の喜びがあった。計画にも、問題にも、解かなければならないパズルにも。目の前に置かれた課題があまりにもたくさん、用意して組み立てなければならない小さなピースがあまりにもたくさんあったから、将来を不安がっている暇などろくになかった。オフィスにいる間は不安は消え去っていた。ローンに四苦八苦している新居の、内装が終わっていない寝室のことを忘れた。ローガンの私立の学費のことを忘れた。アレクサンドル・バルカンスキーに渋い顔で「クゥダラナーイ、ネ」と言われたことを忘れた。

私は機関車を製作中の父と同じ心境だった。課題をすべて並べ上げ、問題をすべて調査し、解決に取り組むことには満足感があった。私は地下室にいて、いつか近い将来他の皆を呼んで見てもらうのを念頭に、何かを作り上げていたのだ。

1997

冬

1998

1999

2000

2001

2002

2003

第7章

こうして社名は決まった

サービス開始4カ月前

私がもっともよく受ける質問のひとつはネットフリックスの企業文化についてだ。どうやって確立したのか。新しく入社した社員にはどのような説明を行っていたのか。社員同士の協力のしかた、連携のしかた、コミュニケーション方法をどうやって考え出したのか。

もちろん、今ではネットフリックスの企業文化は有名だ。ネット上には新入社員が必ず見せられるパワーポイントのプレゼンテーションがあり、多くの人々に閲覧された。

しかし実は、ネットフリックスの企業文化は会議を重ねたり、入念に計画を立てたり、討論したりしてできたものではない。スタートアップから大企業まで各自さまざまな職場を経験した人々が集まって価値観を共有し、自然にできあがっていった。私たち皆にとって、ネットフリックスはずっと夢に描いてきた職場で働くチャンスだった。本当に自分たちらしいやり方を実現するチャンスだったのだ。

文化とは口で言うものではない。行動である。

あの職場にいたほとんど全員を私がリクルートした。彼らの働き方を私は知っていた。クリスティーナが混沌《こんとん》状態に秩序をもたらすのが好きなこと――課題として与えられた混沌状態がたくさんあるほど本領を発揮することを私は知っていた。型破りなアイデアを試す自由を与えればティーの創造性が全開することを私は知っていた。ジム・クックが目の前のほぼどんな問題でも解決してしまうこと――ただし裁量を与えなければならないことを私は知っていた。

私をはじめ創業チームの全員が、たくさんの仕事と仕事に取り組む裁量を与えられれば本領を

発揮することを私は知っていた。ネットフリックスの文化はまさにこれに尽きる。頭脳明晰《めいせき》で創意豊かな10人の精鋭を選び、取り組みがいのある問題を与え、解決のための裁量を与える。

ネットフリックスはやがてこれを自由と責任の文化として体系化する。だがそれは何年もあとの話だ。当時はたんにそれが私たちのやり方だった。決まった就業時間はなかった。好きな時間に出社し、好きな時間に退社した。社員は仕事の成果で評価された。問題を解決し、仕事を果たしていれば、社員がどこにいるか、どれだけがんばっているか、どれだけ残業しているかなど私は気にしなかった。

道のない道を歩む

私の哲学の礎になったのはNOLSでの長年の山中遠征だった。14歳のときからバックパックを背負って山を旅してきた。それが私の心のバランスを保ってくれている。山の空気の匂い、森閑とした静けさ、生活を必要最小限にまでそぎ落としたときの安らかな感覚が好きだ。

だがバックパックを背負った山行きの醍醐味《だいごみ》は、何よりも同行する人々にあった。山に入ったら、下界の人間社会とは隔絶される。だから、独自のルールと規律と伝統を備えた新しい文化を作り上げるチャンスができる。地面の上で眠り、自分で調理した素朴な料理を食べ、1週間シャワーを浴びていない（実際そのくらいは普通だ）ような臭いを発しているときには、相手のことが本当によくわかる。何人かの大親友と友情を育んだのは野外だった。家族との絆も、一緒に川を下り、山に登り、遠いサンゴ礁の波の上でサーフィンをして過ごした時間にどれだけ深まったかしれない。

山行きはスタートアップにそっくりなぞらえられる。スタートアップは小さく、必要最小限の装備しかないことが多く、その事業領域の主流の考え方からあえて外れている。共通の目標を目指して一緒に旅に乗り出した、同じ志を持つ者たちの集まりだ。

そして森の中で完全に道に迷うことも少なくない。

ネットフリックスのサービス開始前の数カ月で学んだのは、スタートアップで働くのは道のない山の中を旅するようなものだということだ。そんな旅の途中で、次の野営地は8マイル先、険しい尾根の反対側だとしよう。仲間はスペシャリスト集団だとする。ふたりはパックラフト〔空気を入れて膨らませる小型ボート〕を持っていて、ふたりは全員の食料と装備を運び、軽装備で山道を風のように速く走れて斥候役ができる者もいる。

考えられるルートは、まっすぐ登って尾根を越え、野営地に向かうのがひとつ。もうひとつはもう少し楽だが時間がかかり、何度か川を渡らなければならない。さらに、なだらかなジグザグを繰り返してゆっくりと慎重に進むルートがある。あなたはどれを選んで皆を率いるだろうか。

答えは、そのどれでもない。

道がないのなら、全員に同じ道を行かせる必要はないではないか。

荷物のない斥候役は険しいルートをとって現地に早く到着し、水辺に近くテントを設置しやすく雨風をしのげる、野営に適した場所を探すべきである。パックラフトを持っているふたりは水路を使って行くのがよい。到着は少々遅れるが、体力を温存できる。荷物を運ぶふたりはゆっくりでももっとも疲れないルートをとるべきだ。

行き方ではなく行き先を伝える

リーダーとしてのあなたの仕事は彼らにルートを判断させることである。道のない困難な旅の同行者としてこの顔ぶれを選んだのは、あなたが彼らの判断力を信頼し、彼らが自分のやるべき仕事をわきまえているからであるはずだ。だからリーダーとして、全員を野営地に必ず到着させるための最善の方法は、行き方ではなく行き先を伝えることである。明確な座標を示したら、あとは自分で判断させよう。

スタートアップでも同じだ。**本物のイノベーションはトップダウンの号令と細かく指定したタスクからは生まれない。大局を見据え、手取り足取り教えなくても問題の中でみずから方向を見定めて解決できるイノベーターを雇用すれば、イノベーションは実現する。これをネットフリックスでは高度に連携したゆるやかな結びつきと呼んでいる。**

私は当初から、ネットフリックスで働く全員を大人として扱おうと決めていた。ボーランドで、逆の考え方をする会社がどうなるかを見ていたからだ。

私がボーランドにいた80年代、同社は退廃のきわみにあった。美しく整備された広大な会社のキャンパスは、鯉《こい》の泳ぐ池を配したロビー、セコイアの森、遊歩道、劇場、本格的なレストラン、ラケットボールのコートやウェイトトレーニング用の部屋やフィットネススタジオやオリンピックサイズのプールがあるヘルスクラブを誇っていた。そしてもちろん、社員に最高の待遇をする会社にふさわしく、ホットタブ〔数人で入れる大きな浴槽〕があった。

ところが、全員を満足させるにはジャグジーでさえ不十分だった。新しいキャンパスに移転してまもなく、当時ボーランドの人事マネージャーのひとりだったパティ・マッコードと一緒にランチから戻る途中、エンジニアのグループが会社のホットタブに浸《つ》かっているのに気づいた。挨拶しようと立ち止まったとき、彼らが会社への不満を口にしているのが聞こえてしまった。そう。会社のホットタブに浸かりながら待遇に文句を言っていたのだ。これはいったいどういうわけだろう?

滑稽な光景ではあったが、パティと私は職場に戻りながら考えずにはいられなかった。社員に高級料理、フィットネスセンター、オリンピックサイズのプールを提供してもまだ文句を言われるのだとしたら、従業員満足度を本当に押し上げる要素とは何だろう。もっと言えば、自分の夢の実現を助けるために他人に入社してもらう、しかも喜んでそうしてもらうには、何が必要なのだろう。そして気づいたのは意外なことだった。しかも意外なほど単純な。

人は大人として扱われたいのだ。自分が信じるミッション、解決すべき問題、それを解決するための裁量を求めているのだ。尊敬できる能力を持った他の大人の中に身を置きたいのだ。

何年ものち、パティはネットフリックスの人事分野を改革するが、彼女の哲学の大半はボーランドであの日私たちがさとったことに源流がある。社員が求めているのはホットタブではない――本当は。無料の軽食でもピンポン台でも昆布茶が出てくる蛇口でもない。

社員が本当に求めているのは自由と責任だ。高度に連携したゆるやかな結びつきを求めているのだ。

あらゆる角度からのたゆまぬ挑戦

サービス開始前の私たちのやり方については、ひとつの問題にさまざまな角度から何度も挑戦して突破していったと言えばよくわかってもらえるだろう。そんなある問題が、私たちを別の若い会社と引き合わせた。私たちとは対極にあるような独自の文化を持った会社だ。

ＤＶＤを仕入れ始めたときは販売されている作品数は３００ほどだった。１９９８年４月のサービス開始時点ではそれが８００になっていた。存在するＤＶＤの数が比較的少ないのは、ある意味私たちには利点だった。１作品２枚のＤＶＤを仕入れて、世の中にあるＤＶＤをすべて在庫していると嘘《うそ》ではなく主張するのが十分に可能だったからだ。

しかしＤＶＤライブラリが比較的小さいのは難点でもあった。手に入る作品の多くはヒット作とはいえなかった。確かに『バードケージ』『マスク』『セブン』など1997年当時人々が実際に観《み》たがりそうなＤＶＤを出している映画スタジオもいくつかあった。だが大多数は明らかに一般受けしなさそうだった。まさに福袋のようなもので、『緑園の天使』と『フリー・ウィリー』『セサミストリート：エルモ・セイヴス・クリスマス』と『迷プレ・珍プレ大百科!!　アメリカン・ブルーパーズ』が混在していた。電車やＮＡＳＡや第二次世界大戦をテーマにした低予算ドキュメンタリー、大自然の映画が数十本、短い動画記事を収録した「マガジン」があった。インドのボリウッド映画はたくさんあった。カラオケビデオや、オーケストラとマーチングバンドの演奏を収録したＤＶＤも多かった。

要するに、ＤＶＤのラインナップはきわめて雑多だった。ＤＶＤが定着するかどうか、かりに定着するとしてもどういう形になるか、本当にわかっている人は誰もいなかった。ほぼ映画専用の形式になるのか。音楽の視聴に向いた技術なのか。南カリフォルニア大学のマーチングバンドによる2時間のライブパフォーマンスを自宅のホームシアターで観るのに、ＤＶＤの5チャンネルサラウンドを使いたいだろうか。

そのため、メーカーと映画スタジオはまだ実験している段階だった。ライブラリにはそこそこ新しい映画、定評ある名作映画、忘れられた昔の映画、ホームシアターの設備をひけらかせるように作られた映像作品が混在していた。ライブラリを見た人は、ＤＶＤの利用者はオタクと大学スポーツファンとアニメファンばかりだと思ったはずだ。

マネージド・ディスサティスファクション

流通も一筋縄ではいかなかった。まだＶＨＳが主役だったから、多くの流通業者はＤＶＤを扱ってさえいなかった。しかし彼らを責められない。需要がないものを店頭にそろえる理由があるだろうか。その結果、ＤＶＤは主流から外れた流通業者の領分になった。こうした流通業者はいいかげんだった。電話をしても折り返しかけ直してくれない。すべてのＤＶＤを最低２枚仕入れるために、作品を置いている店を数日がかりで探し当てても、電話で相手をつかまえるまでにさらに１週間かかる場合もあった。

その一連の作業においてミッチ・ロウはかけがえのない存在だった。彼は小所帯でなかなかつかまらない店も含め、流通業者とのつきあい方を知っていた。店から折り返し電話をさせる方法を心得ていた。ミッチは人間的魅力があり、粘り強く、ＶＳＤＡ会長を長年務めて獲得したコネを快く使ってくれた。

もっとも貴重だったのは、仕入れるべき枚数を正確に判断した彼のスキルだ。創業当初はアルゴリズムも方程式もなく、ミッチだけが頼りだった。どれを３枚仕入れ、どれを30枚仕入れるべきかが彼にはわかった。ＤＶＤ２枚が最低ラインだったが、需要があるとミッチが考えた作品はさらに仕入れた――レンタルビデオ店が同じ作品のＶＨＳを在庫として置くよりはるかに多くをだ。

在庫はレンタルビデオ店に対して私たちが優位性を持てるはずのポイントだった。実店舗型のレンタルビデオ店はスペースに限りがあるから、どうしても避けられない欠品にどう対処するかに知恵を絞るのは彼らの仕事の一部だった。この商売をしていたミッチをはじめ他社――もっとも有名なのがブロックバスター――はこれを**マネージド・ディスサティスファクション**と呼んでいた。顧客が『ダイ・ハード２』を求めて店に来たのに、在庫が出払っていたらどうするか。同程度に気に入ると思われる別の映画を貸し出そうとするだろう。そして満足させ、リピーターになってもらおうとするだろう。しかしたとえそれができても、顧客の印象は悪くなるはずだ。

物理的な場所に縛られていないから、不満のマネジメントが必要な状況そのものを避けられると私たちは考えた。私たちが顧客に提供できるインスタント・グラティフィケーション［マーケティング用語で欲求がすぐに満たされること］としてもっとも手っ取り早いのは、観たい作品を必ず在庫として置くことだ。だから他店が5、６枚仕入れるところを私たちは50～60枚仕入れた。『Ｌ.Ａ.コンフィデンシャル』が発売されたときには５００枚仕入れた。費用はかかったが私たちには四つの利点があった。

四つの利点

第一に、２００万ドルの創業資金だ。片田舎の昔ながらのレンタルビデオ店が張り合える資金力ではないだろう。

第二に、余裕を持った枚数を仕入れるコストは高い在庫コストではなく、安い広告コストとなる。有名なマスターカードのコマーシャルと同じだ。ＤＶＤ１枚：20ドル。世の中のＤＶＤがすべてそろっていて必ず在庫があるという評判：プライスレス。

第三に、私たちはＤＶＤ市場が今後も伸びると踏んでいた。今は必要枚数の10倍もあるように見えても、市場が10倍になればちょうどよくなる。

第四は、もし失敗だったら、余分なＤＶＤはいつでも売ってしまえばよい。

ジムがすべてのＤＶＤを元銀行の金庫室におさめる方法に頭を悩ませる一方で、クリスティーナと私は別の問題と格闘していた。顧客にＤＶＤをどうやって見つけてもらうか。顧客はどんな検索ワードを使うだろうか。ウェブサイト上で映画をどう分類するか。顧客はどんな情報をもとに映画を選ぶのだろうか。

ＤＶＤを借りる際には映画についての情報が必要だ。ＤＶＤのパッケージの裏を思い浮かべてほしい。そこには観ようと思っている映画のあらすじ、キャスト、監督、プロデューサー、有名な批評家による推薦の言葉から選び抜いた（よく人を惑わす）抜粋が載っている。レンタルビデオ店であれば、こうした情報は映画が棚に並ぶ前にもう用意されている。確かにブロックバスターやビデオドロイドのような会社は、俳優、監督、ジャンルなどが検索できる社内データベースを備えていた。だが顧客が知りたい情報のほとんどはすぐ目の前にあった。映画を借りようと思っている人は店に入って『ミッション：インポッシブル』のトム・クルーズの写真に目をとめ、VHSケースを引っくり返せばよかったのだ。

私たちの場合はそう簡単ではなかった。私たちの店には引っくり返せるケースがない。私たちが借り手に提供していたのはジャンル別にアルファベット順に並べられた映画の棚の列ではない。監督、俳優、ジャンルでフィルタリングできる機能がほしかった。借り手が自分の興味関心に沿って確実に探せるようにしたかった。顧客はアンディ・マクダウェルが出演する映画が好みか。『天国の日々』のあの美しい夕日の裏にあるネストール・アルメンドロスの映画撮影術に魅せられているのか。顧客が観たいのはホラー映画なのか……ホラー映画の中でもヴァンパイア映画なのか……たんなるヴァンパイア映画ではなくコメディ要素のあるヴァンパイア映画なのか。

借り手に自分が求めているどんぴしゃりを見つけられるようにしたかった。そのためには、監督／俳優／プロデューサー／公開日などの客観的データだけでなく、ジャンルや雰囲気などの主観的データを含む膨大なデータが必要だった。受賞歴や批評家からの称賛（もしくは黙殺）に関するデータにもアクセスできなければならなかった。借り手が歴代の最優秀作品賞受賞作を観たければ、それを可能にしたかった。

そのようなデータベースを構築するにはどこから手をつければいいのか。誰かにDVDのリストにしらみつぶしにあたらせ、全種類のデータを抽出させるのが明らかな答えである。販売されているDVDは1000作に満たなかったから、できなくはない。

だが社員は12名しかいない。全員手に余るほどの仕事を抱えていたから、時間は貴重なリソースだった。だが資金ならたくさんある。そこで私は別の方法を探し始めた。自分たちで作らなくても買えるのであれば、買ったほうがいいと考えたのだ。

大まちがいだった。

データベースの構築

マイケル・アールワインは現在のウィキペディア情報によると「アメリカのミュージシャン、占星術家、フォトグラファー、テレビ司会者、……インターネット起業家」で、1991年にオール・ミュージック・ガイド(現オールミュージック)を創業したとある。1998年当時、私が知っていたのは最後の肩書だけだった。データソースになりそうなものを探していて、オール・ミュージック・ガイドの姉妹サイト、オール・ムービー・ガイドを偶然見つけたのだった。アールワインがボブ・ディランと一緒にヒッチハイクをしたことも、イギー・ポップと同じブルースバンドにいたことも私は知らなかった。『チベットの大地の支配者――チベット占星術と土占術』のようなタイトルの占星術の本を（当時）5冊出していたことも知らなかった。わかっていたのは私のほしいもの、つまりデータを彼が持っていたことだけだ。

私のほうも彼がほしいものを持っていた。DVDだ。

オール・ムービーの目標は過去に製作されたすべての映画の詳細なカタログの編纂《へんさん》だった。アールワインのところでは数十名も人が雇われて、24時間体制で映画を探し、視聴し、注釈をつけていた。彼のウェブサイトを訪れると、聞いたことのあるどんな映画についても知る人ぞ知る情報が見つかった――そして聞いたことのない映画は何千とあった。

問題は彼がDVDを持っていないことだった。筋金入りの完璧主義者だったアールワインは、過去に製作されたすべての映画の詳細情報にとどまらず、過去に製作された映画のすべての形式に関する情報もほしがっていた。DVDについては、収録されている特典映像、対応言語、画面比率、5・1サラウンドサウンドがあるかないかを知りたがっていた。

彼が求めていた情報はすべてDVDケースに記載されていたが、流通業者は個人消費者を相手にしていなかった。だからアールワインの悩みは、私たちが在庫を充実させようとした際の苦労よりもさらに深刻だった。DVDを扱っている小売店は非常に少なかったから、全作品のライブラリを手に入れるためには何千時間もかけて何百マイルも足を運ばなければならない上、よほどの強運に恵まれる必要があった。

私たちは取引の話し合いを始めた。こちらは彼に資金とＤＶＤを提供し、向こうからはデータをもらう。

相手のニーズを見抜く

私は交渉事が好きだし、得意でもある。それは他人のニーズを楽々と見抜ける私の特性に負うところが大きい。**交渉の相手が何を求め、何を必要としているか、それを得ることに対してどういう思いを持っているかが私には理解できる。相手の求めているものをすばやく見抜けるおかげで、どうすれば双方の得になる解決策にたどりつけるか、人よりうまく戦略を立てられる。**

ところがアールワインとは、電話ではらちがあかなかった。私は彼のほしいものを知っており、彼は私のほしいものがわかっているのに、彼がなぜ合意をしぶるのかが私にはなかなか理解できなかった。取引をすればお互い助かるし、電話での会話は友好的だった――が、彼は結論を出そうとしなかった。話をまとめるのに気が進まない様子で、なぜなのか私にはわかりかねた。

そこで彼とじかに会おうと私は現地に飛んだ。その冬のある火曜日、私はミシガン州グランドラピッズ行きの飛行機に乗った。到着するとレンタカーのスバルで一路北へ、ビッグラピッズに向かった。アールワインの会社の本社はたぶんオフィスパークにあって、裏を大きな急流《ラピッズ》が流れているようなビルに入っているのだろうと予想していた。しかし教えられた住所に行ってみると、そこは川らしきものなどまったく見当たらない、住宅街のど真ん中にある大きな家だった。どの家の車寄せにもピックアップトラックが停《と》まっていた。フランネルシャツ姿の男たちが自宅の庭の雪かきをしている。私は3階建てのコロニアル式邸宅の正面にある円形の車寄せに駐車した。邸宅は改築されて周辺の数軒の住宅と合体している。うち数軒が屋根付きの連絡通路でつながっていた。建物から建物へ、段ボール箱を足早に運ぶ人々の姿が見えた。ひとりはリール式映写機を抱えている。コミューン、見方によってはカルト集団のように見えた。

北カリフォルニアの無味乾燥なオフィスパークとは天と地ほども違う世界だった。

アールワインが社内を案内してくれた。当時の彼はやせていたが精悍《せいかん》だった。ケールとヨーグルトとグラノーラ中心の食生活のおかげに違いない。開襟シャツの胸元からネックレスのようなものがのぞいていた。率直だが穏やかな話し方で、主張したいことがあるときには前に身を乗り出し、それに対する私の言葉に注意深く耳を傾けた。今にも首をゆっくりと振って「ああ、思ったとおりだ。牡羊座《おひつじざ》のアセンダントを持つ牡牛座らしいですね」とつぶやきそうだった。それでいて、ものごとが望むとおりに進まないとたちまち心を閉ざしてしまうようなところがあった。自分の外部にある、世界を本当に支配している天の力に都合よく導かれているように見えた。妥協交渉などできません、私はメッセンジャーにすぎないのですから。決める前に天の声を聞かないと、といった風だった。

オール・ムービー本社の外観がコミューンに似ているとすれば、内部は強迫性障害のあるレコード収集家の頭の中のようだった。壁は床から天井まで隙間なく棚になっていて、ＬＰとコンパクトディスクとテープでぎっしり埋まっている。各部屋は急ごしらえで仕事場に変えられたのが一目でわかった。最初にのぞきこんだ部屋には各隅に1台ずつ、3台の机が置かれていた。ドアに近い机に向かっていた女性は外国語の辞書を広げ、ＬＰのライナーノートを小さなランプにかざしていた。「ノルウェー民謡です」と彼女は言った。次の部屋では男性が大きな山になった1930年代の『デイリー・バラエティ』誌をあさっていた。

「何を探しているんです？」と私はたずねた。

「撮影情報です」と彼は言った。「撮影期間を照合しようとしているんです」

「彼はお蔵入りした映画のデータを拾ってるんですよ」とアールワインが自慢げに言った。

社内ツアーは1時間近くに及んだ。見学した建物は3棟か4棟にもなるだろうか、いずれもこの調子でとりつかれたように細かい情報を追って記録している人たちだらけだった。元ガレージだった建物からは大きな音が響いていた。「ここは木工作業場です」とアールワインがドアを開けながら言った。のこぎり、パレット〔運搬に使うすのこ状の台〕、積まれた材木。そして高さ6フィートの同じ本棚が数十本あった。

入手した本、レコード、映画の数があまりにも膨大なため、自前の棚を製作していたのだ。

デジタル移行への不安

その日も、それから数週間経《た》っても、取引は成立しなかった。ばかばかしいほどささいなことが争点になった。向こうの要求をひとつ飲んだとたん、彼は別の要求を持ち出してくる。どうすればアールワインの気を引けるかは、確実につかんでいた。ミシガンに行ってみて私は貴重な発見をした。音楽と映画に関する世界一の情報サイトを標榜《ひょうぼう》する派手な文言は建前で、アールワインの正体は収集マニアだった。彼の本当の動機は情報ではない。収集だ。彼は自分の執着をお金に変える方法を抜け目なく見つけ出していたが、彼が私たちからほしがっていたのはお金よりもＤＶＤだった。

しかしこちらがＤＶＤを握っているのに、アールワインが協力をしぶる理由はもうひとつあるのではないかと私はにらんでいた。彼は自分のデータに病的に執着していた。私の提案は、彼の映画データ――公開日やキャストなど――を基礎として使わせてもらい、私たちが自社のサイト情報を作成するというものだった。私たちがＤＶＤ特有の情報をすべて追加して、それを彼に送り返す。しかしアールワインは自分がＤＶＤのデータを追加する作業をし、それを私たちに送ると言ってきかなかった。

彼のほうが余分に作業をしてくれるのはありがたかったが、ネックになったのは最終的に全データの所有権は自分が持つという彼の主張だった。私たちの参加によってデータの完成が可能になるにもかかわらずだ。これは私には受け入れられなかった。このデータをもとにウェブサイトのインフラ全体を構築するのに、星のお告げによる突発的な気まぐれで彼が私たちか私たちの条件か、はたまた牡羊座の上昇具合が気に入らないと判断したら、彼はいとも簡単に水晶玉を持ち去ることができ、私たちの元には何も残らない。私たちのほうが圧倒的に不利だ。占いの力などなくても、それくらいは予測できた。**創業段階のスタートアップは、投資家の期待、市場の現実、ビジネスの妥当性という競合する圧力が四方八方からかかってくる、きわめてデリケートな環境に置かれている。私たちの進路を左右する外部要因がさらに加わるのはごめんだった。**

アールワインの不安はわからないでもなかった。インターネット・ブームのときに多くの人々が感じていたのと同じ不安だ。オール・ミュージックもオール・ムービーも、彼のサービスは印刷刊行物としてスタートしていた。ずっとアナログだったのである。デジタルへの移行に彼は不安を覚えていた。彼は収集品を抱え込み、誰にも奪われたくないと思っていた。

しまいに私は焦《じ》れてきた。アールワインの案では、法律上私たちの所有物であるＤＶＤの情報を知る特権に対して、こちらが彼にお金を支払うことになる。だが私たちのほうが分が悪いのもわかっていた。時間の猶予がないのはこちらのほうであり、私たちが求めている情報は彼が持っていた。サイトの公開はわずか数カ月後に迫っていて、彼が持っているデータがなければ私たちのサイトの肝になるデータベースの構築にさえ手をつけられないのだ。

まったく往生した。にっちもさっちもいかなかった。1月が過ぎ2月になろうとする頃には、クリスティーナとエリックから毎日のように催促された。データがなければデータベースの雛型《ひながた》が構築できない。自分たちで宣伝文句を書き、映画を「コレクション」に加えるなど編集に関する意思決定はしていたが、自分たちで製作したコンテンツはすべてルートレコードにひもづける必要があった。コンテンツの製作がサービス開始日にだいぶ余裕を持って終わったとしても、私たちのコンテンツをアールワインのコンテンツと実際につなげる作業に数日は――数週間とはいわなくても――かかる。サービス開始の前日に全部をプラグインすればすむわけではない。

問題はもうひとつあった。かりに合意に達したとしても、彼が私たちに送ってくるデータ量はあまりにも膨大で、特に1998年当時はインターネットでは送信が不可能だった。磁気テープのリールというかなりアナログな方法でデータを受け取ることになる。メール添付など問題外で、箱に詰めてこちらに送ってもらわなければならないだろう。これが一刻を争う状況だったもうひとつの理由だ。テープが届いたらそれを「翻訳」して、私たちのサイトに「読み取らせ」なければならない。

アールワインが作成した契約書はとうてい受け入れがたい内容だった。はらわたが煮えくり返った。だが署名せざるをえなかった。

彼の勝ちだ。

だが契約書に署名した瞬間から、私はそれを破棄する方策を考え始めた。

仕事ばかりだと生産性は下がる

たいした男ではあった。マイケル・アールワインは自身の強迫神経症的な収集癖をお金に換える方法を見つけ出した。あの会社は彼の原理原則に従って運営されており、彼に似ていた。あの「オフィス」の内部を歩き回るのは、強迫観念にとりつかれたレコード収集家の頭の中をのぞき見るようだった。だがあの場所はひとつの個性を備えていた。アイデンティティがあった。

私が自分の会社に望む見た目、意識、ふるまいとは別次元の世界だったが、彼にとってはうまくいっていた。

私自身は常にもっと抑えたアプローチをとってきた。社員の幸福度が高い、つまり生活が仕事一色ではないほうが、生産性が上がると私は思っている。覚えているだろうか、私は会社の場所をサンタクルーズにしたがった男である。短時間通勤にして、朝、出勤前にサーフィンに行く余裕を求めた男だ。

いざネットフリックスの実現が本格化したら、労働時間が長くなるのは目に見えていた。社員は全員シリコンバレーのベテラン選手だったから、皆わかっていた。週50、60、70時間労働をすでにこなしてきたのだ。違うのは、今回はみずから選んでそうしようとしていることだった。他人の夢のために働くのではない。自分のために働くのだ。

だから、確かに私は時々オフィスのソファの上で眠った。プログラマーのひとりが男子トイレの洗面台を風呂がわりにしているのを目撃したこともある。１９９７年秋の私の食生活が、向かいのイタリアンからテイクアウトしたナスとチーズの重ね焼き（お買い得の6ドル95セント）だったことは否定しない。

だが午前中に休みを取ってマウンテンバイクを走らせ頭をすっきりさせる必要を感じたら、休みを取った。ティーはネイルをしてもらいながらPRの作戦を練りたいと思えば、ネイル店に予約を入れていた。

昨今はこれを「セルフケア」と言うらしい。当時は単純に常識的な判断と言っていた。ひとつの業界をまるごと根本から変革しようとしていたのだから、正気を失わないための策がそれぞれに必要だったのだ。

サービス開始を控えたネットフリックスという修羅場にあっても、私はロレインとの昔からのしきたりを守った。火曜日には何があろうと午後5時になるが早いか会社を出て、妻とデートした。ベビーシッターを頼んでビーチに散歩に出かけ、その後はお気に入りのレストラン、ビタースウィート・ビストロに向かい、ローストサーモンを肴《さかな》にワインを飲む。サンタクルーズ中心部の劇場に繰り出して映画を観るときもあった。

私にはロレインとのあのひとときが必要だった――子供抜き、家事抜きで、ふたりきりで過ごす時間が。充電し、一番の親友と他は何も考えずに数時間を過ごすことが私には必要だったのだ。

夜デートの習慣を設けたのはボーランドにいた頃だ。ボーランドでは社員が日常的に夜の7時か8時まで残業するのがめずらしくなかった。当初、私は長時間労働を苦にしなかった。仕事がそうやって回っていたからだ。しかし数カ月経つと心身のエネルギーが枯渇するのではないかと不安になり、妻との関係を優先できていないのも気になり始めた。特に子供ができてからは、妻との時間の大半が家族中心になる。スポーツの練習、家族一緒の夕食、学校の支度や寝かしつけ。妻と心の通じ合う関係でいつづけたかった。

火曜日は妻とデート

火曜日を夜デートの日と決めてからは、それを頑として守った。午後5時は絶対の締め切りだった。秒針が12を指した瞬間、私はいなくなる。まぎわに何かあったら？　ごめんなさい。4時半にしか始められない緊急会議は？　早く終わらせる。4時55分に私に話があるときは？　車まで歩きながら聞こう。

当初は摩擦が起きた。だがやがて、これが社内に伝わると――いくら抗議されても私は譲らなかった――同僚たちは私の締め切りとぶつかる予定を入れないようになった。皆私の締め切りを尊重して避けてくれた。

会社の創生期だった1997年の秋に火曜の夜のしきたりを破るのは簡単だっただろう。やることも、解決すべき問題も山積みだった。何百という仕事に私自身が関わっていた。当時の私の毎日は、朝7時前後に出社し、自分のデスクで昼食をとり、夕方6時まで働く。それから車で5分の自宅に帰って夕食は子供たちとともにとる。ロレインを手伝って子供たちを寝かせ、その後たいていはオフィスに戻って数時間また仕事をし、午後10時か11時頃にようやく上がる。

そして帰宅し、ちょっとくつろいで数時間の睡眠をとっていた。あの頃の平均睡眠時間は5時間以下だったと思う。

ある晩、夕食のために帰宅すると、おかえりと玄関で迎えてくれた息子のローガンが、いつものハグのかわりに、ちょっと聞いていい？　と言い出した。

「いいよ、ローガン。何？」

息子は私の顔を一瞬うかがってから、肩から下ろそうとしていたバックパックをまじまじと見つめた。

「その中にベーコンが入ってるの？」

私は首をかしげた。「どういう意味？」

「パパが持って帰ってくるんだって、ママが言ってた」

一瞬おいてから意味がわかった〔英語で生活費を稼ぐことを「ベーコンを家に持ち帰る」と表現する〕。5分間ほど笑いが止まらなかった。

あとでロレインが話してくれたが、あの頃子供たちにパパはどこに行ってるのと聞かれると、生活の糧を稼いでいるのよ《ブリンギング・ホーム・ザ・ベーコン》、か、出世のはしごを登っているのよ、のどちらかを答えていたそうだ。ローガンが学校で友達にパパははしごを登る仕事をしてるんだよ、と話してからそれを言うのはやめた。

「だってあなたはペンキ屋さんじゃないものね」

だが、ローガンの言葉は当たっていたと心のどこかで思っている。サービス開始前のあの当時は、長く果てしないはしごを登るような日々だった。一段ごとに対処すべき問題があり、ひとつ解決するたびに目標に一歩近づいた。私たちは上昇していて、どこまで高く上がれるかと考えるとわくわくした。

しかしどこまで高く登っていても、目の前にどれほどたくさん段が見えていても、火曜日には必ず午後5時きっかりにオフィスを出た。スタートアップを2社、3社と立ち上げて成功しているが、配偶者もふたり目、三人目という起業家のひとりにはなりたくなかった。妻と過ごす夜を確保したおかげでふたりともおかしくならずにすんだし、夫婦仲を保つことができた。

会社の名前を決める

1997年11月にはオフィスができていた。ある程度機能するウェブサイトができてテストの最中だった。封筒のプロトタイプも数十個できていた。在庫もでき始めていた。サービス開始日も1998年3月10日に決まった。

まだ決まっていないのは社名だった。

初期段階のスタートアップにはよくある話だ。構想から資金調達、そして操業開始まで一貫して同じ社名を使う会社はほとんどない。社名は大事だから、なかなか決まらない場合もある。アマゾンは最初はカダブラと呼ばれていた。ツイッターはスタート時はステイタスという名前だった。

ぴったりの名前がサービスを開発しているうちに降りてくる可能性、偶然の出合いを見越す必要がある。出合うまでに数カ月かかることもある。よくあるやり方としては、当面は社名のベータ版、つまりサイトのテストをしたり、メールのアカウントを作成したり、銀行の書類に記入したりするときに使う仮称をつけておく。といっても「マーク・ランドルフの名無しプロジェクト」ですませるわけにはいかない。

私たちの仮の社名は「キブル（ペット用粗挽《あらび》き穀物）」だった。ドッグフードにありそうな名前だ。

仮の社名を選ぶときは本当の社名としてはとても使えないひどいものを選べ、とスティーブ・カーンにアドバイスされていた。「6カ月も経ったら疲労で参っていて、『もういいや、仮の社名をそのまま使おう』と言ってしまいたくなる。良し悪《あ》しを判断する思考力もほとんど干上がっているだろうからね。だが明らかに使えないひどい名称――ボッタクリ・ドットコムとか悪徳ドットネットとか——を選べば、新しい社名を考案せざるをえない」

というわけで、新しいオフィスに引っ越してから数カ月間、私たちの名前はキブルだった。銀行取引明細書の社名はキブル。テストしていたウェブサイトのドメイン名はkibble.com。私のメールアドレスはmarc@kibble.comだった。

キブルは私の発案だった。広告とマーケティングの世界で昔から言われている「犬がそのドッグフードを食べなかったら、いくら広告が優れていても意味がない」という金言から来ている。どれほど大きなステーキを提供し——どれほど上手に売り込んだとしても——商品に魅力がなければどうしようもない、ということだ。「アルポ」の広告キャンペーンがどれほどすばらしくても、飼い犬が食べようとしなければ意味がないのだ。

仮の社名は「キブル」

キブルを仮の社名に選んだのは、製品第一を常に意識させてくれると思ったからだ。結局のところ、私たちは人から愛されるものを作らなければならない。大企業の向こうを張ろうとしているのだから、私たちのサービスが人から使おうと思ってもらえるものでなかったら——私たちが売るドッグフードがおいしくなければ、長期的な成功はおさめられない。

そしてドメイン名をあらかじめ取得しておくにこしたことはなかった。実は今でも所有している。kibble.com とウェブブラウザに打ち込むと、私の個人ウェブサイトが表示される。marc@kibble.com にメールすれば私の受信ボックスにあなたのメールが届く。

キブルを私たちのサービスの名称にするつもりはまったくなかった。しかしスティーブは正しかった。数カ月経ち、サービス開始日が目前に迫ってくると、キブルもなかなか悪くないと思えてきた。

「チームミーティングをやる」、ある金曜の午後、ついに私は言った。「社名を決めるぞ」

全社員――総勢15名――がぞろぞろと私の執務室に入ってきた。このビルに入居してからまもなく、クリスティーナと私はホワイトボードに線を引いて2列に分けた。片方の列はインターネットに関連する言葉、もう片方は映画に関連する言葉で埋まっていた。会社の名前は映画とインターネット、それぞれにまつわる二種類の言葉の組み合わせにするのがいいと決めていた。ふたつの言葉がスムーズにつながり、音節と文字がなるべく短い名前が理想だ。

社名選びは非常に難しい。まず、キャッチーで、口にしやすく覚えやすい名前でなくてはならない。一音節か二音節の言葉がベスト――なるべくなら第一音節にアクセントがあるのがよい。一番人気のあるウェブサイトの名前を考えてみてほしい。**グー・グル**。**フェイス・ブック**。パッと頭に浮かぶ。

音節や文字が多すぎると、ウェブサイト名の入力ミスをされるリスクがある。文字数が少なすぎれば、名前を忘れられるリスクがある。

使用可能かという問題もある。完璧な名前が見つかったとしても、誰かがそれをすでにドメイン名や商標として登録していたら使えない。

数週間前から、私は皆からアイデアを募ってホワイトボードに候補を書き込んでもらっていた。商標など使用可能性の調査はほぼ終えていた。あとは決定するだけだ。時計の針が回り床に影が長く伸びてくる中、私たちは左右の列から言葉を組み合わせては議論した。私は最終候補をリストアップした。

- テイクワン
- テイクツー
- シーンワン
- シーンツー
- フリックス・ドットコム
- ファストフォワード
- ナウショーイング
- ダイレクトピックス
- ビデオピックス
- Eフリックス・ドットコム

- ネットフリックス
- シネマセンター
- ウェブフリックス
- シネマダイレクト
- ネットピックス

いかがわしい響き

この中にはいくつか光るものがある。ダイレクトピックス・ドットコム。ナウショーイング。Eフリックス・ドットコム。

シネマセンターになっていたとしてもまったくおかしくない。

それぞれにお気に入りの社名があった。ボリスとビータは私がよくオフィスに連れて行くわが家の黒ラブラドール、ルナをとてもかわいがっていたので、ルール外のルナ・ドットコムを推していた。会社のサービス内容とはまったく関係ないが、文字数は4文字（LUNA）と短い。ジムはナウショーイングが気に入っていた。クリスティーナの一推しはリプレイ・ドットコムだった。

私はレント・ドットコムが気に入っていた。他の候補と比べて映画レンタルのアイデアにもっともマッチすると思ったが、ホワイトボードには書き込みもしなかった。インターネットを連想させるものでなかっただけでなく、すでに他人がこの名前でドメイン名を登録しており、買い取るには4万ドルもかかったからだ。当時は大金に思えた。

全員が――本当にひとり残らずだ――当初はネットフリックス・ドットコムに難色を示した。たしかに音節の数は二つ。映画とインターネット、両方に関連するという基準も満たしている。しかし「フリックス」という言葉に含まれる意味を懸念する声が大きかった。

「ポルノの連想しかわかないよ」とジムがミーティングで言った。「ポルノ映画《スキン・フリックス》」

「あと、あのxがね」とクリスティーナが付け加えた「xにもポルノを表す意味がある」。

「どれかに決めなきゃならないのよ」とティーが言った。彼女はずっとじりじりと気を揉《も》んできた。サービス開始まであと数カ月しかないのに、彼女にはまだロゴデザインの作業が残っているのだ。「とにかく決めちゃいましょうよ」

そこでそうすることにした。投票用紙を配って大仰に投票を行ったわけではない。候補のリストをプリントアウトして眺めたあと、全員が家に持ち帰って一晩考えた。翌日、皆の意見が一致した。ネットフリックス・ドットコムでいこう。

完璧ではない。ちょっとポルノチックな響きもある。だが私たちにできる限りの最善の決断だった。

1997

1998

4月14日

1999

2000

2001

2002

2003

第8章

準備完了

サービス開始当日

ポルノといえば、ネットフリックスのサービス開始1週間前に、スティーブ・カーンがリードとロレインと私をディナーに招待してくれた。

ちょっと待って。あなたが今想像したのとは違う。

「今頃ちょうど疲れが限界に達したところだろう」と電話をくれたときスティーブは言った。「ずっと試してみたかった新しいバットキッカーを手に入れてね。一緒に食事してワインでも飲もうじゃないか。心配ごとを吐き出してくれ、元気づけてやるよ」

「バットキッカーって?」

「巨大なサブウーファー〔低音域を再生するスピーカー〕さ。床下に入れて根太に取り付ける。部屋全体が共振するんだよ」

火曜の夜だったので、いつものベビーシッターに子供を見てもらえたし、夜デートの目的は仕事を離れること――リードやスティーブのようなネットフリックスの取締役からも離れること――ではあったが、サービス開始1週間前ともなると、ネットフリックスから完全に離れるのはほぼ不可能だった。体はオフィスにいなくても心が職場に戻って、ウェブサイトを公開する前に修正しなければならないありとあらゆる小さな問題への解決法を探していた。

スティーブの心配り

スティーブにはそれがわかっていた。長いつきあいだ。私に本当の意味での休息が取れていないのを察して、自分にできるやり方で、せめてロレインに一晩休みを取らせるという方法で、手を差し伸べようと考えてくれた。

「君はＤＶＤだけ持ってきてくれればいい」と彼は言った。

お安い御用だ。私はその日オフィスを出る前に金庫室に寄って、朝届いたばかりの新作の山の一番上にあったＤＶＤを、ケースを見もせずにつかんだ。

私には切実に休息が必要だった。ロレインも同じだった。「モーガンにイライラさせられっぱなしだったの」、ロスアルトスに向かう車の中で彼女は言った。「午後中ずっと私の目を盗んでバッグから口紅を抜き取っては食べようとしてたんだから」

私から見たら食べてしまいたいくらいかわいい行動だったが、妻の気持ちはわかった。

スティーブはロスアルトスの東端、新築の大邸宅がひしめく通り沿いに住んでいた。彼の家はそこまで豪壮ではなかったが素敵だった。お世辞ではなく、建築専門誌に登場してもおかしくない美しい家だった。そしてビジネスで長く成功したキャリアの持ち主ならではの財力がそこここに示されていた（もちろんセンスよく）。

「ドアに鍵なんかかける必要なさそうね」、私が車を停《と》めるとロレインが皮肉っぽく言った。「こんなご近所だったら」

スティーブがワイングラスを持って玄関に出迎えてくれ、カベルネ（私に）とシャルドネ（ロレインに）をそれぞれたっぷり注いでくれた。そして完璧な内装を施された各部屋を案内してくれた。特に強く記憶に残っているのは二部屋、壁の全面にバードアイメープル（鳥の目のような杢《もく》の入ったカエデ材）の高級家具が作りつけられた書斎と、『ビートルジュース』から抜け出たようなモダニズム家具で埋め尽くされたリビングルームだ。同じ部屋にイームズチェアが2脚以上置かれているのを私は初めて見た。

「家具ミュージアムはカレンの領分でね」、奥さんが席を外した隙にスティーブは言った。「こういうもののどこがいいのか、私にはさっぱりわからん」

家を案内してもらっている間中、料理の匂いがしていた。しかしスティーブもカレンも私たちのそばにいる。誰が火を使っているんだろう？　フィンガーフードをつまみに全員でバーコーナーに行ったときにようやく、スイングドアからキッチンに消えるシェフの白衣姿が目をとらえた。初めての体験だ。出張シェフのいるディナーパーティーなどそれまで行ったことがなかった。

リードが奥さんと到着すると、スティーブは空になったワイングラスを持ち上げた。「ガレージでカクテルを飲もう！」彼は笑いながら言った。30秒もしないうちに笑顔のウェイターがジントニックのトレイを運んできて、スティーブは私たちをガレージに連れ出して新車のポルシェを披露した。私はそれほどクルマに詳しいわけではないが、感嘆の声を上げるタイミングくらいはわかる。しかもポルシェだけではない――本格的なホームジムまであった。光沢を放っている真新しいエクササイズマシン、ランニングマシン、エアロバイクが、ラケットクラブ並みの高品質なラバーマットの上にそろっている。スティーブは私より10歳年上だが、おそらく彼のほうが私より元気だった。ボーランド時代、スティーブは40歳の誕生日に40日間連続で昼休みに走る目標を立てた。私はゼーゼーいいながら彼のお供をさせられた。

三人の取締役会

私は酒を手に、車、家具ミュージアム、出張シェフ、こういうものがすべて自分の将来にも待っているのだろうかと考えた。今の自分にあるのは、後部座席に犬のおもちゃが転がっているくたびれたボルボ。当時は修理のお金が捻出できなかった屋根から雨漏りする家。ネットフリックスのオフィスの、サービス開始日が近づくにつれ変な臭いを発するようになったしみだらけの緑のカーペット。

とてもそうは思えなかった。実現するとしても、遠い遠い先の話だ。

ディナーの完成までまだ30分ほどあった。待つ間、ロレインとカレンはシャルドネのおかわりを注いでキッチンの改装について話し合い、スティーブとリードと私はデッキに戻った。

「水着持ってきたかい？」。スティーブがたずねた。

というわけで私はハワイ柄の海水パンツを借り、塩水プールにぷかぷか浮かびながら、ネットフリックスの投資家1号、2号と即席の役員会議を始めることにあいなった。

「時間がもっとあったらやりたいことは山ほどあるんだ」と私は言った。「例えば、『ザ・リスト』と呼んでるんだけど、観《み》たい映画の作品リストを保存する機能。ミッチには『デジタル店員』というアイデアがある。顧客の好みをわかった上で映画探しを手伝う機能だ」

「それはいいね」、プールの縁にワイングラスを置きながらスティーブは言った。「ハリウッドビデオに行くと必ず鼻ピアスをした若い奴に借りる映画を相談するんだ。もうひとりの店員はいつもフランスニューウェーブばっかり薦めてくるからな」

リードはほとんど何も言わなかったが、考えごとをしているのは見てとれた。何についてかはわからない。１９９８年の春には彼はスタンフォードの同級生に愛想を尽かし、テクノロジー・ネットワークという別の活動にエネルギーの大半を注いでいた。テクネットはテクノロジー界と教育改革というリードが情熱を傾ける二つの対象を結ぶロビー団体だった。株主訴訟からのテクノロジー企業の保護強化、外国人技術者のビザ要件の緩和、数学・科学教育の向上を目指していた。リードはチャータースクールの意義を固く信じていて、この団体を使って応援しようと、寄付金の対象とする政治家の数を増やしているところだった。

要するに、彼にはすでに頭を悩ませることが十分にあった。それでも彼が水中にもぐってプールの向こう端に泳いでいったときにはほっとした。ネットフリックスの抱える問題に彼のレーザー光線のような目を向けられるのはごめんこうむりたかった。マイケル・アールワインのせいで、すでにサービス開始日を一度延期していた——３月10日が４月14日になった——が、二度目のサービス開始日にも間に合わないのではないかとリードに思わせたくなかった。

ブラッディ・フィンガー

リードが6フィートの長身でアザラシのようにすいすいと水を切りながらプールの往復を始めたのを見届けて、私はスティーブに期日内に実際に構築できた簡易バージョンの「ザ・リスト」について話した。多くの急場しのぎの策と同じく、これも長く使える作りにはなっていなかった。発案者はクリスティーナで、ボタンを押すと興味のある映画に印をつけられ、次に画面に表示したときにアイコンが現れる。赤い糸の巻きついた指のアイコンだ。

「そのアイコンがエンジニアに嫌われててね」、私はスティーブに話した。「皆、血まみれの指《ブラッディ・フィンガー》って呼んでる」

私たちは声をそろえて笑った。ここ数週間のストレスが一瞬、消え去った。もちろん、期日はある。人々への責任も背負っている。投資家を満足させ、社員に給料を支払い、顧客にサービスを届けなければならない。だがなにはともあれ、私たちが目指しているのはDVDの利用を可能にするウェブサイトだ。リードのように世界を変革しようとしているわけではない。血まみれの指《ブラッディ・フィンガー》はいずれなんとかしよう。ただ当面はこれでいい。

体を拭いてディナーをいただいたあと――ムール貝の何とかソースがけと、スティーブが絶滅危惧種じゃないからと私を安心させた魚を、私には発音できなかった名前のワインで流し込んだ――皆でリビングルームに隣接するスティーブのホームシアターに移った。前回お邪魔してからしばらく間が空いていたが、彼はいろいろ手を加えていた。ひとつずつ独立した、大きな肘《ひじ》掛け（とカップホルダー）付きの革張りの立派な椅子が置かれていた。どれもわが家のどの椅子よりも高級だったが、それが12脚もあった。本物の映画館のように、通路に誘導灯が設置されていた。スクリーンは幅がゆうに8フィート、高さは床から天井まであり、天井から映写システムが吊《つ》り下がっている。スティーブがスピーカーを指さしてみせた。背の高いスピーカーが部屋の正面に、巨大なスピーカーが2本後ろに、セリフ専用だというセンタースピーカーが真ん中に置かれている。そして2列目の中央から少し左寄りのシートを指し示した。「そこが特等席」とスティーブは説明した。「ここですべてバランスがとれて、音がやわらかくなり、調整されて、完璧に聞こえるんだ」

カレンがホームシアターのすぐ外にあるポップコーンマシンを作動させた。ソーダが入った冷蔵庫の横にあるレプリカのキャンディケースの中を私はのぞきこんだ。

マウンズバーか。大好物だ。

「で、マーク、映画持ってきてくれたんだよな？」。全員が思い思いのお菓子を手にしたところでスティーブがたずねた。

「もちろん」、私はバックパックを探った。「何の映画かまったくわからないけど、今朝入荷したばかり。今週の注目の新作だよ」

スティーブがケースの表を見た。「へえ、『ブギーナイツ』か！　たしか評判いいらしい」

「観てみる価値はあるだろう」、私は言った。いい気分だった。すっかりくつろいで、ワインとシーフードを堪能し、友人に元気づけてもらったあとだ。私は前列のリクライニングチェアにロレインと並んで座った。スティーブはカレンと並んで特等席に。リードはその後ろに席をとった。

照明が落ち、幕が上がって、主人公のポルノ男優ダーク・ディグラーの一糸まとわぬ姿を私たちはくっきりしたＤＶＤ品質の解像度で、８フィートの大画面で観賞した。

最初は真っ青になった。それから涙が出るほど笑った。

「会社のコンテンツチームがあなたより在庫の内容に詳しいことを祈るのみだわ」とロレインは言った。

私はうなずくしかなかった。

準備がすべて

スティーブ・カーン宅でのあの一夜は、**準備の大切さを私に教えてくれた。**だが準備に関してもっともよい経験をしたのはアウトドアで――特に山の上でだ。

山は決して甘く見てはならない場所である。

例えば川を渡るとき、足を乗せる場所をひとつまちがえればたった数時間前に雪が解けたばかりの水の中に放り出されるかもしれない。

寒さにやられなかったとしても、あっというまに流されて水中の岩か倒木の下に押し込まれて永久に出られないか、それを免れたとしても岩の間に足をはさまれてのけぞり、流れに揉《も》まれるうちに力尽きて頭を水の上に出していられなくなるだろう。

雪原もある。ここを渡るには、足にしっかり力を入れて雪を踏み固めなければならない。それでも、体重を移したとたん何の前触れもなく足場が崩れて、スピードを増しながらふもとに向かって滑落し、雪と地面の境界線になっている岩だらけの堀に猛スピードで突っ込む前に一縷《いちる》の望みをかけてピッケルで止《とど》まろうとするはめになる可能性も十分にある。

崖もある。崖を登るには、自分が生命を預けてつかんでいる岩のごくわずかな縁が、次の岩に移るまでの間だけは体重を支えてくれると信じなければならない。岩が信頼に応えてくれなければ、突然予想もしなかったタイミングで転落し、崖のふもとのゴツゴツした岩山めがけて真っ逆さまだ。

野牛、ピューマ、ハイイログマなど危険な動物がいるし、毒のある植物、実、キノコもある。感染症、裂傷、打撲傷、脳震盪《のうしんとう》、脱臼のリスクもある。雪崩《なだれ》、岩崩れ、泥流、アイスフォール。吹雪、土砂降り、雹《ひょう》をともなう嵐、突然の凍結。

自分が招かれざる存在であり、ひとりぼっちで、医療を簡単に受けられない場所にいるのを、大自然から思い知らされる可能性が無数にあるのだ。

自然の脅威の中でももっとも恐ろしいのはおそらく雷である。山は天候が変わりやすい。雲ひとつなく晴れ渡っていた空が、たちまち暗くなり不吉な雲に覆われる。何の前触れもなく雲から轟音《ごうおん》とともに落ちてくるエネルギーの塊ほど畏怖の念を起こさせるものがあるだろうか。雷は瞬時にベイマツの巨木を誕生日のロウソクのように燃え上がらせることができる。高いところにいるときは、雷が周辺にある高いものめがけて落ちるという知識はまったくなぐさめにならない――それは木か、岩山か、帆船のマストか、ピッケルか、はたまた自分の頭かもしれないのだから。雷は宗教、学歴、性的指向、財産の額、ベンチプレスで何キロ上げられるかなどで差別しない。あなたが開けた場所に無防備でいる、少なくともその瞬間、逆巻く雲から地面にたった一度の放出で100億ワットのポテンシャルエネルギーを移動させるもっとも早くて簡単な手段があなたであることしか雷にはわからない。そのために雷があなたの頭から入って内臓を貫き、足の裏から抜けなければならないとしたら……運が悪かったとあきらめるしかない。

こうしたことをじっくり考えていたら山の上で正気を保ってはいられない。だが優秀な登山家はあまり正気とはいえない人々である。私は名登山家などではないが、山に登っているときは「どんな悪いことが起こりうるか」を常に胸に問いかけている。川を渡らなければならない場合は、下流まで数百ヤード〔数百メートル〕たどってみて、万が一足を滑らせて流されても体が引っかかるものがあるかどうか確かめてからようやく渡る。枝をつかめそうな木が岸に生えていないか、流れがゆるやかな渦を巻いていて、そこを目指して泳げば助かりそうな箇所がないかを探すのである。そしていざ川に足を踏み入れる――あるいは向こう岸にかかった丸太の上を渡る――際には、バックパックの腰ベルトをゆるめておく。歩きにくくはなるが、泳がなければならなくなったときずっと捨てやすいからだ。

スタートアップで働くのもこれと似ている。**何が起こりうるかを考えるのに多大な時間を使う。そしてそれに備えることにも。**バックアッププランを実行に移す場合も時にはあるが、たいていは対応策を頭でとことん考えるだけだ――川の下流を偵察して岩を探したり、落ちたときつかまるものがないか崖を精査したりする。**たいてい、最悪の事態は起こらない。**だが、もし起きたら……もしその万が一、ウンコが扇風機を直撃するような事態が本当に起きたら？　そうしたらあなたがバケツとモップを持って現場に駆けつける。合羽《かっぱ》を着て完全防備で。成功者とウンコまみれで終わる人の明暗を分けるのはそういう類いのことなのだ。

ネットフリックスのサービス開始日に知ることになるが、明暗が分かれない場合もある。あなたはその両方になるのだ。

いよいよサービス開始

ネットフリックスのサービス開始の朝、私は早く起きた。午前5時頃だ。ロレインが寝言をつぶやくのを横目に、私はそっとスリッパを履いて後ろ手にドアを閉めた。あと2時間もすれば子供たちが起きてくるが、それまではひとりきりになれる。夜明け前の暗がりの中で、私は金槌《かなづち》や御影石のサンプルをよけながら未完成のキッチンに入った。家の中で最後に改装に手をつけたのがキッチンだったが、まだあまり進んでいなかった。内装は1971年当時のまま。照明は蛍光灯、アボカドのような緑色のキャビネット、床のリノリウムははげかけて木の地肌が見えている。

前日のコーヒーがポットにまだ残っていたので、それを電子レンジで温め、キッチンに立ったまま飲んでいると、頭がさえてきた。コーヒーを新しく淹《い》れ直すことにし、挽《ひ》いた粉をフィルターにあけてコーヒーメーカーのタンクに水を注いだ。建前上はロレインのためだったが、彼女が起きてくる前にたぶん半分は自分で飲んでしまいそうだ。これからありったけのカフェインが必要になる。

リードが小切手を切ってからの6カ月間、私たちは山ほどのことをやってきた。DVDの在庫をそろえ、ウェブサイトを構築し、特定の文化を備えた会社を作り上げた。DVDのeコマースサイトという夢を実現するためにたゆまず働きつづけた。

だが今この時点までは、まだ形のない夢という感覚が抜けていない。サイトは私たちにとっては存在していたが、他の誰も知らない。皆でさんざん知恵を絞って予測した問題の数々が起こるのはまだ先だ。予測が正しいのかどうかさえさだかではない。成功も何日、何カ月先の未来だ。

スタートアップのライフサイクルには節目が数多くある。だが構造的な転換が起きるのはサー

ビス開始日だ。サイト公開前は、計画と予測という夢の領域にいる。さまざまな試みは仮のものだ。何がうまくいき、何がうまくいかないか予想を立てる。創意工夫に満ちた、ぐんぐん前に向かう仕事だ。基本的に楽観的である。

サイトを公開した日に、変化が起こる。公開後は予測や予想に基づいた仕事ではなくなる。基本的に、対応するのが仕事になる。問題を予想していたのではなかったか？　現実に起きる問題の半分は想定外だ。予定していた解決策は？　焼け石に水だ。想像だにしなかった問題が何百も何千も出てきて、対処しなければならない。

あの朝、山脈の上に日が昇るのを眺めながら、私は頭の中で各チームを配置し、ジム・クックのグループ、エリック率いるプログラマーたち、ティーとマーケティング部隊のその日の動きを想定した。当日の予定を頭の中でおさらいする。午前9時にサイト公開、午前中いっぱいは電話でメディアの取材対応、注文の処理と出荷。

いいかえれば、私は1997年の夏からずっとやってきたこと、つまり戦略を練っていた。サービス開始までは、各部隊の動きを調整しながら筋道の通った戦闘計画を立てている。

サービス開始の瞬間、不確定要素のまっただなかに放り込まれる。

メディアへのパブリシティ

朝7時に出社し、定例の朝会議を開いた。クリスティーナ、ティー、ジム、エリック、私という面々が会議室に入り、その日のスケジュールを確認した。

「9時からメディアの電話取材が入ってます」とティーが私に言った。

ティーは何カ月もかけて自分の人脈を駆使し、私たちのサービス開始について記事を書いてくれそうな記者とメディアを確保してきた。私は午前中いっぱい電話で記者たちの取材に応じ、何時間もかけて入念に準備した内容をできるだけ自然に聞こえるように話す。

その抜粋を紹介しよう。

アメリカ初のインターネットDVDレンタル店が本日朝よりサービスを開始します。DVDプレーヤーのオーナーは、住んでいる場所に関係なく、レンタルビデオ店からどれだけ遠くに住んでいる人でも、あらゆるDVD作品を確実に購入したりレンタルしたりできるようになります。

「最初は誰？」。私は聞いた。

「『サンタクルーズ・センティネル紙』のスティーブ・ペレスよ」とティーが言った。

地元紙をトップバッターに持ってきたのは偶然ではない。必ず楽なところから始めるのが私の戦略だ。最初の電話は、受話器の向こうから慣れ親しんだ声を聞くに限る。

そして今回はここから最初に取材を受けたかいがあった。同じく私たちを取り上げてくれた二つのメディア、『サンフランシスコ・クロニクル紙』と『ヤフー!』とは違い、『センティネル紙』は写真つきで私たちを大々的に紹介してくれた。私のファイルのどこかに、サービス開始翌日の新聞のまるごと1ページの切り抜きがあるはずだ。色あせた紙面には、ベルトにポケベルを留めたいかにも90年代後半らしいいでたちをして、ゲートウェイのPCと絡まり合ったケーブルやワイヤーの隣に立つ私の写真が載っている。リード文には何と書いてあるか。

ビデオの予約設定にまだ四苦八苦しているあなた、もうビデオとはおさらばしよう。ビデオテープはおじいちゃんのポラロイドカメラと同じくらいもう時代遅れだ。

「よし」、私は自分のセリフを頭の中でさらいながら言った。何があろうと、受話器を通して明るく落ち着いた雰囲気を伝えなければならないと肝に銘じていた。爆弾が爆発するかもしれないし、サーバーが火事になるかもしれないし、サイトがクラッシュするかもしれない。それでも目をつぶって、とにかく話しつづけなければならない。

ネットフリックスはＤＶＤレンタルを信じられないほど楽にします。車で出かける必要はありません。駐車場を探す必要もありません。列に並ぶ必要もありません。返却も簡単です。

しかも毎日24時間、いつでも店が開いています。

最後の確認

最後にもう一度、ジムのチームの作業プロセスを確認した。

「注文が入って、クレジットカードの承認が完了したら、注文内容は金庫室のプリンターに送られます。うちのチームがディスクを探してスリーブに入れ、スキャンして出庫を記録します。そうしたらダンに引き継ぎます。ダンはプロモシートを入れ、封をして住所ラベルを貼り、もう一度スキャンして出荷を記録します。そうしたら集荷箱に入れて発送準備完了です」

ジムはやはり例の変なにやにや笑いを浮かべていたが、ぴりぴりしているのが伝わってきた。彼は欠陥や非効率がないか調べながら何週間もかけて作業プロセスを整えてきた。しかし何をしようとサイトから本物の注文が入るプレッシャーはなくなりようがない。サービス開始の初日に何件注文が入るのかまったく予想がつかないのも大問題のひとつだった。5件か10件か。20件か30件か。１００件か。

コーリーはウェブの掲示板で大車輪の働きをし、技術オタクと映画ファンに対してネットフリックスへの期待を盛り上げてきて、サービス開始当日もそれを続ける予定だった。だが何件の注文につながるのか。それほど大きな数字は期待しないようにしよう。

エリックとチームメンバーのボリス、ビータ、スレーシュ、コーの表情は読めない。緊張しているのかどうか、私にはわからなかった。当然、この日の重圧をほぼ一身に引き受けるのは彼らだ。彼らはウェブサイトに関するありとあらゆる問題を予想し、解決策を山ほど考えてきた。だが想定外のトラブルが起きるだろうとも承知している。だからマウンテンデューでピザを流し込みながらこの日のあわただしい展開を迎え撃つ覚悟をしていた。エリックがチームにいくつか私にはほとんど理解不能な指示を飛ばしている間、私は彼らの様子を観察した。ボリスとビータはいつもと同じく、冷静で落ち着き払って見える。コーはサービス開始に臨んでドレスアップしてきたようだ。洗ってある黒Tシャツに、なんとかこぎれいに見えるブラックジーンズ。髪もとかしてあった。

クリスティーナは緊張していた。何カ月も前からこの日の準備をしてきたのだ。何十冊ものノートに何百ページにもわたってサイトのオペレーションを書き込んできた——ユーザーがサイトをどう操作するか、まちがえたらどうなるか。彼女のチームは何百時間も費やして、マイケル・アールワインから送られてきたDVDパッケージのデータとネットフリックス社内で製作したコンテンツを統合し、アーカイブにある全925作品について参考になる面白い情報を構築していた。会議室の窓から、彼女のチームが今も手作業で、サイトにアップロードするために最後の数枚のDVDパッケージの画像をスキャンしているのが見える。彼らにとっては今日も通常業務の一日にすぎない。しかし、社内の誰よりもウェブサイト上のサービスの流れを熟知しているクリスティーナにとって、今日はストレスフルな一日になる。

「覚えてます？」。彼女は私に言った。「一緒にローンチ日を迎えるのは今回が5度目ですよ」

そのとおりだ。私たちはビジョニアでスキャナーの「ＰａｐｅｒＰｏｒｔ」全シリーズを一緒に発売した。それ以外にもふたりともそれぞれに、製品やサービスをローンチした経験はすでに数十も積んでいる。だが今回は事情が違う。ソフトウェアやパッケージ製品は、発売日が来てしまえばもう後戻りはできない。製品は何週間も前に完成し、工場から出荷されて箱に入れられ、トラックに乗せられて全国に出発している。ローンチ日とはメディア発表の日にすぎない。

「今回は違う展開になりそうだね」、一緒にオフィス中央に並べられたコンピュータの列に向かって歩きながら私は言った。

「確かに」とクリスティーナは言った。

これからどうなるのか、ふたりともまったく見当がつかなかった。

サイト公開まで15分

滑り出しは上々だった。午前8時45分にオフィスにいた全員がエリックのコンピュータの前に集まった。サイトは9時に公開される。私たちはすでに何回も事前チェックを行っていた。プリンターに用紙はセットされているか。金庫室のＤＶＤはすべてスリーブに入っているか。すべてに関して、漏れはないか。

ウェブサイトには二つのバージョンがあった。ひとつはサーバーにだけあってネット上には公開していない。これはエリックが新しく作ったページや機能をテストするために使う複製版である。サイトに何かを新しく加える場合はまず、ステージングサーバーに上げる。それを動かしてみて期待どおりに機能するかどうか確認する。さらに重要なチェックポイントは、新規に追加した機能がサイト上の既存の機能との間に不具合を起こさないかだ。事故は起こりそうにないとある程度確証がとれたら、プロダクションサーバーという公開サイトをホスティングしているサーバーに新しいバージョンを「プッシュ」する。

この日の朝まで、二つのサイトの違いは名称だけでしかなかった。片方が最終版としてインターネットに接続されてはいたが、一般の人には見えていない。本物の顧客が使う想定で機能をプッシュして公開する作業は何度も繰り返してきたが、実際の反応はまだひとつもない。それが今、変わろうとしていた。

エリックがもう100回目かに、顧客になったつもりでステージングサイトを流して見ていった。リンクをクリックしたり注文フォームの欄に入力したりしながら、「異常なし、異常なし」と彼は言った。ボリスとビータもしぐさに緊張がにじみ出ていた。ふたりは――私たち全員と同じく――不具合がきっと生じるはずで、いつなんどき故障が起きてもただちに対応する態勢でいなくてはならないのをわかっている。彼らはさまざまな不具合に備えていた。ユーザーが支払い画面で州の略称をNC、ND、NE、NM、NV、NYのいずれでもなくNFと入力してしまったらどうなるか。クレジットカード番号がVISAの4始まりでもマスターカードの5始まりでもなかったり、無効だったりしたらどうなるか。単純に無効と処理されるのか、それとも大事故になるのか。

最後の未解決案件として認識していたのは確認メールだった。ネットフリックスではまだユーザー向けの自動応答メール機能を作っていなかった。発注後に顧客に送られて、顧客が入力した支払いや出荷に関する情報を再確認するあれだ。個々の顧客向けに手作業で確認メールを作成しなければならない。もちろん理想的ではないが、実行可能だろうと私は踏んでいた。

「あと5分」、8時55分にクリスティーナが言った。大きなマグからコーヒーを飲みながらスコーンをほおばっている。緊張している証拠だな、と私は見てとった。彼女のような運動マニアはふだんバターたっぷりの焼菓子など絶対に口にしない。

「オタクの人たちの様子はどう？」。私はコーリーにたずねた。彼は朝からずっとフォーラムに入り浸って、ヘビーユーザーたちに今日ネットフリックスがサービス開始されるのを念押ししていた。

コーリーは肩をすくめた。「読めません。サイトに来てくれるとは思うけど、何人になるかはわからない」

ジムは両手を腰に当てていた。頭の中で注文を処理しパッキングして午後3時までに準備完了する方法を何度もリプレイし、出荷の段取りをさらっているのがわかった。当日発送するために、注文品がスコッツバレーの郵便局に届いていなければならない締め切りが午後3時なのだ。

8時57分、ティーに肩をたたかれた。「いい、あと5分で電話がかかってくるわよ。カットオーバーの瞬間を見届けたら電話の前に行って待機してね」

うなずいたとき、視界の隅でドアが開いて閉まった。リードだ。サービス開始直前にオフィスに滑り込んできた。彼が来るとは思わなかったのだが、嬉《うれ》しかった。そしてスケジュールどおりに動いていることに安堵《あんど》した。歩いてきながら彼は軽くうなずいてみせたが一言も発さず、コンピュータの前に集まった社員たちの後ろに少しぎごちなく立った。

8時59分、オフィスの中は静まり返り、腕時計の秒針の音が聞こえるほどだった。9時きっかりにエリックが前にかがみ、キーをいくつか打って、サイトは公開された。皆かたずをのんだ。エリックは自分のコンピュータにベルを取り付けていて――会社の受付カウンターに置いてあって、来客が用があるときに社員に知らせるようなやつだ――注文が入るたびに鳴る仕組みにしてあった。私がテストとしてこの日の注文第1号を入力した。氏名はマーク・ランドルフ、レンタル作品は『カジノ』、送付先はスコッツバレー郊外の私の住所。「Ｅｎｔｅｒ」キーを押して注文を確定すると、ベルが鳴った。ほぼ同時に3件の注文が処理待ちのキューに入り、クレジットカードの確認が終わって出庫し注文明細書がプリントアウトされるごとにベルが鳴った。私は幸運を祈ってエリックのコンピュータを軽くたたくと、記者からの電話を受けるために執務室に戻った。

数分も経《た》たないうちにベルがマシンガンのように鳴り始めた。ドアを閉めていても、『サンタクルーズ・センティネル紙』のスティーブ・ペレスとの会話の最中でさえ、隣の部屋からチンチンと鳴り響くベルの音が聞こえた。

出足は好調

15分間は快調だった。15分の間、顧客は映画を選択し、個人情報を入力し、クレジットカード番号を打ち込んで、確定の赤いボタンをクリックした。15分間ベルは鳴りつづけ、注文書がオフィス奥の2台のレーザープリンターからプリントアウトされ、それをジムのチームが金庫室に持っていった。15分間、各注文票が映画と照合され、ディスクが封筒に入れられ、住所ラベルが貼りつけられた。15分間、完成した注文品がドア脇の箱の中に小さな山となって積まれていった。

数カ月前、弊社は10億ドル市場に一大商業ブランドを創るチャンス、急速に成長している家電分野の拡大促進に大きな役割を果たせるチャンスがあると気づきました。ネットフリックスは今朝、世界初のインターネットDVDレンタルストア、ネットフリックス・ドットコムをオープンしました。ネットフリックスはありとあらゆる映画DVDをそろえており、すべてレンタル可能です。

私は興奮でめまいを覚えながら、一部始終を執務室の窓ガラス越しに見ていた。執務室にはティーにも同席を頼み、メディアからの質問をホワイトボードに書き出してもらった――社名の決定に使ったあのボードだ。記者からの質問をきっかけに、ストーリーを深掘りしさらに豊かにするつもりだった。受けた電話の最初は準備した内容を話すが、私たちがやろうとしていることの核心にぐっと迫るようなアドリブを入れて質問に答えたかった。アメリカの歴史、ポップカルチャー、アウトドア体験も織り込むつもりだった。だがあらぬ方向に流されないようしっかりとつかまれる拠《よ》りどころが必要だ。そこでホワイトボードに質問を書き出してもらい、その隣にマーカーを片手に持ったティーにシリコンバレー版ヴァンナ・ホワイト〔人気クイズ番組司会者〕よろしく立ってもらっていたわけだ。

ＤＶＤ市場は驚異的な成長をとげていますが、わが国ではほとんどのビデオ店でまだＤＶＤの扱いがなく、置いてあっても品ぞろえが限られている上に在庫が1点しかないこともめずらしくありません。それに対してネットフリックスにはほぼすべてのＤＶＤがそろっています。成人向け作品は扱っていませんが、今朝の時点で926作品のレンタルが可能で、これは世界最大の品ぞろえです。弊社では人気の高い映画作品の数百点の在庫がございますの

で、お客様が観たい映画を観たいときにほぼ確実にレンタルできます。

この日は自社のビジネスについて繰り返し話しながら、どんどん気持ちが高ぶっていった。窓越しに、自分の目の前で、実現に向け苦労を重ねてきた夢が、フルカラーで展開していったのだ。

ネットフリックスはウェブサイトで観たい映画を早く簡単に探せて、2、3日以内にお届けします。映画は7日間お手元に置くことができ、その間何度でも観られます。レンタル期間が終了したら弊社の封筒にディスクを戻して最寄りのポストに入れるだけ。返却の送料も弊社が負担します。

ところが徐々に、何かおかしいと気づき始めた。エリックがコンピュータに向かって眉を寄せている。ボリスとビータが必死になってキーボードをたたいている。スレーシュは四つん這《ば》いになってサーバーの下を探っている。コーはコードを壁から抜いたり差したりしながら輪になって天井につながっているどれが生きているのか確認していた。

とうとうクリスティーナが、噛《か》み癖で短くなった爪を噛みながら執務室に入ってきた。私は『サンフランシスコ・クロニクル紙』のジョン・スウォーツと話し終えたところだった。

弊社、弊社のお客様、そして何よりＤＶＤ業界全体にとって、将来性に非常に大きく期待が持てます。

サーバーのクラッシュ

私は受話器を置いた。そのとき初めて気がついた。ベルが鳴っていない。

「何があった？」

クリスティーナは天を仰いだ。「サーバーがクラッシュしたの」

これも今のスタートアップなら対処しなくてもすむ問題だろう。今はほぼすべての企業がクラウドで事業を運営している。エリックとコーが取り組まなければならなかった時間と労力のかかる資本集約型のセットアップとは異なり、今の企業は小切手を切って、エアコンの効いた倉庫に設置されて非常用電源も大容量のストレージも完備した他社のコンピュータへのアクセス権を買うだけでいい。だが１９９８年当時、クラウドサービスは存在しなかった。ｅコマースサイト、ついでにいえば高トラフィックのウェブサイト全般を運営しようと思ったら、ウェブページを送信し、データを保存し、顧客情報を追跡する手段を社内で所有しなければならなかった。つまり自社のウェブサイトをホスティングする専用のコンピュータを何台もラックに並べてオフィス内に置いておかなければならなかったのだ。

ネットフリックスではサーバー2台でサービス開始日を迎えた。ネットスケープに2年勤務した経験のあるコーリーはもっと増やすべきだと私に訴えていた。「いずれ必要になりますよ。サービス開始の当日は要らないとしても、すぐ必要になる。前もって大量に買っておきましょうよ。ベストケース・シナリオを予想したくないんですか?」

もちろん予想したかった。だが今思うと私のどこかには迷信が残っていて、調子に乗ったらすべておじゃんになるのではと不安だったのだ。クリスティーナがそれをうまく言葉にした。会社の立ち上げはパーティーを開くのと似ていて、来てくれる人がいるかどうか確信が持てない。誰も来なかったらと思うと予備のビールを買っておく気にはならないものだ。

しかし結局コーリーが正しかった。2台のサーバーなんて開拓時代の西部をラバ1頭で横断しようとするに等しかった。もつわけがない。

執務室から出ると、エリックとボリスが山向こうのキャンベルにある家電量販店、フライズに出かける準備をしていた。1台64メガバイトの大容量RAMコンピュータを8台買い足すという。

「それだけあれば足りるだろう」とエリックは言ったが、自信はなさそうだった。

「それまではどうしたらいいの?」とクリスティーナ。「お客さんを何十人も失うかもしれないのよ」

「悪夢だわ」とティーも言った。「メディアの記者がこれからみんなうちのサイトに来るのに、ページが真っ白だなんて!」

エラーページを急いで作る

そのときリードが口を開いた。その朝、彼が言葉を発したのはそれが初めてだった。「本日は閉店しました、明日またのご来店をお待ちしておりますっていう文言を表示したら？」

私たちはネットフリックスを「店《ストア》」と呼ぶのに慣れてしまっていた。確かにそれはまちがいではなかった。私たちが提供しようとしていたのはミッチ・ロウが家族経営のビデオドロイドでやっていたことのeコマース版だったからだ。しかし実店舗と違い、ウェブサイトはドアに「昼休み中」の看板を下げられない。インターネットに営業時間の概念はないのだ。

「エラーページは作ってある？」。私は聞いた。

クリスティーナがうつむき、「ありません」と蚊の鳴くような声で答えた。

「よし、今作ろう」と私は言った。それから45分、エリックとボリスが新しいサーバーを買っている間に、私たちは顧客に訪れたサイトがまちがいなくネットフリックスであり、すぐに復活すると安心させるべく、「ダウン中。すぐ立ち上がります」と臆面なく伝えるページを作った。

このページが当日もっとも閲覧されたページになった。

1時間後、コーが新しい8台のサーバーをつなぎ、新たな注文に備えてネットフリックスのキャパシティは実質5倍になった。サイトが立ち上がって稼働し、注文が飛ぶように舞い込み、すべてがうまくいった——45分間ほどは。そしてサーバーがクラッシュした。またしても。
再びエリックとボリスがフライズに向かった。私は同行しなかったが、経理担当者グレッグ・ジュリアンの錆《さび》の浮いたピックアップトラックを険しい顔で運転しながら店を目指すふたりを今でも想像できる。カートを押してコンピュータ部門に直行し、どちらのクレジットカードを使うか話し合いながらさっきと同じ店員に会計をしてもらう。店員は何十社ものスタートアップに同じことが起きるのを何十回も見てきただろう。ここはシリコンバレーだ。

注文が止まらない

サイトは終日クラッシュしつづけた。サイトトラフィックの測定手段がまだなかったから、潜在顧客をどれほど失っているのかわからなかった。

大惨事だった。だが嬉しい悲鳴でもあった——サイトを訪れる人たちがいて、注文が入ってきたからだ。

「お客さんが来てる！」。私は思わず驚きの声を上げていた。「皆うちのサイトに来て、クレジットカード情報を入れてくれている！」

オフィスに入居したとき、私は１９９５年のリッジ・エステート・カベルネ・ソーヴィニヨンを１本買い求めた。自宅用にいつも買っていたワインより１００ドルほど高価な（つまり１２０

ドル）カリフォルニアワインだ。注文が１００件に達したら開けようと言い、いつになると思うか皆で当てっこをした。最短を答えたのは在庫と受注を担当していたスレーシュだった。彼は１日足らずで１００件に達すると推定した。

私の推定は１、２カ月だった。

さて正解は？

「ご名答、スレーシュ」。１００件目の注文が入った午後2時過ぎ、私は彼に1ドル硬貨を放り、彼はスクリーンから目を離さずに受け止めた。

もちろん、こうなることはずっと全員の願いだった。それでも、実現した瞬間はやはり驚きだった。注文が入るのを見守り、プリンターがプリントアウトする音を聞きながら、私は大きな安堵感を味わっていた。大々的な発表をしたのに閑古鳥が鳴いたらどうしようかと思っていたのだ。

私たちのサイトは大人気だった。というかいささか人気が過熱気味だった。

梱包《こんぽう》用の箱がなくなり、テープがなくなり、紙とインクがなくなった。

プリンターが40回目の紙詰まりを起こしたあと、私はコーリーのデスクに行って人気を少し落ち着かせられないか聞いてみた。サーバーはダウンし、プリンターは紙詰まりを起こし、クリスティーナのコンテンツチームは総動員で発注の確認メールを一通ずつ作成している（自動返信メールはＴｏＤｏリストのもっと上位にすべきだった）。

「しばらくオタクの人たちが来ないように仕向けられないかな？」

コーリーは笑った。「やってみます」
そして一拍置いて言った。「でも皆、本気でハマってますよ」

DVDを郵便局へ

時間が経過するにつれ、ひとつの締め切りが大きな存在感を持って迫ってきた。午後3時。スコッツバレー郵便局が集荷した郵便物をトラックに積み込んでサンノゼに向かう時刻だ。うちのDVDをそれに載せるつもりなら、3時までに出荷品をすべて、処理し、梱包し、住所ラベルを貼った状態で局に届けなければならない。そうしなければ私たちがユーザーに約束した当日発送が翌日発送になってしまう。

ジムにとっては受け入れがたい事態だ。だが時間が過ぎ、注文が続々と入り、サーバーがクラッシュし、プリンターが紙詰まりを起こし、クリスティーナのチームが指にマメを作りながらDVDを注文したすべての人に確認メールを書いているうちに、彼は不安を募らせていった。

「いざとなったら、サンタクルーズ郵便局にまとめて持っていこう。あそこは集荷の締め切りが4時だから」とジムは言った。

ジムは集荷時刻、郵便局の営業時間、ルートを何週間もかけてリサーチしていた。私たちが持ち込んだDVDが宛先別に仕分けされ、まずサンノゼに送られてから、注文書の住所――サンディエゴ、シアトル、サンアントニオなどに向かうのを彼は知っていた。だがその前にまず、会社から出発しなければならない。

「2時52分に出れば、1分間の余裕を持ってスコッツバレー郵便局に着く。それに間に合わなければサンタクルーズ郵便局に行く手もある。ただしそこまで20分かかるし、車を停《と》める場所があるかどうか。安全を見て3時半にはここを出たい」とジムは言った。

頭の中の考えを口に出して言っているだけなのがわかった。ジムはサービス開始の数週間前から郵便局に車で5、6回通い、一番早いルートを見つけていた。現地では駐車場と集荷場所を頭にたたき込んだ。注文品がもし手で運ぶには重すぎるほどあったらと超バラ色の想定をし、自分のピックアップトラックの荷台に台車まで用意していた。万が一使う場合を考え、車椅子用スロープの場所もすでに確認してあった。

「君がベストだと思うやり方にまかせる」と私は言った。「でも記念すべき初持ち込みは地元の郵便局にしたくないかい?」

ジムはうなずいた。彼とふたりで金庫室に入ったところだった。ジムのチームのふたりが吊り下がったディスクをせわしげにかきわけながら、入ったばかりの注文の映画を探している。私はドア近くのテーブルから注文票を拾い上げ、彼らと一緒になってアルファベット別の棚から『ヒート』のDVDを探した。見つかるまでその前を何度も素通りし、少なくとも2回、ジムの部下とぶつかった。

「見ちゃいられませんよ、マーク」とジムは言ってＤＶＤを私から奪い、慣れた手つきで封筒に入れた。流れるような動きで住所ラベルを貼り、封をする。「さあ出た出た。郵便局が閉まる前に処理しなければならない注文がまだ45件もあるんですよ」

金庫の壁の時計は午後2時24分を表示していた。

2時52分、ジムが郵便局に出発するまでは手に汗握る思いだった。その後はオフィスの全員の緊張が解けた。今日の締め切り時刻は過ぎた。これからは明日もっとうまくやる方法を考える時間だ。

サイトからＤＶＤを注文するのは15～20人くらいだと予想していた。蓋《ふた》を開けてみれば１３７人いた。サーバーがダウンしている間にサイトにアクセスしようとした人数はわからなかったから、本当はそれ以上の可能性があった。

前途洋々の船出だった。だがまだ始まりにすぎない。これから修正しなければならない部分は何百と、いや何千とあった。

例のワインは、栓抜きがなかったためボールペンでコルクを瓶の中に押し込んでから、ダイエットコークの空きボトルに移してデキャンタした。ワイングラスがわりに使い捨てのプラスチックカップを使わなければならなかった。それでもあのボトルを開け、会議室で皆でいっせいに乾杯した。私はリードを探したが、姿がなかった。午後にいつのまにか抜け出していたのだ。

課題は山積み

「わが社の門出に」と私は乾杯の音頭を取った。「この先待ち受けている仕事に乾杯」

仕事は山ほどあった。自動応答メールが必要だ。注文フォームも問題多数。まちがった州コードで入力できてしまうのが判明したし、ＺＩＰコード〔アメリカの郵便番号にあたる〕が正しいかどうかの判断もあまり得意ではなかった。海外からの注文となるとお手上げだった（外国から注文しようとする人がいるなんて想定外だった！）需要の高い作品の在庫を確保し、自分はこれが観たかったと納得してもらう形で需要の低い作品に顧客を誘導するためのアルゴリズムもこれからの課題だ。

解かなければならないパズルが何千とあり、解くには数カ月かかるのが皆わかっていた。だから乾杯のあとは、プラカップをリサイクル用ゴミ箱につぶして入れ、仕事に戻った。

午後6時頃に誰かがピザをとった。私は10時頃に退社した。エンジニアたちはおそらく徹夜で翌日のトラフィックがサイトをクラッシュしないための手段を講じるのだろう。そしてもちろん、サイトは夜になったからといって店じまいしない。看板のネオンを消して朝また開店するわけにはいかないのだ。ネットフリックスの仕事がまったく新しいステージに突入したと、全員が気づいた瞬間だった。

その晩、私は再び未完成の自宅キッチンのテーブルに向かった。子供たちもロレインも寝静まっている。私は昼間のアドレナリンの大放出でまだ気が高ぶっていた。そんなときに眠ろうとしても無駄だ。そこで私はノートを出し、課題をリストアップし始めた。

- サイトの冗長化――サーバーがダウンした際、どうやってクラッシュから滞りなく回復するか。
- 納品書の改善――住所ラベルのシールがプリンター内でしょっちゅうはがれる。
- 在庫を増やすべき？　ちょうどいい枚数はどれくらいか。何枚だと多すぎるか。
- 指標が必要！　今日の注文のアクセス元別、作品別レポートをスレーシュからもらうこと。他には？

NETFLIX始動

解決策に頭をめぐらせながら、私はテーブルに置いてあった何枚かの板を何気なく並べた。もともとはこの家の床に使われていたのを捨てずにとっておいた樹齢120年のセコイア材で、ロレインは棚に転用しようと考えていた。1枚を取り上げ、その重みを感じ、木目の筋を指でなぞった。塗り直す色を決めるためにペンキのサンプルを塗りたくった背後の壁に、板が取り付けられたところを想像してみた。ありありと目に浮かべることができた。

もう住み始めているのに、私たちはまだキッチンの改築をしていた。ネットフリックスと同じだと私は思った。作ったけれどまだ完成していない。本当は永久に完成しないのかもしれない。毎日、維持に取り組みつづけなければならないだろう。水の流れを止めないように、保管庫を空にしないように。バーナーの手入れをし、ガス代の支払いを滞らせないように。

でも今は存在している。世の中に出たのだ。

何年も前、山登り中、山頂のすぐ下の雪原を渡っているときに、頭の周りで独特の静かなうなり音を感じた。髪が逆立ち、ヘルメットが青白い光に包まれた。それはセントエルモの火——電磁界に正の電荷が充満し、地面に今まさに放電しようとする現象だった。落ちる直前の雷だ。

あの春のネットフリックスはそんな感じだった。私たちの頭の周りを青いもやが常にうなっていた。しかし4月14日にサービスを開始したネットフリックスは、もはやポテンシャルエネルギーではない。正と負がぶつかる電流だった。雷が出現した状況である。

これからはそれをどう制御するか考えなければならない。

1997

1998

初夏

1999

2000

2001

2002

2003

第9章

ある日のオフィス

サービス開始7週前後

午前5時

「あなたの当番よ」

こう宣言すると、ロレインは寝返りを打ちながら枕を折って頭にかぶる。サービス開始から2カ月。私は暗闇の中で横になったまま、寝ぼけまなこで時計付きラジオをにらみ、来襲を待つ。それはもう始まっていた。廊下の奥からかすかな布のこすれる音とやわらかいパタッパタッパタッという音が聞こえる。ハンターが朝の目覚めを迎え、ぬいぐるみたちをベビーベッドの柵越しに放り投げているのだ。まもなく彼は柵の間に足を突っ込み、手すりをつかんで乗り越え、ぬいぐるみのトラやゾウの上に飛び降りる。

目覚まし時計なんか必要ない。

薄明かりの中で着替えて廊下に出ると、大好きなシマウマの毛のはげたよれよれの片耳をつかんでぶらさげたハンターが待っている。

「よう、ちびすけ」。声をかけると、彼は眠そうに私のあとについて階段を下りる。キッチンに入ると、両手を上げてきたので、抱き上げて専用の椅子に座らせる。儀式のようにシリアルとバナナと牛乳をボウルの中で混ぜ、彼の前に置く。彼は両手をボウルに突っ込んで食べ始める。ちょうどそのとき、コーヒーマシンがピーッピーッピーッと3回鳴って抽出が完了する。

完璧なタイミングだ。

朝のモニター

私はハンターと向かい合わせに座ると、ノートパソコンを開く。受信ボックスにもう朝のモニターが入っている。

サービス開始から数週間後には、私たちは「店《ストア》」を通じて収集したデータの活用法を習得していた。私たちのウェブサイトは何ひとつ見逃さない。毎晩、真夜中過ぎに、いまや24台に増えたネットフリックスのサーバーがいっせいに前日のビジネスの処理を始め、翌日に備える。収支計算をし、在庫を調整し、支払いを照合する。プロダクションサーバーから前日の取引を逐一読み取り、ログに追加して、データウェアハウスを構築する。DVDがあふれかえっている金庫室と違い、データ倉庫《ウエアハウス》は物理的には存在しない。ハードドライブ1枚にすべてがおさまっている。

すべての顧客。すべての注文。すべてのDVDの出荷。データウェアハウスはすべての顧客がどこに住んでいて、いつどのようにサイトに来て、何回レンタルし、平均どのくらいの期間借りていたかを知っている。サイトを訪れた時刻、アクセス元、アクセス後の行動を正確に知っている。どの映画を閲覧し、選択してカートに入れたかを知っている。注文を確定したか、もししなかったとしたらどこでやめたかを知っている。誰がサイト初訪問で、誰がリピーターかを知っている。

うちのハードドライブはほぼ何でも知っているのだ。

検討すべきデータがこれだけ多いと何から手をつけていいかわからなくなってしまう。そこでモニターの出番だ。

モニターとはデータを短く明確に、消化しやすく要約したものである。レンタルと販売の売上トップテン、直近24時間で獲得した新規顧客の数、受注件数、うちレンタルと販売の内訳、といった内容だ。

ボウルをゆっくり空にしていくハンターを片目で見張りながら、片目でざっと眺めた今朝のモニターはいいニュースと悪いニュースが半々だった。いいほうは左の列にある。売上は営業を始めて最初の丸1カ月の記録がある5月から50％アップした。6月の売上は9万4０００ドル余り。12カ月間ずっとこの調子で伸びつづけたら、年間売上１００万ドルというスタートアップの成功指標をひとつ達成することになる。週末の会議で話そうと心にメモする。

悪いニュースは1列おいて隣にあった。レンタル売上だ。

まだ4桁しかないのを見て思わず眉をひそめた。

しかも最初の数字は1だ。

ＤＶＤの販売売上は9万3０００ドル。ＤＶＤレンタル売上は1０００ドルちょっと。

「参ったな」、私はつぶやいた。ハンターが一瞬私を見上げ、すぐシリアルに関心を戻した。バナナ以外は眼中にない。

DVDレンタルの伸びは今ひとつ

私は2杯目のコーヒーをカップに注ぎ、この数字について考えた。販売売上とレンタル売上に大きな差があるひとつの理由は価格だ。DVDは1枚25ドルで販売しているが、レンタル料金はわずか4ドル。DVDの売価は1回のレンタル料金の約6倍にしている。当然ながら、売れるのは一度きり。レンタルだったら何百回でもできる。

レンタルしてくれる人がいないのは問題だった。なんとかレンタルしてもらえても、リピートしてくれる人はほとんどいない。

パンとピーナッツバターとマシュマロスプレッドを整然と並べてローガンとモーガン用にサンドイッチを製作する。ふたりとも私が弁当を作ると喜ぶ。ロレインと違ってジャンクフードを食べさせるからだ。栄養のあるものでバランスをとらなければとニンジンを切りながらも、心はここにあらずで今やっているプロモーションを一つひとつ思い浮かべ、文言やグラフィックや内容そのものにどう手を加えれば変化を起こせるか、思いをめぐらせた。どうすればレンタルしてもらえるか。

ロレインがいつのまにか一陣の風のようにキッチンに入ってきたのにも私はほとんど気づかな

かった。すでに着替えとその日の支度をすませたローガンとモーガンを追い立ててテーブルにつかせ、あっというまにシリアルとヨーグルトを出し、私が作った弁当をランチボックスに突っ込み、ハンターにズボンを穿《は》かせてシャツを着せ、サッカーの脛当《すねあ》てとプリスクールの課題とセーターと水着を集めて回り、三人の子供たちをまとめてキッチンのドアから大きな茶色のシボレー・サバーバンに乗せるとシートベルトをかけ、すばやく私に「行ってきます」のキスをした。体感的には数秒くらいのできごとだった。

手際の良さとプロジェクト・マネジメントにかけて、ロレインは天才だ。

午前7時半

オフィスに入ると、クリスティーナがホワイトボードに書き込みをしていた。6カ月前、私たちはこのボードを使って社名候補のブレーンストーミングをした。サービス開始日には記者の質問で埋め尽くされた。今、ホワイトボードは酔っ払って誌名変更を試みているＤＶＤ雑誌のマーケティング部のように見える。

- ＤＶＤウォッチャー？
- デジタル・ビッツ

- ＤＶＤエクスプレス
- サラウンド・フリーク
- ＤＶＤリソース
- ショート・シネマ・ジャーナル
- ＤＶＤインサイダー

「こりゃいったい何だい？」名前とそのあとに書かれていた数字を読み取ろうと目を細めながら私はたずねた。「『デジタル・ビッツ』に読者が７００人いるって本当？」

「本当です」クリスティーナは一行を拳で消しながら答えた。イレーザーはとっくにどこかに行っていた。「でもここが他を大きく引き離して最大ですね。他は……だいぶ小規模です。『ＤＶＤインサイダー』の読者数は１００人くらい」

「お見せしたいものがあります」クリスティーナはそう言うと、マーカーを置いて自分のデスクに回り込んだ。コンピュータを開いて少しの間タイピングし、スクリーンをこちらに向けた。

「これだけやってるのよ、見てください」

スクリーンは上から下までウェブフォーラムの会話のやりとりで埋まっていた。彼女はマーカーでページの下のほうの投稿を示した。投稿者はハミルトン・ジョージ。知らない名前だ。

ちょっと気になってるんで教えて。最近できたDVD通販の会社を試してみた人いる？　ネットフリックスだっけ？　DVDが何百作品もあるらしいじゃん。価格もかなり安いらしいね。

スパイ・ハミルトン

「コーリーが作ったキャラです」とクリスティーナが説明した。「このグループで一番活発に発言しているひとりなの」

コーリーの秘密工作戦術はサービス開始後も続いていた。彼はサイト別に17人のキャラクターを使い分けていて、ネットフリックスが公開されてからは、実際に会社のサイトに来て注文しているのが誰かを追跡していた。

サービス開始前は利用を勧め、今はスパイになっている。

クリスティーナはハミルトンのコメント履歴をスクロールしながらリプを読み上げた。

「彼、人気者なんですよ。ていうか、ハミルトンがですけど」

コーリーにキャラクターの名前はどうやって考えているのかたずねたことがある。

「セレブですよ。苗字と名前を逆にしてるだけ」

ハミルトン・ジョージ＝ジョージ・ハミルトン。

郵便はがき

料金受取人払郵便

新宿北局承認

8449

差出有効期間
2021年11月
30日まで
切手を貼らずに
お出しください。

169-8790

154

東京都新宿区
高田馬場2-16-11
高田馬場216ビル５F

サンマーク出版愛読者係行

ご住所	〒　　都道府県	
フリガナ		☎
お名前		（　　　）
電子メールアドレス		

ご記入されたご住所、お名前、メールアドレスなどは企画の参考、企画用アンケートの依頼、および商品情報の案内の目的にのみ使用するもので、他の目的では使用いたしません。
尚、下記をご希望の方には無料で郵送いたしますので、□欄に✓印を記入し投函して下さい。
□サンマーク出版発行図書目録

1 お買い求めいただいた本の名。

2 本書をお読みになった感想。

3 お買い求めになった書店名。

市・区・郡　　　　　　町・村　　　　　　書店

4 本書をお買い求めになった動機は?

・書店で見て　　　・人にすすめられて
・新聞広告を見て(朝日・読売・毎日・日経・その他＝　　　)
・雑誌広告を見て(掲載誌＝　　　)
・その他(　　　)

ご購読ありがとうございます。今後の出版物の参考とさせていただきますので、上記のアンケートにお答えください。**抽選で毎月10名の方に図書カード(1000円分)をお送りします。**なお、ご記入いただいた個人情報以外のデータは編集資料の他、広告に使用させていただく場合がございます。

5 下記、ご記入お願いします。

ご職業	1 会社員(業種　　) 2 自営業(業種　　) 3 公務員(職種　　) 4 学生(中・高・高専・大・専門・院) 5 主婦　6 その他(　　)		
性別	男・女	年齢	歳

ホームページ　http://www.sunmark.co.jp　ご協力ありがとうございました。

われらがスパイは『ドラキュラ都へ行く』の常に日焼けした二枚目スターだったわけだ。

午前9時

午前中を執務室で東芝とのクーポン契約の改定条件の確認をして過ごす。それからサンタクルーズ地域のドライクリーニング店数軒への電話。というのもどこに「ニューメディアルック」を預けたか忘れてしまったからだ。

説明しよう。ニューメディアルックが何かを理解するには、私たちがぶつかった若い企業ならではの大問題について多少の予備知識が要る。その本質は、鶏が先か卵が先かに類する問題である。

ＤＶＤプレーヤーを持っている人がほとんどいなかったら、ＤＶＤレンタルサービスをどうやって売り込めばいいのか？

ダイレクト・マーケティングの世界では、ある集団にリーチしたい場合、名簿業者に接触して名簿を借りる。「ＤＶＤオーナー２００万名の住所情報がほしい」などと言って、名簿から入手した住所宛てにダイレクトメールを送る。しかし最新のテクノロジーだと名簿がまだ存在しない。ＤＶＤプレーヤーが世の中に出回っていないからだ。

ＤＶＤプレーヤーを製造している大手家電メーカーも同じ悩みを別の方向から抱えている。Ｄ

VDがほとんど出回っていないのに、1200ドルもするDVDプレーヤーを買ってもらうのは難しい。

1月の時点で私はチャンスをかぎとっていた。こちらはDVDプレーヤーを所有している人々にリーチする方法を求めている。メーカーは新しい顧客がDVDを入手する方法を求めている。双方の利害が一致するプロモーションが考えられないか。

ラスベガス・コンシューマー・エレクトロニクス・ショー

1月に私はコンシューマー・エレクトロニクス・ショー（CES）目指してラスベガスに飛んだ。当時世界最大だったこの見本市と比べれば、私にとってクスリの幻覚体験のようだったVSDAは日曜学校に思えた。大手家電メーカーがすべて参加していた。各社とも自社の社員を収容するためにホテルをまるごと借りきっていた。ブースはフットボール場ほどの広さがあり、その中にハイテク製品がひしめいていた。3D。ロボット。プレイステーション。3Dのロボットのプレイステーション。すべて発売の何カ月も前の製品だ。

この異世界に同行したのはミッチともうひとり、クリスティーナの夫カービー・キッシュだった。カービーは家電業界で働いていて、ジャングルのガイド役を申し出てくれた。私を人々に紹介し、交渉相手となる多国籍大企業の複雑な組織階層に対する立ち回り方を教えてくれるという。

「まったく違う世界ですからね」、マッカラン国際空港で飛行機から降りながらカービーは私に釘《くぎ》を刺した。「気を引き締めていきましょう」

まさに東と西の遭遇だった。ほとんどのメーカーがアジアに本社を置いているからというだけでなく、そのアメリカ支社もすべて東海岸、ニュージャージー州郊外のオフィスパークにあったからだ。文化がまるで違った。ソニーや東芝の社員はスーツで出社する。彼らはセコーカス、ウェイン、あるいはパークリッジの企業のオフィスが集まっている無個性なオフィスパークの前に車を停《と》め、特徴のない殺風景なビルの中に数千人のひとりとして吸い込まれていく。厳格なヒエラルキーに従い、その中では社員一人ひとりの責任と職務がきっちりと決められている。社員たちは巨大で複雑な指揮命令系統から降りてくる上司たちの指示に応える。毎日午前9時から午後5時まで働き、残業すれば残業代が支払われる。月に一度、カジュアルフライデーにはチノパンとポロシャツで出勤する。ただし月に一度だけだ。

要するに、家電メーカーの社風はスタートアップのメンタリティとはおよそかけ離れていた。それはしごくもっともだった。家電メーカーが売っている製品が市場に出るまでの期間は気が遠くなるほど長い。研究開発からパッケージング、マーケティングを経て出荷まで、テレビやビデオデッキやCDプレーヤーの新製品発売には何年もかかる。しなければならない小さな意思決定は文字どおり何十万とあり、それを社内で連携して行わなければならない。社員数万人、製品も何百とある多国籍企業の社内でこうした意思決定の調整をするには時間がかかり、プロダクトマネージャーも相当な人数になる。うちの会社ではクリスティーナひとりだが、ソニーには何千人も必要なのだ。

家電メーカーが直面していた大きな課題が、ＤＶＤ技術の規格化だった。記憶容量、寸法、ユーザー向け機能などの詳細はメーカーによってまだ違いがあった。これらを単純化してフォーマット戦争を回避するために、三大メーカーの代表が不安定な提携関係を結び、生まれたばかりの技術の仕様について合意した。それがＤＶＤビデオグループである。

１９９８年のＣＥＳカンファレンスはＤＶＤビデオグループが初めて公の場に姿を見せる機会であり、私が足を運んだ目的はここにあった。といっても期待が持てる状況ではない。会場は全体の派手なディスプレイとは対照的に、わが家のキッチンほどの小さなエリアがベルベットのロープで囲ってあるだけだった。そのエリア内を歩き回っている20人ほどの中に、東芝、ソニー、パナソニックという大手メーカーからの代表がいた。イベントは全体的にヤルタ会談のような雰囲気で、協力し慣れていない提携3社が落ち着かなそうにチーズを載せた小さな皿を手に輪になっていた。私はなんとかしてソニーのマイク・フィドラー、東芝のスティーブ・ニッカーソン、パナソニックのラスティ・オスターストックの三人と会うつもりだった。この3社がＤＶＤプレーヤー市場のおよそ9割を支配している。何であれ契約を結びたければ、三人のうち誰かと知り合う機会をつかまなければならない。

ニューメディアルック

言うは易《やす》く行うは難《かた》しだ。私はしょせん、まだサービスを開始してもいない社員数17名のスタートアップの経営者にすぎない。フィドラー、ニッカーソン、オスターストックは社内電話帳が必要な規模の大企業で働いている。私はさしずめブヨだ。彼らは巨象であり、その尻尾に私はなんとかしがみつこうとしていた。

それでも自信はあった。ひとつには、前述したニューメディアルックを身に着けていたからだ。私はこれをシリコンバレーの外での重要な商談用、つまりジーンズとスニーカーよりきちんとした格好をしなければならないときのために購入していた。ネクタイ姿ではなく、エンターテインメント業界に通じている風を装うのが大事だと思った。そこでグリーン系のチノパンに蛍光色のブレザー、その下には販売員いわく「モアレ柄」の繊細な幾何学プリントを施したシャツを買い求めた。

とてつもなく怪しげないでたちだった。ロレインは初めて試着した私を見て笑いが止まらなかった。「カメレオンみたい」

ある意味そのとおりだった。メディア、家電、テクノロジー、どんな環境にもなじんでみせなければならなかったからだ。ニューメディアルックは、自分の会社よりはるかに強大な企業や団体の中にまぎれこむ手段だった。

この日の午後、私はニューメディアルックを何度も汗でびっしょりにした。メーカー1社ずつに同じ売り込みをかけた。当社はDVDプレーヤーの販売拡大にあたって最大の障害を一気に解消できます。DVDプレーヤーを購入した顧客にDVDがすぐ手に入る保証をつけてはいかがでしょうか？

そして話の核心に入る。DVDプレーヤー1台にネットフリックスのDVDレンタル3枚の無料クーポンをつけてはいかがでしょうか？

鶏か。

卵か。

一挙同時に解決だ！

ネットフリックスは自社サイトにトラフィックを獲得し、メーカーはDVDのユーザー基盤を拡大できる。いい話でしょう？

三人全員からその場ではやんわりと断られた。

「興味深いお話ですね」とマイク・フィドラーは言った。彼はカリフォルニア出身だ。おおらかで、あか抜けた身なりをし、CESにいた他のスーツ組の誰よりも髪型が決まっており、自信を漂わせていた。それも当然だろう。彼の会社は業界首位のソニーだ。難しそうではあるが考えてみると私に言った。

パナソニックのDVD事業部を統括していたラスティ・オスターストックは青いオックスフォードシャツを着た小柄な男で、35歳にしては老けて見えた。12歳のときにはもう父親そっくりの顔つきをしていたタイプだ。彼は言質《げんち》を与えなかった。

「そうですねえ」、言葉を濁《にご》したのは5分前に私がフィドラーに話しかけているのを見ていたからかもしれない。「あらためて電話でお話ししましょうか」

一番関心を示したのはスティーブ・ニッカーソンだった。大学時代はラクロスの選手だった彼は東海岸の名門私立校育ちの私には見覚えのあるいでたちだった。コンサバティブで明らかに高価とわかるスーツ、磨き上げたウィングチップの革靴、ドレクセル大学のカレッジリング。身のこなし全体がスポーツマンらしくきびきびしていた。彼はリスクテイカーだと私は踏んだ。

「話し合いましょう」と彼は言った。

午後にCES会場を出た。収穫はポケット一杯の名刺とDVD10枚が入ったノベルティのバックパック。闘志に燃えていた。夕食の前に挨拶しておきたい友達が何人かいるとミッチに言われたときは、特に気にもとめなかった。外に出て、ラスベガス・コンベンションセンターの別の一角にあったまったく違う世界に足を踏み入れるまでは。

「あら、ミッチ！」。ホルタートップ姿の若い美女が嬌声《きょうせい》を上げた。

「ミッチ！　ひさしぶりじゃない！」。もうひとりの美女が言い、ミッチの胸に見事な曲線美を押しつけてハグした。

ミッチは笑顔を見せるにとどめた。「こちらヘレン。こちらはジュリエット」

ここでようやく私は周囲を見回した。周りじゅうに、不自然なくらい日焼けして素肌を露出した男たちが、厚いメイク以外はほとんど何も身に着けていない脱色ブロンドの女たちと腕を組んで歩いている。受付デスクの上に掲げられた大きな看板には、なまめかしい曲線を描く口紅色の文字でAVNと書かれていた。

AVNは『アダルト・ビデオ・ニュース』というポルノ業界の業界誌の略称だった。私たちは毎年CESと同じ週に開かれるアダルト・エンターテインメント・エキスポに来ていたのだ。

ミッチは実は昔からの参加者だった。ビデオ店チェーンの経営を長年成功させていれば、ポルノビジネスにも精通する。大物とは全員顔なじみで、VSDA同様、ここも彼の庭のようなものだった。それからの4時間、ロレインに何と説明しようかと頭の中でぐるぐる考えながら、緊張してしどろもどろに自己紹介し必死で相手の目に視線を集中させている私をよそに、ミッチはスタジオ社長、大手流通業者、監督、出演者らと旧友のように愛想よく挨拶した。ここでも幹部はCESの参加企業の幹部と外見はそう変わらなかった。ミッチに群がる露出度の高い服装の女性たちがいなければ、まだソニーのスーツ組の人々と一緒にいると思えたかもしれない。

「本当に顔が広いんだね」、2時間後、ホテルに戻りながら私は言った。背中のDVDのバックパックには新しい作品が2枚加わっていた。

ミッチはにやりとした。「有力筋に友達を作っておくと役に立つからね」

DVDレンタル3枚の無料クーポン

1月が2月になり3月に入っても、フィドラーとオスターストックからは何の連絡もなかった。正直なところ当然だろうと思っていた。無茶な提案だったからだ。ソニーやパナソニックのような会社は年単位のスケジュールで製品開発している。製品の箱にシールを貼ったりクーポンを入れたりするには、数十人ものプロジェクトリーダーと何カ月もかけて交渉しなければならない。通常のプロセスで考えれば、ソニーのDVDプレーヤーの箱にうちのクーポンを入れるチャンスをつかむためには、およそ1年前に始めるべきだった。私があわよくばと願った途中からの割り込みは、かなりの冒険になる。彼らにとっては大きなリスクだ。そしてCESに出展するような大企業は普通リスクをとることを評価しない。

なぜスティーブ・ニッカーソンが私に電話をくれたのかはいまだにわからない。彼のいたリスク回避型の分野であっても、大きなリスクをとって大きな報酬をつかむチャンスと見てくれたからではないかと思っている。確かに、意思決定の長い連鎖をたどっていくのは骨が折れるだろう。確かに、裏目に出れば職が危険にさらされるかもしれない。だがもしネットフリックスという新会社とのプロモーションでDVDプレーヤーを買ってくれる層とつながれれば、世に出たばかりの新しい技術の顧客基盤を育てられる。

ニッカーソンが常に業界二番手の東芝の人間だったのも理由だろう。ＣＥＳの世界ではソニーが誰もが認める王者だった。ソニーはリスクをとる必要がなかった。だが市場シェア争いにしのぎを削っていた東芝のような会社にとっては、リスクかイノベーションが他を引き離す手段となる可能性があった。

東芝の掲示板が大反響

理由はどうあれ、冒険してくれたスティーブ・ニッカーソンには感謝の念が尽きない。私の考えでは、彼はネットフリックスの社史における最重要人物のひとりである。彼の助けがなければ、ネットフリックスは絶対に成功していなかったはずだ。

私は例のニューメディアルック持参でニュージャージーに飛び、４月の数日間でスティーブと契約をまとめた。東芝が販売するＤＶＤプレーヤーすべてに、ネットフリックスのサイト経由で３枚のＤＶＤを無料レンタルできると呼びかける小さなプロモーション用チラシをつける。ネットフリックス・ドットコムを訪問し、購入したＤＶＤプレーヤーのシリアル番号を入力すれば、ＤＶＤ３枚を無料でレンタルできる。

ウィンウィンの契約だった。こちらはＤＶＤプレーヤーの持ち主に、彼らが私たちをもっとも求めているタイミングで直接アクセスできる。東芝側も、二の足を踏んでいる買い手に対して、購入したDVDプレーヤーで再生するものが見つかると説得する、という最大の課題を解決できる。プロモーションについては外箱に「お買い上げでDVD3枚を無料レンタル！」と宣伝する。

だがこの契約にはウィンウィン以上の意味があった。**視界が一気に開かれる経験だった。ご存じのように、スタートアップ企業は孤独だ。誰からも信じてもらえず、うまくいきっこないと何度も言われてきたものに取り組んでいる。世界にたったひとりで対峙《たいじ》しているようなものだ。だが現実には、たったひとりではやれない。協力を求めなければならない。他の人を自分の考えに引き込まなければならない。あなたの情熱を共有してもらわなければならない。あなたの未来ビジョンが見える魔法の眼鏡を相手にかけてもらわなければならない。**

スティーブ・ニッカーソンは眼鏡の向こうをのぞき見て信じてくれた。その効果が早くも表れた。数日後にトラフィックが急増したが、その出所はわかっていた。コーリーはデイモン・マシューズの名で東芝の掲示板のチャットを観察してきたが、私たちのプロモーションはどうやら東芝の顧客基盤に反響を呼んだようだった。

なのになぜ彼らは3枚の無料レンタルを利用したあと、戻ってきてくれないのだろうか。

午前11時15分

東芝との契約書に小さな変更——大勢には関係ない——をいくつか行ったあと、私はDVDエクスプレスのマイケル・デュベルコに電話した。お互いに協力できると彼を説得しようとしてすでに膨大な時間を費やしてきた。

「わけがわかりませんね、マーク」と彼は言う。「うちもＤＶＤを販売しているんですよ。競争相手と提携する理由がありますか？」

「おたくにはレンタルを薦めていただきたいだけなんです。まったく別物ですよ」

「どこが？」

会話は暗礁に乗り上げた。よくあることだ。ＤＶＤ販売サイトは自分たちの市場シェアを奪う可能性のあるサイトと取引したがらない。

お気持ちはわかります、と私は彼に言った。だが可能なのはわかっている。マイクとの電話を切ったあと、私は、ＤＶＤ販売サイトの最大手ＤＶＤデイリーの管理人、スティーブ・シックルズを思い浮かべた。ニューヨークの「ノブ」でハマチの刺身を食べながら、うちとの取引の説得に成功した相手である。彼のサイトに掲載されている映画は今後すべてネットフリックスへのリンクがつけられる。『デジタル・ビッツ』のビル・ハントとは、アトランタで行われたゲーム業界の見本市の廊下で、時々ネット上に彼に対する感謝のメッセージを載せるのとひきかえに、論説記事で私たちのサービスの宣伝をしてもらう話がついた。

じかに会って話すのが鍵なのかもしれない。

私は椅子の背もたれに寄りかかり、これからニューメディアルック――サンタクルーズのミッション・ドライクリーナーズにあるのを突き止めた――を身に着けて行く先を思案した。そこへエリックがひょっこり顔を出した。「そろそろいいですか？　イシャーンとデブが玄関で待ってます。もういつでも出られますが、ふたりともすごく緊張してますよ」

「緊張？　なぜ？　私、そんなに怖いかな？」

エリックは肩をすくめて両手のひらを上に向けた。「私はそうは思わないですがね、ふたりにとってはここの何もかもが緊張の連続なんですよ。ＣＥＯとのランチがどんなものか、予想もつかないんでしょう」

リードと私がパッツィー・クラインのＣＤの郵送実験をしてから1年弱で、会社は創業チームから大きく成長しつつあった。採用に関しては自分の過去人脈だけに頼るのをやめ、知らない顔が入るようになっていた。社内の結束を保つため、私は月に一度、新入社員を全員ランチに連れ出すしきたりを作った。目的はいくつもある。少なくとも全員と知り合いになる機会ができる。採用面接にはほぼすべて同席しているが、面接の場で相手の積極性や野心の奥にあるものまで見抜くのは難しい。ランチで相手の素顔がわかる。

だがもっと大事なのは、社内文化を伝える最初の機会であることだ。ネットフリックスで働く上でもっとも重要な点、社員に何を期待するか、社員は会社から何を期待できるかを説明するのである。

しかし今日のランチでは、「文化」の意味合いが違ってきそうだ。これから食事をともにするのは新しく採用したふたりのエンジニアだからだ。

エンジニアはお金では動かない

サービス開始から2カ月、エンジニアの採用は想像以上に大きな課題になっていた。何百もの企業が優秀な人材を取り合うシリコンバレーでは、エンジニアの争奪戦は常に熾烈《しれつ》だ。私も採用競争の経験を重ねるうち、ひとつ重要な真理がわかってきた。ほとんどのエンジニアはお金を重視していない。これは、歴史の長い企業に比べて給料の額が見劣りするネットフリックスにとっては朗報だ。

大半のエンジニアは会社をよりどりみどりの立場にあるが、彼らの職場選びの決め手は要するに次の二つである。

(1) 一緒に働く人たちを尊敬できるか。
(2) 面白い課題に取り組めるか。

一つ目についてはネットフリックスでは答えを用意できている。エリック・メイエはエンジニアの尊敬を集めるお墨付きの天才だ。そして二つ目についても、聞かれれば胸を張って「イエス」と答えられる。

サービス開始前はもうひとつ、採用に有利な条件を自負していた。会社の立地だ。一日に約1万9000人がサンタクルーズから「山を越えて」シリコンバレーのテクノロジー企業に通勤している。うちおそらく1万8997人は通勤を苦痛に思っているだろう（残りの三人の考えは私には想像できない）。

通勤にうんざりし、自宅に近い会社に就職するチャンスに飛びつく地元のエンジニアは大勢いるはずと私は思っていた。スコッツバレーの映画館で上映前に求人CMを流そうかというくらいに自信があった。

ところが大きな計算違いをしていた。私はeコマース用のウェブページを構築するスキルを持った、「フロントエンド」担当のエンジニアが大勢必要になると思っていた。ところが蓋《ふた》を開けてみれば、**本当に必要なのは注文処理、在庫管理、アナリティクス、金銭取引に関わる「バックエンド」の問題を助けてくれる人々だった。**

そしてこの種の仕事ができるエンジニアを求めるなら、スコッツバレーでいくら映画上映前に求人CMを流しても役に立たない。優秀なバックエンドエンジニアの大半はサンフランシスコ近辺に住んでおり、エリックの評判（と私の説得の才能）をもってしても、片道75マイルの通勤を受け入れてもらうのはほぼ不可能だ。

しかしエリックは解決策を編み出していた。75マイル先のエンジニアはあきらめよう。750

0マイル先にいるエンジニアならどうか。シリコンバレーにはインドからやってきたばかりで、創業まもないスタートアップに就職するのをいとわない求職中の人々が大勢いる。エリックはスレーシュの助けを借り、シリコンバレーの文化センターやクリケット場をあたって有能な移民プログラマーをリクルートした。それが今私を待っているデブやイシャーンたちだ。玄関に急ぎながら、彼らが安心して新生活を送れるようにどんな話をしようか、アメリカに早くなじんで、仕事にやりがいを感じてもらうために何ができるかと私は思いをめぐらせていた。

それから、向かいのイタリアンレストラン「ザノットズ」で何を注文しようか。

午後0時45分

ランチから戻ると、ロレインから折り返し電話がほしいという伝言があった。何の話か予想がついていたから、気が重かった。お金の心配だ。秋にはモーガンが幼稚園に入る。ローガンを通わせているサンタクルーズの海辺の私立にしようと予定していた。私立校の付属幼稚園はプリスクールよりはるかに費用が高い。

「どうやってお金を捻出するの？」ようやく電話した私に開口一番、ロレインは言った。後ろでカモメらしい鳴き声と子供たちの声が聞こえる。

「今、海？」

「ローガンの学校のお友達を連れてきてる。モーガンはゲートウェイ幼稚園に行くのを本当に楽しみにしてるけど、あそこに行かせるのは大きなまちがいじゃないかしら」

ロレインは一拍置いた。波が砕ける音と、続いて子供たちのはしゃぐ歓声が聞こえた。

「家を売りましょう」、彼女は言った。

これはいつもの決まり文句だった。ネットフリックスがダメだったらモンタナへの移住――そして郵便局員になる私の夢の生活――があるさという例の話と同じくらいよく出た。最近は登場頻度が増えている。いつもの口論が近づいていた。

「大丈夫だよ」、私はなだめた。ガラス越しに、デブとイシャーンが真新しいゲートウェイのPCが入った箱を開けているのが見える。エリックが微笑《ほほえ》みながらふたりを見守っている。

「あなたに現実を見てほしいの。私たち、なくてもやっていけるものはたくさんあるわ。もっと生活を切り詰めることを考えるべきじゃないかしら」

「会社は大きく発展してるんだ。今日現在で、うちは公的に100万ドル企業になった」

推定100万ドル企業であり、その売上の内訳について私がどれだけ懸念を持っているかは、言わないでおいた。夕食のとき――いつもどおりそのときまでには帰るから――また話そうとだけ言った。

午後2時

「電話、終わりました？」

返事も待たずにティーが執務室に勢いよく入ってきた。いつもながら、彼女は口に出す前からもう質問の答えをわかっている。

「ソニーとのプロモーション提携のメディア発表を確定しようとしてるんですけど」。ここで彼女は一息入れ、引き結んだ口元を大きくとがらせた。「先方にうちのプレスリリースの承認をもらうの、ほとんど不可能よ」

ソニーは私が最初にクーポン契約の件でアプローチしたときには洟《はな》も引っかけなかった。ところが私たちが東芝と提携していると見るや、後れを取るまいと考えた。ビジネスやスポーツの世界ではよくある話だ。若手がのしあがってきて新しいことにチャレンジし、うまくいくと、業界リーダーは仲間に引き入れようとする。なぜか。彼らにはそれが可能だからだ。

それに、ソニー自身のプロモーション――DVDプレーヤー1台に必ず『ジェームス・テイラー・イン・コンサート』のDVD1枚がセットでついてくる――ではまったく売上が動いていなかった。ジェームス・テイラーはソニー所属のアーティストだから、ほとんどコストはかからない。とはいえもっと考えるべきだろう。今は1998年、ヒット曲「ファイアー・アンド・レイン」から20年以上経《た》っている。スウィート・ベイビー・ジェームスはテクノロジーオタクにとってそこまで魅力はない。

ソニーとの折衝

ティーは執務室の会議机に紙の束を広げた。

「もうぐちゃぐちゃ、これ見てください」、言いながら彼女は頭を激しく振ってヘアスプレーの香りをふりまいた。「あちらはいったいどうやって仕事してるのかしら。意思決定の権限のある人がいないみたい。『もう知らない』と言って、向こうの承認が取れようが取れまいが発表しちゃおうかって気になってきたわ」

「いや、それはやめたほうがいいよ」、私はデスクの後ろから出て行って紙の上にかがみ込んだ。「何週間も働きかけて、ようやくスタートアップを信用する気になってもらったんだ。ここで信義違反をしたらすべておじゃんだよ」

しかしティーが訴えるソニーの異様な細かさは嘘《うそ》ではなかった。ニュースリリース原稿は修正と削除線だらけになっている。「今度はどこが問題だって？」

「全部です！」ティーは両手を上げると、原稿をつかんで赤ペンでたたいた。「うちから提案した内容――ＤＶＤ市場の成長、発売される映画作品の数、うちがどれほど大きな期待をかけているかってことまで――何から何まで、六つくらいある階層の承認を通らないといけないんです。さらに法務部のチェックもあるんですよ」

「マイクに電話しよう」と私は答えた。だが楽観はしていなかった。マイク・フィドラーは「笑顔で絞り上げる」人物として有名だ。満面の笑みで、過酷でこちらに高くつく難しい契約条件を求めてくる。3週間前まさにこれをやられた。東芝が興味を示したと風の噂《うわさ》に聞いて、うちとも提携できないかと思いまして、と言ってきた。しかし彼が求めたのはDVD無料レンタル3枚ではない。10枚を要求した。しかも無料レンタルに加えて、DVD5枚無料プレゼントをつけろと言う。

私たちにとってはとんでもなく高くつく提案だった。5枚のDVDを無料でプレゼントしたら100ドルのコストがかかる。彼の条件をのめば、DVDプレーヤーの持ち主ひとりにサイトに来てもらうだけのために、うちがソニーに100ドル支払うことになる。さらに10枚の無料レンタルを提供するコストもかかる。一番まずいのは、私が東芝に独占契約を約束していたことだった。

だが業界一位のソニーと提携するチャンスはどうしても見送れなかった。それだけの価値があった。私はマイクの要望に応じた。

今せかすようなまねをしたら彼を怒らせるかもしれない。だがマイクにプレスリリースの文言について話し合うための電話をかけるのは、スティーブ・ニッカーソンに電話をかけて、東芝を裏切って彼らの仇敵《きゆうてき》と手を結んだことを恐縮しきりで告白するよりずっと楽だ。今の私がかけるのを恐れている電話はこちらだった。

「20分くれ」と私はティーに言った。「私が笑顔で絞り上げるのが得意かどうかやってみようじゃないか」

午後4時

危機は回避された。不興は買わずにすんだ。マイクからは約束だけもらった。

「もう少しだけスピーディーに、もう少しだけ前向きにやってみましょう」と彼は言った。「私どもはうまくいくと思うからこそ、慎重に動いているのですよ」

思わぬ嬉《うれ》しい言葉だ。

あとは、無料ではないＤＶＤをレンタルしてもらう方法を考え出すだけである。ここまで1日経ってしまったが、ようやく朝のデータを引っ張り出して研究する時間ができた。

思ったより状況は悪かった。伸び悩んでいるどころか、下降している。

誤解しないでほしい。サービス開始2カ月で大きな売上を上げているのはすごいことだ。ＤＶＤの売上から毎月入る10万ドルのおかげで、経費の一部がまかなえるだけでなく、取引先や提携先にもうちのしていることが事業として成り立っていることを示せる。エリックのチームは予測ではなく本物の顧客のデータでサイトのストレステストができる。業務運営チームは毎日実際に出荷品が出て行くのを見てやりがいを覚えている。全社が勢いを感じていた。

だがこれはかりそめの勢いだ。

今のところは同業者がいない。しかしいずれすぐにアマゾンがＤＶＤ販売に手を広げるだろう。アマゾンの次はボーダーズ。そしてウォルマート。やがてアメリカ中のほぼすべての小売業が、ネット店も実店舗も、ＤＶＤ販売を手がけるようになる。

ＤＶＤ販売はつきつめればコモディティビジネスだ。数字を見れば、誰もがまったく同じものを同じような方法で売り始めたら、うちの利幅がゼロに縮小するのは時間の問題にすぎないとわかる。来週、来月、来年ではないかもしれないが、必ずそのときは来る。そうなったらうちは窮地に陥る。

ＤＶＤ販売かレンタルか

一方、ＤＶＤレンタルには本物の可能性がある。実店舗で、ましてネットでＤＶＤレンタルをしている店はほとんど見当たらず、その状況が変わるのは当分先だろう。私たちが苦労して知ったように、ネットでＤＶＤをレンタルするのは業務運営上困難だ。ということは潜在的な競合他社にとっても同じ仕組みを作るのは難しいはずだ。私たちには少なくとも1年の先行者利益がある。加えて、同じディスクを何十回も貸し出せるから、利幅はＤＶＤ販売より大きい。

モニターを見ると、多数のＤＶＤが売れている。ただ、レンタルしてもらえていない。そして販売業とレンタル業の両立は非常に難しい。在庫管理が複雑になる。作品の中には法律上、レンタルと販売の両方が許されているもの、レンタルだけ許されているもの、販売だけ許されているものがある。保管と出荷には、出て行って戻ってくる映画と出て行ったきりになる映画でそれぞれの業務手順が必要だ。

販売とレンタルの両方を提供していることは顧客にも混乱を与えていた。ネットフリックス・ドットコムに来ても、うちが実際のところ何をやっているのかがよくわからない。トップページでほとんどの作品を購入またはレンタルできると説明しなければならなかったが、ウェブデザインの一般原則として説明が必要な時点で失敗である。支払い手続きのプロセスも面倒だ。すべてが必要以上に難しくなっている、と私は椅子の背もたれに寄りかかりながら思った。焦点を絞らないと。

しかしどちらに絞るべきか？

売上の99％をもたらしているが、競合他社が増えれば徐々に、しかし確実に消えていくＤＶＤ販売に絞るべきか。それとも、成功すれば利益の大きなビジネスになるが、現時点では見込みゼロのＤＶＤレンタルに、限られたリソースを投入すべきか。

簡単には答えが出ない。

午後5時15分

車寄せに入ったときからもうキッチンにいる子供たちの声が聞こえ、ポーチの段を上がりきらないうちにローガンがドアから駆け出してきて私の腕に飛び込んだ。

「ベーコン持ってきた？」顔じゅうで笑いながら言う。6歳になった今ではジョークの意味がわかっている。

ローガンを抱いて中に入ると、モーガンが小さなおもちゃのキッチンから顔を上げた。母親が本物のキッチンで忙しくしていると、自分用のを出してくるのだ。ロレインは冷凍のラザニアを温め、モーガンのほうはスクランブルエッグを作っているらしかった。「はしごに上ってきた？」いつものようにモーガンは言う。私の笑顔からこのセリフに何か面白いところがあるのは理解しているが、それが何かはよくわかっていない。

ロレインはオーブンから振り返り、顔にかかった髪を息で吹き払った。私の頰《ほお》にキスしてウィンクする。日中に感じていたお金と将来への不安は落ち着いたようだ。お金の心配と私立校の学費問題はあとでいい。私はローガンを下に降ろすとハイチェアからハンターを抱き上げた。ハンターがシャツの襟に顔をこすりつけ、首にアップルソースの匂いのする息がかかる。

このひとときだけは、ネットフリックスが意識から遠ざかる。

午後8時

オフィス内で唯一ついている明かりが「倉庫」のドアから漏れている。サービス開始から2カ月経つ今も、金庫室にDVD全数を保管していた。玄関のドアが開く音を聞いてジムが金庫室から出てきた。片手にピザ、もう片方の手に油じみのついた紙皿を持っている。

「困った事態になってます」と彼は言うと、脇にはさんだマニラフォルダーを取ってくれとジェスチャーした。ピザを置いてジーンズで手を拭いた彼はフォルダーを受け取り、1枚の紙を引き抜いて、ある数字の列を指さした。「前にも見せましたけど、状況が悪化してます」

経費予算は送料32セントを前提に組んでいる。1998年に1オンス〔約28グラム〕の手紙を送るのにかかった金額だ。封筒をデザインしたときもこの重量におさまることを目標にした。ところがジムの最新の分析では、前月のレンタルで1オンスにおさまったのはわずかだった。発送したレンタル品の半数以上が2オンス以上を記録している。

「どんどん悪化してます」、ジムはフォルダーの別の紙を抜き取りながら説明する。「梱包《こんぽう》コストを見てください」

私は数字にざっと目を通した。予算を大きく上回っている。パッツィー・クラインのCDをグリーティングカードの封筒に入れて行った最初の実験を予算の指針にしてきたが、コンセプトから実現の段階に入って、それがあまりにもおおざっぱすぎたのはいまや明らかだった。

動揺はしたものの、虚を衝《つ》かれたわけではなかった。夢が現実になった瞬間、ものごとは複雑になる。**実際にやってみるまでは、ものごとがどう動くか知るすべがないという単純な理由である。計画を立てるのはもちろんいいが、それを信じすぎてはいけない。何にせよ実行してみなければ本当にはわからないものだ。**

封筒が勝負だ！

CDが無傷でリードの家に届いたのはラッキーだった。しかしDVDを何千枚単位でアメリカ全国に出荷するとなったら運には頼れない。DVDを傷や指紋その他乱暴な扱いから守るためには、スリーブに入れる必要がある。私たちが使用することにしたビニールのスリーブは丈夫で再利用が可能で中が透けて見える。ただし高価で重いのが玉に瑕《きず》だった。映画の情報とシリアル番号の入った3インチ［1インチ＝約2・5センチメートル］角の紙のラベルを加えるとさらに重く（それだけ送料が高く）なった。

郵送用の封筒は簡素なピンクのグリーティングカードの封筒から、いろいろなパーツで構成された複雑な構造体に進化をとげていた。紙から重い段ボール製に替え、3層の紙を重ねて返送用封筒を兼ねるようにした。ジムの後ろの金庫室に積まれた今使っている封筒には両面テープが2

箇所についていて、必要とあらば複数のＤＶＤが入るようサイズ（と重さ）が増大している。ジムはきまり悪そうな笑いを浮かべ、「心配ごとをひとつ増やしてしまっただけですね」と言うと、ピザを持って金庫室に戻った。

私は封筒をひとつ取ってオフィスを突っ切り、エリック・メイエがデスクの隣に置いて「ゲスト用の椅子」に使っているアルミのローンチェアに身を沈めた。頭上には、2枚の天井タイルの隙間から何本ものケーブルがヘビのように垂れ下がっている。「もっといい方法があるはずだ」、ぼんやりと封筒をもてあそび、蓋を開けたり閉じたりしながら私はひとりつぶやいた。

蓋か。これの形を変えられるかもしれない。私はエリックのデスクの引き出しを開けてハサミかナイフか、紙を切るのに使えるものを探し回った。見つからない。

だがいいことを思いついた。

駐車場に出ると、私はボルボのトランクを開けて後部座席の後ろにしまってあったビーチバッグをつかんだ。ロレインと「レストランバッグ」と呼んでいるものだ。この中に7歳未満の三人の子供たちと外食するときに必要な、子供の気をまぎらわせるものが何でも入っている。クレヨン、塗り絵の本、ハサミ、テープ、粘土、モール、画用紙、段ボール紙。段ボール紙が山ほど。

私はバッグを脇に抱えてオフィスに戻ると、倉庫から封筒をさらに少々失敬した。レストランバッグの中身を会議机の上にあけ、段ボール紙を見つけると、ハサミをとって作業にかかった。

午後10時

ジムはまだ作業台にかがみ込み、ＤＶＤケースのセロファンをはがしてＤＶＤを取り出し、スリーブに入れてラベルを貼り、ペグボードに几帳面《きちょうめん》に引っかけていく。用済みのＤＶＤケースが足元にたまっている。帰りがけにゴミ箱に持っていくのだろう。ここには置く場所がないし、とっておく理由もないからだ。

私が作業台に段ボールの試作品を載せると彼は顔を上げた。「はい、フランケン封筒」、私は言った。「まだお腹《なか》がすいてるならターダッケン〔七面鳥料理〕がよかったかな」

できたての試作品は粗削りもいいところだった。蓋をちぎりとって別の位置にテープでつけ直し、折る場所を変え、窓をおおざっぱにくり抜き、クレヨンで印をつけてある。だがジムに続きをまかせるには十分だ。これを使って本格的な試作品を作らせ、重量と価格を確認してくれるだろう。

午後にエスプレッソ、夕食のあとでロレインと一緒にコーヒーを飲んでいたが、そろそろまぶたが重くなり、頭が働かなくなってきた。家に帰る時間だ。そもそもオフィスに戻ったときは封筒で工作する予定などなかった。だがそういうものだ。常にやることが多すぎて、計画を立てたりＴｏＤｏリストを作ったりするのは時間の無駄である。

会社を出る前に、ジムがオフィスの奥に歩いていくのが見えた。そこにスレーシュがいて、納品書をプリントアウトしていた。今まで気づかなかった。彼の隣でサルワール・カミーズを着た女性がヘッドホンをしてポータブルプレーヤーでDVDを観《み》ている。以前も彼女に遭遇したことがある。スレーシュの奥さんだ。サービス開始の1カ月前、スレーシュは結婚のためインドに帰国したいと言い出してエリックを驚かせた。以来ずっと、奥さんのデビズリーはスレーシュが残業で遅くなるとわかるとオフィスに来て彼につきあい、時には机のそばのソファで眠った。

スタートアップ版「真実の愛《トゥルー・ラブ》」か。思わず微笑む。

ずっと短い通勤で家族の顔が見られる私はラッキーだ。車でくねくねした山道を上って下り、長い車寄せを走るとわが家が見えてくる。ロレインが私のためにポーチの明かりをつけておいてくれた。その明かりが裏庭に新しく植えたオレンジの木々を照らしている。果樹園のそばにいずれガレージを作るつもりだ。だが遠い遠い先の話だ。

そっと中に入り、ドアのところで靴を脱いだ。家は静まり返っている。子供たちは眠り、キッチンは片づいていて、役に立たない番犬のルナは階段の下で丸くなっている。ルナをまたぎ、いつもきしんで音を立てる４段目を飛ばした。それでも、私がベッドにもぐりこむとロレインは身じろぎして目を開けた。

「どうだった？」

「順調だよ」、私は言って彼女に腕を回した。

もう意識が遠のいていく。だが突然、予兆のように映像が浮かんだ。あと6時間もしないうちにベビーベッドの柵の向こうにぬいぐるみを放り投げるハンター。私はロレインをつついた。

「明日は君の当番だからな」と私は言った。

1997

1998

夏

1999

2000

2001

2002

2003

第10章

ハルシオン・デイズ

サービス開始2カ月後

「おいリード、どこに連れてく気だ？」

私たちが今歩いている通りはスラム街の映画セットのようだった。路上にゴミが散乱し、窓ガラスは割れている。ほとんどの商店はシャッターを閉め、開けている店も営業しているのかどうかさだかではない。リバティ・ローンズ質店。フェアーかつら店。いくつかの店先を過ぎた先には「アダルト・エンターテインメント・センター」と書かれた赤い日よけのついた、目立たない戸口があった。

「ジョイにはセカンド通り１５１６番地と聞いた」、リードは答えながらその朝プリントアウトした地図に目を凝らした。「この角を曲がったところにあるはずだ」

私は大きなビルの玄関に群がっているみすぼらしい身なりの若者たちに目をやった。窓看板には公衆衛生局——注射針交換プログラムとあった。「もうちょっと、何というか、モダンな場所を想像してたんだけど」

「あれだ」、リードは道路の向こう側にあるレンガ造りの４階建てておんぼろビルを指した。窓は汚れていて筋がついている。玄関上の消えかけた看板の文字にはコロムビアとあった。このビルにはかつて世界を変えた企業が入っていたのかもしれないが、だとしても遠い昔の話であるのは明らかだった。「ほら！　１５１６番地」

ふたりで道路を渡り、リードが階段を上がってドアの前に立った。ここまで来て彼は、地図ではまちがいないものの、ここが本当に目的の場所なのか確信が持てなくなった様子だった。私はガラス張りのビルの正面に顔を寄せた。手で眼鏡を作ってのぞいたとしても、薄暗いロビーしか見えないだろう。色あせた木製デスクの後ろの壁にアマゾン・ドットコムの大きな看板があった。

アマゾンからの買収提案

　リードは数日前、アマゾンのＣＦＯであるジョイ・コヴィーから電話をもらっていた。シアトルに来て自分とアマゾンの創業者兼ＣＥＯのジェフ・ベゾスに会う気はないかという打診だった。理由は言わなかったが、言う必要もなかった。目的は明白だったからだ。

　アマゾンはまだ創業から数年であり書籍しか販売していなかったが、ベゾスは１９９８年の初めにネット書店からの脱皮を決意していた。アマゾンはあらゆるものを扱う店になる。次のターゲットが音楽とビデオになるのはわかっていた。ジェフがＤＶＤレンタルに関心を持つ（ほど愚かである）可能性は低かったが、近く販売を始めるつもりなのは明らかだった。そうなれば私たちは廃業だ。すぐに。

　ベンチャーキャピタルの人脈から、ベゾスが１９９７年の新規公開株（ＩＰＯ）で調達した５４００万ドルのうち相当額を使って、自社より小さな企業を積極的に買収する計画だとも聞いていた。これは普通のことだ。**新しい事業領域に進出しようとする企業はたいていいわゆる「内外製分析」を行い、新規事業を一から始めるコストとタイミングと難易度を検討してから、すでに**

その事業を行っている別会社を買収したほうが安くて早くて有利かどうかを評価する。

それを踏まえれば、ジェフとジョイが会おうとする目的はすぐに推測できた。ネットフリックスが候補になったのだ。

舞い上がる思いだったものの、そのときの気持ちにほろ苦さが混じっていなかったと言えば嘘《うそ》になる。１９９８年の夏はようやくエンジンを始動させ、スピードが出始めたところだった。駐車場に車を置いてキーを渡す心の準備はまだできていなかった。

だがアマゾンから電話があれば受けるに決まっている。アマゾンが現在のような超巨大企業ではなかった１９９８年でもだ。

私たちが狭い通路を入っていったそのビルは、大企業のものとはとうてい思えなかった。２階に上がる階段は歪《ゆが》んでいてきしんだ。受付エリアは散らかっていて埃《ほこり》っぽかった。アマゾンの箱の山が四隅に寄せられている。壁際に並べられた椅子はふぞろいだった。カウンターの上に電話が置かれ、印刷された電話番号リストが板ガラスの下に入っている。リードはかがみ込んでガラスの下に目を凝らし、番号をダイヤルした。

すぐにコヴィーがさっそうとロビーに入ってきて、リードと私にひさしぶりで再会した友人のように大きな笑顔を見せた。肩までの濃い金髪が大きな真珠のネックレスにかかったはつらつとした美人のコヴィーは、私たちよりも若かった。しかしすでにビジネスウーマンとして成功し一目置かれた存在で、わずか12カ月前、懐疑的な投資銀行に、まだ黒字にはほど遠くすぐ利益を出す予定もない会社に200億ドルの価値があると納得させ、アマゾンを株式公開に導いた立役者だった。

全米2位の頭脳

ジョイ・コヴィーは非常に頭が切れた。IQ173だと耳にしたことがある。15歳で高校を中退し、スーパーのレジ打ちで生活費を稼ぎながら、高卒程度認定試験（GED）に合格し、その後カリフォルニア州立大学フレズノ校を2年半で卒業した。しばらく経理の仕事をしたのち、ハーバード大学で経営学と法学、二つの修士号を取得している。

ベゾスがコヴィーをアマゾンに引き抜いたとき、彼女はふとした会話のはずみで、大学卒業後に受けたCPAの試験で国内2位の得点をたたき出したと言った。公認会計士を目指す7万人近くが受けた試験である。ベゾスが **「全国2位って本当に？」** とからかうと、コヴィーはすかさず「私、勉強してなかったから」と言い返した。

コヴィーに連れられてアマゾンのオフィスをぎっしり埋めるウサギ小屋のような個人用個室のキューービクルの間を歩きながら、これがeコマースに革新を起こしている会社なのかと目を疑う思いだった。カーペットにはしみがつき、キュービクルを仕切るパーティションは汚れてひびが入っている。廊下を犬がうろついていた。キュービクルの中には複数の人が詰め込まれ、階段の下や廊下の端にも机が置かれている。およそ平面という平面は物に覆いつくされている。本。口を開けたアマゾンの箱。書類、プリントアウト、コーヒーカップ、皿、ピザの箱。ネットフリックスの緑色のカーペットとビーチチェアが重役室のように思えてくる。

姿が見える前からジェフ・ベゾスの声が聞こえていた。ヒーハッハッハッハ。ジェフの笑い方は実に独特だった。動画で彼が話す様子を観《み》たことがあればその一端を聞いているだろうが、あれは本当の素の笑いではない。90年代後半にきっと彼はパーソナルトレーナーについたはずだが、おそらく笑い方も誰かに矯正してもらったのだろうと私は思っている。今の彼は礼儀正しい、多少抑えた笑い方をする。しかし当時は奔放な大声で、しゃっくりをするようにして笑った。『原始家族フリントストーン』のバーニー・ラブルみたいな笑い方だった。

私たちが執務室に入ったとき、彼は電話の受話器を置いたところだった。彼の机は、同じ執務室にいた他のふたりの机と同様、フォーバイフォーの木材の脚にドアを載せ、三角の金属部品で留めてできたものだった。そういえばこのオフィスで目にした机はすべて同じだ。再利用したフォーバイフォー材の上にドアを載せて作られていた。

ベゾスは小柄で、プレスしたチノパンにパリッとした青いオックスフォードシャツを着ていた。すでにかなりスキンヘッド化が進行していて、広い額に少し先のとがった鼻、少々大きすぎるシャツ、少々短すぎる首という組み合わせが、彼を甲羅から頭を出したばかりの亀みたいに見せていた。彼の後ろには、露出した天井のパイプからアイロンのかかったまったく同じ青いオックスフォードシャツが4枚か5枚、首振り扇風機の風に揺れていた。

自己紹介がすむと、片づけて作ったスペースに大きめのテーブルが置かれ、椅子を8脚周りに並べた一角に移動した。このテーブルもドアを再利用して作られている。ドアノブが入っていた穴が丸い木材できれいにふさがれているのがはっきりわかった。

「ピザ2枚」の悪名

「ところでジェフ、このドア、いったい何なんですか？」私は笑いながら言った。

「メッセージが込められているんですよ」と彼は説明した。「社員全員、この机をあてがわれている。会社がお金を使うのはお客様に関係することだけ、それ以外のものには使わない、という姿勢を示しているわけです」

ネットフリックスも同じだと私は言った。椅子すら用意しなかったと。

ベゾスは笑った。「このビルもそうです。ひどいもんでしょ。体の向きを変える余地もろくにない。だが安い。ここでできるだけ粘ってきたけど、さすがの私もスペースが足りなくなってきたのを認めましてね。以前シアトル・パシフィック・メディカル・センターが入っていた建物とリース契約をしたところです。そこは広いです。でも誰も借りたがらなかったので、非常に安く借りられました」

こういう話を聞いても私はまったく驚かなかった。ベゾスの吝嗇《りんしょく》ともいえるほどの倹約家ぶりは有名だった。彼は「ピザ2枚」の話で悪名をはせていた。ひとつの問題に取り組む人間の数がピザ2枚では足りないくらいいたら、雇いすぎだというのである。アマゾン社員は長時間労働だったが給料は高くなかった。

それでもベゾスには人望が集まった。彼は風変わりな個性も伝説の彩りになってしまう、スティーブ・ジョブズやリードのような天才のひとりなのだ。ジェフの場合は、名にし負う知性と天下に知られたオタク精神が合体して、どんな難題にも頭から突っ込んでいく、周りに伝染する情熱になっている。彼は後ろを振り返らない――本人の言によれば「後悔を最小限にするという発想で機会を評価している」。彼はリードに腕時計を見せ、コロラド州フォートコリンズにある国の標準原子時計からの電波信号を受信して1日36回自動で時間を調整するのだと自慢した。『スター・トレック』ファンのベゾスは子供時代ずっと友人たちとこのドラマを再現して遊んでいた。友達がカーク船長やスポックを演じ、ジェフの役どころはいつもエンタープライズ号のコンピュータだった。

話すとき、ジェフは私と違って手を動かさないことに気づいた。かわりに彼は頭がよく動く。質問するときには顎《あご》を上げ、強調するときには大きくうなずく。頭を45度にかしげるのは興味をそそられたしるしだ。34歳になっても彼の物腰には子供が目を輝かせて夢中になっているようなところが色濃く残っていたが、世の中を面白がる天真爛漫《らんまん》さも、まばたきしない目の奥で常に回転している分析的で上昇志向の頭脳は隠せなかった。

質問攻め

私がネットフリックスの話を始め、サイトを立ち上げるまでにやってきたさまざまな試みを具体的に語り出すと、ジェフは私を質問攻めにした。ネットフリックスがＤＶＤを全作そろえているとどうやってわかるのか。在庫回転率の予測をどうやって立てるのか。販売とレンタルの比率はどうなると予想しているか。だが彼の琴線にもっとも触れたのは明らかにサービス開始当日の話だった。特にウケたのは注文と同時に鳴るベルの話だ。

「すごいな！」。彼は興奮のあまり手まで動かしそうになりながら大声を上げた。「うちにもまったく同じものがあったんですよ！　注文が入るたびに鳴るベルがね。知り合いからの注文じゃないかと皆がコンピュータ画面の前に駆けつけるのを止めなければならなかった」

会社の仮名称の話もした。彼はキブルに笑い、アマゾンはもともとカダブラという名前だったと教えてくれた。オンラインショッピングが醸し出す魔法のような感じが出せると思ったそうだ。「問題は、カダブラが死体《カダバー》と音が似すぎてることですね」とベゾスは言い、爆笑した。

アマゾンは１９９８年当時まだ比較的小さかったが、それでもすでに従業員数は６００名を超え、売上は１億５０００万ドル以上あった。アマゾンはスタートアップを卒業して会社らしい会社になり、プレッシャーも本格的になっていたが、ジェフとうちのサービス開始当初の話をしているると、彼の顔つきや声の感じから、あのもっと単純で高揚感のあった時代をなつかしがっているのがわかった。

一方、リードはあからさまに退屈そうだった。「後悔を最小限にするという発想」どころか、リードは過去について思い悩むことを一切しない人間だから、創業当初の苦労話やサービス開始時の心躍るエピソードには何の関心もなかった。彼の穏やかなまなざしは冷ややかになり、足がイライラと上下運動を始めていた。会話を本題であるネットフリックスの事業内容、アマゾンの事業との親和性、両者にとってウィンウィンになるための「協定」に一足飛びに持っていきたいのだ。

私がジェフとジョイに自分の経歴を話し、クリスティーナやティーをはじめチームの主要メンバーの手短な紹介をし終わったところで、リードはしびれを切らした。

「そんな話、必要ないだろう」、彼は苛立《いらだ》って言った。「ネットフリックスとアマゾンの事業提携に何の関係がある?」

全員固まった。場が沈黙した。

「リード」、数秒後に私が口を開いた。「アマゾンがビデオ事業進出にあたってネットフリックスとの提携を検討しているのはわかっているじゃないか。買収があるとしたらうちの社員もおおいに関係する。だからうちにどういう人間がいるのかをお二人に理解してもらうのは当然だろ」

「でも」は使わない

ジョイが助け舟を出してくれて私はほっとした。「リード、ユニットエコノミクス〔1顧客あたりの経済性〕についてのお考えを聞かせてくださる？」

これこそリードが聞きたかった言葉だ。ようやく本題に入ったかと見るからに安堵《あんど》した面持ちで、彼はジョイに数字を並べ始めた。

1時間後、ミーティングが終わってベゾスが執務室に戻ってから、ジョイだけ残って結論を告げた。「御社の実績には大変感銘を受けました。当社がビデオ事業に進出するにあたって強力な提携関係を結ぶ可能性はおおいにあると思っています。でも……」

ここで補足をさせてほしい。私は「でも」を使わない派だ。この言葉のあとにいい話が続いたためしはない。今回も例外ではなかった。

「でも、この話を進めるとしたら、おそらく8桁台の前半でまとめることになります」

「8桁」とは金額である。つまり1000万ドルを意味する。「8桁台の前半」とは、8桁にかろうじて乗るという意味だ。たぶん1400万～1600万ドルを指している。

当時私は会社の約30％を所有していたから、私にとってはなかなか悪くない買収額になる。1500万ドルの30％ならば12カ月働いた見返りとしてまったく文句はない――妻が子供たちを私立校から退学させ、家を売って、モンタナに移住しようとはっきり口に出すようになっていたらなおさら。

しかしリードにとっては物足りない金額だった。彼は会社の残り70％を所有していたが、200万ドルの投資もしている。しかもピュア・エイトリアのＩＰＯを果たしたばかりだ。すでに「8桁を手にした男」なのである。それも8桁台の後半だ。

帰りの飛行機の中で私たちは賛否を議論した。メリットとしては、利益がまったく出ていないという最大の問題の解決策になる。私たちには再現性があり、スケーラブルで、利益を出せるビジネスモデルがなかった。売上は主にＤＶＤの販売から上がっていたが、コストも高かった。ＤＶＤの仕入れも、出荷も、一度使ってもらえば顧客としてリピートしてくれると期待をかけたプロモーションで何千枚単位のＤＶＤを無料提供するのも、高くついた。

もちろん、さらに大きな問題があった。買収を断れば、相手はまもなく競争相手になる。さよならＤＶＤ販売。さよならネットフリックス。

稼ぎ頭のＤＶＤ販売

今アマゾンに身売りすればこうした問題はすべて解決する。少なくとも自分たちより大きくて資金力のある会社に問題を引き渡してしまえる。

でも……。

あともう一息なのだ。稼働しているウェブサイトがある。優秀なチームがいる。少数のDVDメーカーとの取引関係もできた。今出回っているほぼすべてのDVDを調達する手段を確立した。ネットでDVDを提供する会社として私たちはまちがいなく一番手だ。

アマゾンが進出して競合になったら、状況は確実に複雑化し難しくなる。だがまだ時間の猶予はある。それに、まだ手放すタイミングではない気がする。

「聞いてくれ、マーク」。機内で配られたピーナッツとジンジャーエール越しにリードが言った。窓の外にレーニア山が現れ、去っていくのが見えた。「この事業には本物のポテンシャルがある。ピュア・エイトリアの売却額より高く売れるはずだと私は思っている」

私はうなずいた。そしてなぜかあえてそのときを選んで、利益を出していたほうの事業を捨てるべきだとリードに話した。理由はベゾスと会ったその午後にあったと思う。アマゾンの実物、お金をかけていないオフィスの様子を見て、DVD小売販売市場でうちに勝ち目はないという確信がいっそう強まった。自分たちを差別化して独自性を出せることに集中したほうがいい。

「DVD販売をやめる方法を考えよう。レンタルと販売の両方をやるのは顧客を混乱させるし、業務運営チームの仕事を不必要に煩雑にしている。それにもし身売りしなかった場合、アマゾンが進出してきたらうちはつぶされるだろう。やめるなら今だと思う。レンタルに絞ろう」

リードは眉を上げた。

「ひとつの籠に卵を全部入れるのか」

ひとつの事業に集中する

「1個も割らずにすむためにはそれしかない」

話がそれるが、これは本当だ。私がネットフリックスで学んだ重要な教訓のひとつが、創造的なアイデア創出や適材集めだけでなく、集中する必要性だった。スタートアップ企業では、ひとつをやりとげるだけでも難しいのだから、仕事の数が多ければ難しさは増す。やろうとしていること同士に類似性がなく、むしろ邪魔し合う場合はなおさらだ。

集中は必要不可欠である。集中の対象が無理難題に思えても。いや、だからこそだ。

しかしリードは賛同してくれた。「君は正しい」、彼はピーナッツをいくつか口に放り込んで言った。「この夏に資金調達ができれば、多少の時間稼ぎになる。それはそれで難しい問題だがな」

彼は眉根を寄せたが、新たな課題ができたのを楽しんでいるのがわかった。

「今現在、レンタル売上の割合は何％？」

「約3％だ」と私は言い、客室乗務員にジントニックをくださいと合図した。飲まずにはやっていられない。

「ひどいな」とリード。「だが販売はバンドエイドみたいなものだ。思い切ってはがせば……」

「傷口に集中せざるをえなくなる」、ジントニックにライムを搾りながら私は言った。

その後も飛行機の中でこんな調子でやりとりを続け、正式にベゾスの提案を受けない決断をしていなかったと気づいたのは着陸するときだった。ごく自然にハイウェイ17号線で車の相乗りをしていた頃に戻って、アイデアを投げては返し、ボツにしていたのだ。私たちは決めるまでもなく決めていた。まだ身売りするときではない。

着陸の直前に、リードがアマゾンにやんわりと丁重に辞退を伝えることで話が決まった。アマゾンとは敵対せず、友好関係を持っておいたほうがいい。アマゾンがＤＶＤ販売事業に進出してからも、乗り切れる方法があるかもしれない。

当面は、顧客にレンタルしてもらう方法を考え出さねばならない。

資金問題

チャンスが扉をたたいたとき、必ずしも扉を開ける必要はない。だが少なくとも鍵穴から向こうをのぞくべきではある。私たちがアマゾンに対してしたのはそれだった。

あの夏、週を追って、アマゾンとのチャンスは魅力を増して見え始めた。私がリードとともに参加したミーティングのすべてがベゾスとのようにトントン拍子には進まなかったからだ。

サービス開始後の最大の問題は資金だった。サービス開始直前にさらに25万ドル、ボーランド時代の同僚だったリック・シェルから出資してもらったが、倉庫になんとか詰め込んでいた着々と増えるDVDの山にたちまち吸い取られた。まだ銀行に現金はあったが、追加資金が必要になる段階に急速に近づいていた。その資金が事業利益から得られないのは確実だ。そんな状況にはまだほど遠い。しかしシリーズBラウンドの資金調達を行うためには、うちの事業が斬新であるだけでなく、利益を出すポテンシャルがあると相手を説得する必要があった。莫大《ばくだい》な利益を、早々に出すと。

今回私たちがアプローチしたのは友人や家族ではなかった。プロの投資家、本物のベンチャーキャピタリストたちだ。彼らにはどれだけ空腹かを伝える真摯《しんし》なまなざしでは通用しない。データが必要だった。

簡単に聞こえるだろうか。それは違う。

話を早送りして、有名なシリコンバレーのベンチャーキャピタル会社、インスティテューショナル・ベンチャー・パートナーズ（ＩＶＰ）のサンドヒルロード・オフィス前の駐車スペースでアイドリングしている私のボルボ・ステーションワゴンに場面を移そう。20分後に私たちは豪華な会議室に通され、なぜＩＶＰがうちに投資すべきかを証拠立てて主張することになっていた。依頼する投資額は４００万ドルだ。私は緊張しきっており、ふだんは感情を出さないリードですら見るからに不安そうだ。私たちの論拠の辻褄《つじつま》が合わないのはお互いわかっていた。

それまでの３日間、ネットフリックスの小さな会議室には夜遅くまで明かりがついていた。暫定ＣＦＯのデュエン・メンシンガー――彼自身も業績を信頼せずフルタイム雇用を遠慮していた――と私は、深夜残業して複数の財務シナリオを作り、わずかな投資で会社が利益を出せる状態に持っていけると証明する数字を示そうとしていた。

しかし数字はかんばしくなかった。

リードは助手席で背中を丸め、初めて見せられた数字に目を通して、このあとすぐＩＶＰのパートナーたちにも明らかになることをはっきり見てとっていた。市場状況に大きな構造変化でも起きない限り、うちは成功しない。

「では」と私は言ってノートパソコンを開け、売り込みのリハーサルをした。「ごらんのとおり、当社のユーザーはサービス開始後の数週間で激増しました。サイトトラフィックは３００％増、ネットフリックス・ドットコムの訪問者の少なくとも半数が実際にサービスを利用しています。東芝およびソニーとの提携によって、年初までにユーザー獲得数２００％増を見込んでいます。年初にはＤＶＤプレーヤーの販売が……」

「その数字はおかしいよ、マーク」、とリードがさえぎった。「まだ新規顧客一人当たりの売上からプロモーション費用が回収できていないじゃないか。タクシーでわざわざ隣の州まで行って４ドルの運賃しかもらえていないようなものだ」

売り込みは「見通しの提供」

リードの言うとおりだ。東芝やソニーと提携したプロモーションで新たなDVD所有者にリーチできてはいたが、とてつもない経費がかかっている。人々を入り口まで連れてくるために私たちは大金を費やしていた。往復の送料、封筒代、人件費、DVD代を計算に入れれば、DVD3枚無料レンタルには1枚当たり15ドル以上のコストがかかる。10枚を無料レンタルするソニーとのプロモーションにかかるコストは東芝以上だ。

もし無料トライアルがいずれリピーター（お金を出してくれる顧客と読む）に変わるのであればそれも悪くはないが、無料トライアル利用者の大半は冷やかしだ。実際にリピーターになってまた借りてくれるのは5％ほどしかいない。つまり、プロモーション提携で獲得する顧客一人につき無料レンタル20枚分（1枚につき15ドル）をうちが負担しなければならないことになる。計算してみてほしい。有料顧客一人に300ドルかかっている。これをCACという。「カック」と読み、「顧客獲得コスト（Cost of Acquiring a Customer）」を意味する。これほど高いCACを正当化するだけの利益は絶対に上げられないとわかったときに出る、声にならない声もこんな音だ。

私は方向転換し、魅力を強調することにした。「毎月30％の増加率です」と私は4月から7月にかけて建設中の摩天楼のように伸びていくグラフの棒を指しながら言う。「ＤＶＤ形式の普及にともない、この数字は上昇の一途をたどるでしょう。ＤＶＤプレーヤーの価格は昨年の半分に下がっています。この新技術は売れているのです。そしてＤＶＤプレーヤーを買った顧客がまず目にするのがネットフリックスです。今年のクリスマスの売上は莫大なものになるはずです」

「たとえサンタクロースがスコッツバレーにやってきても意味ないだろ」とリードが言う。「プロモーションで会社がなくなるほどの大盤振る舞いをしているようじゃあな」

「わかってる」、私は苦い顔をして言った。サービス開始、会社の成長、会社の実現そのものに集中してきたあまり、私は自力で立てる事業を創るという本来の目的を見失っていた。

木を見て森を見ていなかった。

リードは不思議そうに私を見て首をかしげ、頭を振った。これほどうろたえている私を彼は見慣れていない。従来、プレゼンや売り込みでは私のほうが指南役だった。私が彼の角の立つ言い方をやわらげ、不都合な問題から話を方向転換するのを助けてきたのだ。緊張した場をジョークでなごませるよう彼に教えようともしてきた（たいていは成功しなかったが）。**売り込みの鍵は場の空気を読み、相手の聞きたい内容を察して、嘘をついたり煙《けむ》に巻いたり真実を歪めたりせずにそれを聞かせてあげることである。売り込みにおいて目指すのは必ずしも完璧さではなく、見通しの提供だ。この人物ならあてにできると思わせれば、すべてに答えを用意していなくてもいい。**

駐車場の車中に座っている私はそんな人物になれていなかった。リードにもそれを見抜かれていた。「さあ」、彼はドアを開けながら言った。「行こう」

私はしばらく車内にとどまり、最後にもう一度スライドを通しで見て、残っていたコーヒーを一気飲みした。

「道具をまとめろよ、マーク」とリードは言い、ドアを閉めた。

不可能を可能にするのが起業家

売り込みはあまりうまくいかなかった。先方は私のスライドにリードのようなツッコミは入れてこなかったが、疑わしげな顔をしていた。数日後、アナリストの一人が会社に電話してきて、まだ私にはいい回答ができない質問をした。

最終的に出資の判断が下りた。だがそれは私の売り込みよりもリードの存在のおかげだ。リードは有名人で、ベンチャーキャピタリストの人気者だった。大型買収をいくつもまとめ、『USAトゥデイ』紙の一面に愛車のポルシェと並んで――本人は嫌がっていたが――登場したこともある。お金を持っている人々は、自分たちに稼がせてくれた実績があったから彼を信用した。1998年当時すでに、彼はシリコンバレーの成功者として威光を放っていたのだ。エイトリアと合併するずっと前、ピュアを株式公開した際に彼は大勢の人々を金持ちにした。

さらに重要なのは、不可能と思われた問題を解決してきた実績が彼にはあることだった。投資家とベンチャーキャピタリストは当時からすでにそれがわかっていた。もちろん今もその評価は変わらない。だから彼が部屋に入った瞬間、人々はすかさず小切手帳を出すのだ。リードがやっていることは人に教えられるものでも、再現可能なものでもない――説明すらほとんど不能なのを彼らは知っている。ひとえに才能というしかない。

結局のところ、不可能を可能にするのが優れた起業家である。ジェフ・ベゾス、スティーブ・ジョブズ、リード・ヘイスティングス――皆、誰もできると思わなかったことをやってのけた天才たちだ。そして一度それができれば、再びできる可能性は指数関数的に高くなる。

ＩＶＰが出資してくれたのはうちの見通しが明るかったからでも、売り込みが完璧だったからでも、私のスライドと熱意に感銘を受けたからでもない。どれほど不可能な状況に見えても、リードが奇跡を起こせる人間であり、そのリードが取締役に名を連ねていたからだ。

そのことに私は感謝していた。あの夏リードがまだテクネットの運営をしつつ、スコッツバレーで私たちがやっていた事業に日増しに関心を持ち始めたのもありがたかった。だが今にして思えば、あのときからすべてが変わり始めた。

凪の日々

記憶が不思議なのは、時間が歪むところだ。この本を書く前に、ネットフリックスの創生期――ローンチェア、つつましいクリスマスパーティー、ホービーズでハッシュブラウンを食べながら白熱した議論をした日々――は厳密にはどれくらいの期間だったのかとたずねられたら、頭をかいて1年半、いや2年かなと答えただろう。

実際には約1年だった。だがかけがえのない11～12カ月だった。あの時間は前後のできごととは隔絶された、一種の平和な真空空間に存在している。アマゾンに身売りしそうになる前、私たちは純粋にかつて誰もしたことのないものを実現しようとしていた。競争とは無縁で取り組んでいた。ある意味、元銀行の金庫室の壁に守られていた。臭い緑のカーペットを敷きつめた場所で夢を見ていられたのだ。

古代ギリシャにはこれを指す**ハルシオン・デイズ**――凪《なぎ》の日々という言葉がある。神話を持ち出してあなたを退屈させるつもりはないが、古代ギリシャでは1年のうち風が凪《な》いでアルシオン（カワセミ）が卵を産める7日間をこう呼んだ。

ネットフリックスの**ハルシオン・デイズ**は１９９７年夏から１９９８年夏にかけてだった。秋以降、私がその日々の終わりに気づいた瞬間があったわけではない。変化とはえてしてそういうものだ。ものごとが徐々に変わるとき、終わった時点を明示するのは難しい。皮肉なのは、変化は自分がずっと求めていたものであることだ。どんなスタートアップも目標にするポイントであり、私たちはそこにたどりつこうと必死で努力してきた。だがいざ起きてみると、変化は状況を少しも楽にしてはくれない。

それでも、今なら私は高潮線を特定し、創生期のネットフリックスのハルシオン・デイズが最高潮に達したのは6月、ホールクレストブドウ園で会社のピクニックをしたときだと言える。鮮明に覚えている。ピザを並べたピクニックテーブル、セコイアに囲まれた広々とした野原、皆が手にしていたワイングラス。ルナや社員が連れてきた犬たちが草の上を自由に駆け回り、子供たちはこの日のために買った新品の水鉄砲を撃ち合っていた。リードのおかげで年末までやっていける600万ドルの資金調達を果たしたばかりで、新しいエンジニアやウェブデザイナーを採用し、在庫を増やし、1カ月に千人単位で新規顧客を獲得して、会社は日々拡大していた。私は社員と退屈した子供たちに向かって乾杯の音頭を取り、スピーチが終わるとミッチ・ロウが「NETFLIX」の文字を入れたバニティプレート〔割増料金を払って自分で文字や数字を選べる車のナンバープレート〕を誇らしげに私に進呈してくれた。私はそのナンバープレートを片手に持ち、もう片方の手にピノ・ノワールのグラスを持ってスコッツバレーを見下ろしながら、なかなかうまくいってるじゃないか、と思っていた。

1年、いやもう少しあっただろうか。言葉にすると長くはない。だがあの12カ月弱で、会社の文化、方向性、気風がだいたい決まった。あの日々がなければ今のネットフリックスは存在していないだろう――かりに存在したとしても、まるで違う姿になっていただろう。

その後のできごとがなければ、今のネットフリックスはやはり存在していない。ハルシオン・デイズとはそういうものだ。凪の日々は必要だが、卵が孵《かえ》って生まれた鳥が巣立つためには、今度は風が必要になる。

1997

1998

9月

1999

2000

2001

2002

2003

第11章

ビル・クリントンにちょっと一言

サービス開始5カ月後

私たちは問題を抱えていた。

私があれほどの達成感を覚えた、ＤＶＤプレーヤーの新規購入者をネットフリックスに直接誘導するソニーおよび東芝との契約を覚えているだろうか。骨の髄からスタートアップ気質のこの私、マーク・ランドルフがスーパーヒーローのようにニューメディアルックに早変わりして、保守的な日本の家電メーカーを説得して本来の社内手続きをすっ飛ばすプロモーション提携を飲ませたあの契約を？　長期間かけて慎重に手順を踏む製品投入に慣れた大企業があわてて何かをやろうとすると、トラブルが生じることが判明した。

おさらいしよう。ユーザーにとって、このプロモーションはきわめて単純だった。１９９８年秋にソニーのＤＶＤプレーヤーを購入すると、ＤＶＤ10枚無料レンタルと5枚無料プレゼントを謳《うた》うプロモーション用のシールが外箱に貼ってあった。ユーザーはネットフリックス・ドットコムに行って購入したＤＶＤプレーヤーのシリアル番号を入力するだけでよい。そうすれば10枚のＤＶＤをタダで借りられ、５枚をタダでもらえた。

箱の中にクーポンを入れるほうがよかったが、ソニーの生産スケジュールの手続上、それがかなわなかった。だがシリアル番号を入手するにはどのみちＤＶＤプレーヤーを買わなければならないのだから、大丈夫だろう。

ところが、大丈夫じゃなかったのだ。

成功と失敗のはざまで

プロモーションが始まって数週間後に、倉庫にいるジムの部下が同じ人物から何度も注文が入るのに気がついた。その人物はとてつもない量のDVDを注文していた。週に何百枚という数だ。当時はレンタル枚数に上限を設けていなかった。レンタル客が喉から手が出るほどほしかったから、私たちに断るという発想はなかった。問題は、このヘビーユーザーが課金レンタルしていないことだった。ソニーのプロモーションを使って無料DVDをごっそり持っていくだけだったのだ。

「この人は本当にDVDプレーヤー好きで山のように買っているか、それとも詐欺師のどちらかですよ」。ジムは金庫室の中で、すべて同じ宛先の封筒の山を見下ろして眉根を寄せながら私に言った。

その日の午後、ミッチと私は電気店フライズに出かけた。プロモーションが実際どのように行われているのかを確かめるためだ。ソニーのDVDプレーヤーは店にあった。箱の上蓋《うわぶた》右隅に、黄色いネットフリックスのシールがきれいに貼られている。ここまではいい。ミッチが箱を手に取って引っくり返し、戻した。プロモーション用シールを引っ張ると、簡単にはがれた。彼は通路の中ほどまで歩いて行って、ずらりと並ぶ同じDVDプレーヤーを眺めた。私は自分の近くにあった箱の下部に書かれた情報に目を通し、それを見つけた。

「クソッ」。思わず声が出た。

「どうした？」とミッチ。

私は箱の下部に印刷された細かい文字を指さした。ソニーの住所、英語とフランス語と日本語で書かれたＤＶＤプレーヤーの技術情報。そして最後にあったのが、シリアル番号だった。箱の外箱に印刷されていたのだ。詐欺師はメモ帳と鉛筆を持って近所の電気店ベストバイの売り場にさえ行けば、うちの申し込みフォームに入力するシリアル番号が何十でも入手できたわけだ。１台も買う必要はなかった。

簡単にまねできる詐欺、不安定なサーバー、郵便局の仕分け機に時々詰まってしまう封筒、取引のたびに赤字を出すビジネス。スライドをいくらめくっても黒字に向かう道が見出《みいだ》せないグラフ。

ここでもう絶体絶命だと思うかもしれない。だがスタートアップはこれがあたりまえだ――ほぼ常に大成功と大失敗を隔てるカミソリの刃の上にいる。その状態に慣れていく。空飛ぶワレンダ一家がナイアガラの滝の上で人間ピラミッドをやったり、摩天楼の間に張った細い鋼鉄製のワイヤーだけを頼りに自転車で綱渡りしたりするときはこんな気分なのではないだろうか。ほとんどの人は恐怖を覚えるだろう。だが回を重ねるうちに、それが日常になる。

もうひとつ、シリコンバレーの成功にはかなり長い尻尾がついている場合が多い。サービス開始日に私たちはたくさんのメディアに取り上げられたが、その陰には1カ月、3カ月、6カ月、1年前からやってきた仕事がある。スタートアップは往々にして寿命が短く、世間に認知される頃には首の皮一枚で生き延びているということがめずらしくない。

新しいオフィス

これは実は、たいていのことに通じる。夢を実現させようとがんばっている間は誰にも注目されず、達成して初めて称賛されるが、その頃には本人はもうとっくに別の問題に移っている。

あの年の秋、私たちは急成長していた。毎日100人単位で新規ユーザーが訪れ、毎週火曜日にはトラック1台分のDVDが到着した。金庫室は満杯で、収集癖のある人間の部屋からブロックバスターの店舗風になっていた。私たちは市場をつかもうとしており、生き残りのチャンスはDVDユーザー基盤の拡大にしかなかった。つまり成長だ。それには広いスペースが必要だった。

スコッツバレーの社屋を出たい気持ちが特にあったわけではない。ドル札と同じ緑色のカーペットにも、そこにしみついたダイエットコークやザノットトズのテイクアウト容器の湿った臭いにも愛着がわいていた。それにネットフリックスを「サンタクルーズの会社」にすることに大きな投資をしていた。浮き沈みの激しいシリコンバレーのスタートアップに在籍してきた経験から、自分の会社には一線を画す個性を持たせたかった。うちのオフィス文化にはサンタクルーズののんびりした気風を入れたかった。サンタクルーズではサンノゼのめまぐるしい盛衰のサイクルとは距離を置ける気がした。経営状況を詮索してくるベンチャーキャピタルと自分の会社を山脈で隔てておきたかった。

だが1998年にはそんなベンチャーキャピタルへの依存度が増していた。しかも当時出資してもらったIVPのティム・ヘイリーからは、もっとシリコンバレーの近くに移ってくるよう迫られていた。ヘッドハンターの前歴を持つ彼にはそれなりの言い分があった。

「わざわざ難しい状況を作っているのではないですか」と彼はリードと私に言った。「御社はただでさえ普通ではないことをやっている——まずアイデアが普通ではない。御社が変わっているのはそこだけにしておきましょうよ。出資や就職を考えている人に対してハードルを高くしちゃいけません」

痛いところを衝《つ》かれた。エリックが連れてきた社員を除けば、わが社は一流の技術人材の採用にまだ苦労していた。面白みはなくても立地のよい会社に人材を奪われていた。エンジニアは毎朝1時間半も自動車通勤にとられるのを嫌がった。

今いる社員たちにも通勤は不評だった。ティーと私（とリード）以外の創業チームもほとんどが別の街に住んでいる。クリスティーナはレッドウッドショア、エリックとボリスとビータはシリコンバレーだ。職場がサンタクルーズにあって便利なのは私をはじめ少数の社員だけだった。企業はその周囲に同心円を描いていく。環境が重なりながらレーダー状に広がるイメージだ。

円の中心が会社の指針となる哲学を決定し、円の外側から人々が持ち込むものによってそこに修正が加えられる。サンタクルーズからシリコンバレーにオフィスを移転すれば、会社の本質が変わってしまうと私は思った。そうはしたくなかった。

チームの成長をマネジメントする

だが創業1年目に学んだ教訓のひとつは、成功が問題を生むことだった。成長はすばらしい、だが成長によってまったく新たな問題が立ち現れる。チームに新しいメンバーを迎えてもなお自分たちらしさを失わないためにはどうすればよいか。会社のアイデンティティを守ることと拡大を続けることをどう両立させるか。失うものができてからもリスクをとる姿勢をどうやって貫くか。

上手に成長するにはどうすればよいのか。

創業時のネットフリックスは小さな、結束の固い集団だった。私は全員を知っていた。自分で採用したからだ。彼らが何を得意とし、本人がまだ自覚していない才能がどこにあるかを私は知っていた。彼らが何を考え、どんな働き方をするかを私は知っていた。何より彼らが優秀で、必要とあらば新しい能力を身につけられるのを私は知っていた。ジムは採用時には業務運営の経験がなかった。ボリスはウェブデザイナーではなかった。だがふたりともうまくやれるだけの意欲と柔軟な創造性があるのを私は知っていた。スタートアップの創業期はたいていこんな風に運営されている。優秀な人たちを採用して何でもこなしてもらうのだ。誰もが多方面に少しずつ関わる。採用するのはチームであって、職種の集合体ではない。

あの年の秋、私はチームの成長をマネジメントすること、それまでの12カ月間に築いた文化が会社規模の拡大で損なわれないようにすることに腐心していた。**私たちは自由な議論が時に激しても容認される会社を作った。指揮命令系統よりアイデアが優先される会社を。問題が解決するのであれば誰が解決してもかまわない会社を。服装規定や時間厳守より、貢献度と創造性が重視される会社を。**

一緒に恥をかくと結束が強まる

当時でさえそれがあたりまえではないのを私は知っていた。

例を挙げよう。ティーは新入社員に好きな映画は何かと聞くことにしていた。そして毎月の全社会議の前日に、めいめい自分が好きな映画のキャラクターに扮《ふん》して出社するよう指示する。新入社員はその日一日、バットマンやクルエラ・デ・ビルや『カサブランカ』でハンフリー・ボガートが演じたリック・ブレインの格好で過ごしたあと、全社員の前で紹介される。

ばかげているだろうか。たしかに。時間の無駄だろうか。たぶん。無意味だろうか。それは違う。

こうしたささやかな半即興の儀式が仕事の重圧を軽くした。仕事がどれほどストレスフルだろうと、そもそも私たちがやっているのは映画レンタルなのだと思い出させてくれる。それに、一緒に恥をかくことほど人の結束を強めるものはない。

しかし会社が成長して創業者と最初の小さなチームだけではなくなったとき、このような伝統が生き残るのか私にははかりかねた。インド出身の新入社員はこの慣習にすっかりとまどって見えた。この慣習そのものが「からかい」「人事規定違反」になりかねなかった。それだけ私たちが小さな会社だったということだ。違反とみなす人事ガイドラインもまだできていなかった。

成長を続けるなら人事ガイドラインが必要だった。創業チームですべての仕事をこなすのをやめたとき、事業がスムーズに運営されるようにするためには、業務を成文化しなければならない。こうした課題に取り組むのが、1998年秋の私の主な仕事だった。それと、新しいオフィス探しだ。

おっと、国際的な大型ポルノスキャンダルの一件もあった。

アナログビデオのデジタル化技術

それはクチコミを発生させ、コストを大きく上回る売上効果につながる大技になるはずだった。

それはビル・クリントンであるはずだった。

ある商品を作ろうとしているとき、どれだけプロモーションを打つか、どれだけ値引きを提供するかなど問題にもならない場合がある。とにかく注目を集めなければならない場合がある。２００６年にブロックバスターがその手を使ってきた。彼らはネットフリックスに対抗するために、実店舗とオンラインレンタルサービスを合体したトータル・アクセスというサービスを開始した。そして大々的な発表に歌手のジェシカ・シンプソンを起用し、メディアの前でネットで映画をレンタルするのが大好きとしゃべらせたのだ。

１９９８年秋の私たちにブロックバスターほどの資金力はなかった。ましてやジェシカ・シンプソンの連絡先など知ろうはずもない。

だが私たちにはミッチ・ロウがいた。

ミッチがスコッツバレーのネットフリックスのオフィスに滞在する時間はどんどん長くなっていた。オーディオブックで歴代大統領の伝記を聴く楽しみがあるとはいえ、マリン郡の自宅に帰るための長距離通勤にさすがに嫌気がさして、彼はオフィスから南に30分のアプトスにあるゴルフコース脇の小さなホテルに泊まる頻度が増えていた。もちろんそこが一番近いわけではないが、アプトスを常宿に選んだ理由は二つあった。まず、ミッチはロレインとティーと私が始めた火曜夜のワインテイスティング会の常連になっていた。その会場がソケルにあるレストラン「テオズ」で、毎週火曜にワインを6本以上も空ける会の一員として、通勤時間を短縮したい動機が彼にはおおいにあったのだ。

もうひとつの理由は、アプトスの3番フェアウェイに近い小さな家に住んでいた旧友アーサー・ムロゾウスキーだった。アーサーはミッチの多彩な過去人脈に連なるひとりで、夜更かししてワインを酌み交わしながら映画について語り合う同好の士だった。

アーサーは19歳のときポーランドを脱出してアメリカにやってきた。彼はポーランドのビデオ輸入というニッチ事業に目をつけ、ビデオ店に取り扱いを説得しては卸していた。まもなく逆のほうがずっと儲《もう》かると気づき、ビデオ輸出事業を手がけるようになる。アプトスに住まいを構える頃にはメディア・ギャラリーズというＤＶＤ画像編集会社のＣＥＯになっていた。立場上、彼はシリコンバレー発の新しいビデオ技術をすべて把握しており、アナログ方式のビデオをデジタル媒体に変換圧縮する新しいビデオコーデックというソフトウェア――ＤＶＤ製作の基幹技術――を開発しているスタートアップ企業、マインドセットを知ったばかりだった。ある木曜の夜遅く、「テイスティング」を少々したあとで、アーサーはミッチにマインドセット社が新たに開発した画期的技術の話をした。エンコーディングおよび圧縮プロセスの高速化に成功し、アナログのビデオテープをほぼリアルタイムでＤＶＤに変換できるという。この高速化はＤＶＤのマスタリングプロセスに革命を起こすだろうとアーサーは言った。同社は想定どおりの速さが実現できるかどうかを確認するための「実地テスト」に使える短期プロジェクトを探しているそうだ。

ミッチがうってつけの候補を思いつくまでに24時間――とワイン数本――もかからなかった。

オリジナルDVD

その8カ月前から、ビル・クリントン大統領とモニカ・ルインスキーの情事に関する調査にアメリカ中が夢中になっていた。8月中旬にスキャンダルは山場を迎えていた。史上初めて、現職の大統領が大陪審の前で証言を迫られたのだ。証言は非公開だったがその模様はビデオ録画され、1カ月後の9月18日金曜日に共和党が多数を占める下院司法委員会が、公的な透明性を確保するためビデオを大手放送ネットワーク全局に公開すると発表した。公開は3日後の週明け9月21日月曜日の朝9時の予定だ。

その朝遅めに出社したミッチは興奮を抑えられない様子だった。「これだ」、私の机にヤフーニュースのプリントアウトを投げてよこしながら彼は言った。「これを見てくれ。最高だろ。クリントンだよ！　うちのオリジナルDVDを作ろう」

彼は期待を込めたまなざしで私を見ていたが、私が何のことやらわからないのを見て、アーサーとの会話の内容を話し始めた。

「KTVU（ベイエリアにあるFOXテレビの子会社）の友達にはもう話をつけた。放送に使った4分の3インチのマスターコピーをうち用に作ってくれるって。たった4時間分だ。私がそこで待機して、すぐマインドセットに持っていき、DVDのマスターを作らせて昼までには複製を製造開始できる。翌朝から出荷できるよ」

「わかったから待て、ウッドワード」、私は言った。「落ち着いて考えようじゃないか」

とはいえ認めざるをえなかった。ミッチのアイデアは名案だ。ウォーターゲート事件とは違うが、いいネタだ。

公共の利益を考え無料に

ミッチが手配を進めようと車で出かけている間に、私はティーとクリスティーナを呼び出して計画を話した。

予想どおり、ティーは大乗り気だった。いつも髪をまとめるために挿している鉛筆の1本を抜くと、しゃべりながら黄色いメモパッドにメモを取り始めた。「全国紙に取り上げてもらえそうね。『タイムズ』でしょ。『ポスト』でしょ。『ジャーナル』もいけるでしょう」

「何か気になる？　クリスティーナ」、私はたずねた。クリスティーナは親指の爪を噛《か》みながら眉根を寄せていた。

「いい案だけど、考えもせずにいきなり実行はできませんよ」。説明するうちに彼女の声は大きくなっていった。「ディスクのデザイン、出荷方法、価格設定は？　全部決めてシステムに入れないと！」。彼女は不満げに頭を振った。「月曜までに準備を整えるのは無理です」

「タイミングが肝心なんだよ」、私は反論した。「完全な形でリリースする時間はない。そうする必要もないし。ディスクデザインは最低限でいいし、発送用の封筒も何でもいい。今回はレンタルじゃなく、販売だからね。返送してもらう必要はない」

私は言葉を切った。あるアイデアが浮かんだ。

「価格はつけないことにしよう。無料にする。タダだ。公共の利益を考えるネットフリックスは公益事業としてこれをやる」

「クレイジーね」、ティーが頭を振った。「ここまでクレイジーなら成功するかも」

2セントでご意見を

「問題があります」

2時間後、クリスティーナは明らかに問題解決モードに入っていた。彼女が大好きな状況だ。私に何が問題かを告げるのが嬉《うれ》しくてたまらず、それをすでにうまく解決したと報告するのがさらに待ちきれないという笑顔を浮かべている。

「うちのシステムに無料DVDを入れる作業をしてたんですけど」と彼女は説明を始めた。一部始終を話すつもりだ。ふだんなら早く結論をと促すところだが、話させてあげることにした。

「開発用サーバーでは問題なく設定できたんですが、実際に出荷しようとしたら動かないんです」

クリスティーナは思わせぶりに間を置いた。

「エリックとボリスがしばらくいじってようやく、ソフトウェアが価格がゼロでは販売できない仕組みになっているのがわかりました。うちのシステムは無償では商品が出せないようになってるんです。それでエリックと私でテストすることにしました。DVDを1セントに設定したらうまくいきました。何がしかの価格がつけばいいんです」

彼女は胸を張り、不敵な笑みを浮かべた。まだあるらしい。何かとっておきの手が出てくるぞ。

「それで私、思いついたんです。2セントにしようって。お客さん全員に2セントもらいましょう。そうしたら『あなたのご意見《2セント》をください〔英語でput in two centsは「自分なりの意見を言う」という意味になる〕』的な面白いプロモーションができるじゃないですか」

クリスティーナは膝を両手でたたいた。得意満面だ。言うことなしだった。火曜の朝一番に出すプレスリリースの決めゼリフができた。

バグだらけのソフト

一方、ミッチも問題を抱えていたが、クリスティーナほど嬉しそうではなかった。最初はすべて円滑に事が運んだ。月曜朝の放送が終わるとKTVUにいたミッチの友人は約束どおり、4時間にわたる証言の録画をすぐテープに移してくれた。ミッチはオークランドからアプトスに車を飛ばし、数時間後にはマインドセット社がテープを機器にセットしてエンコーディングを開始した。

ところがミッチが午後5時にくれた電話で、雲行きが怪しくなっているのが判明した。「技術は確かに優れているんだよ」とミッチは切り出したが、その先を言いよどんでいる様子から、当初の熱がしぼんでいるのがわかった。「だけどね……まだ実力を発揮できる段階じゃなくて。バグだらけなんだ。エンコーディングを始めても、すぐ止まってしまう。今は動いているが遅々として進まない」

それから長い沈黙があった。「リアルタイムのエンコーディングというのは嘘《うそ》ではないが――カメのビデオのエンコーディングをしてるなら、ね」

プレスリリース完成

終業時間には火曜朝の発表の用意は完了していた。ティーは「ネットフリックス、クリントン証言に消費者からのご意見を求む2セント《2セント》」と見出しをつけたプレスリリース原稿を書き上げていた。

カリフォルニア州スコッツバレー発

世界初のオンラインＤＶＤレンタル店ネットフリックスは、「クリントン大統領の大陪審

証言」ＤＶＤを０・０２ドルと送料・手数料でネットストアwww.netflix.comにて本日より独占販売することを発表いたします。オンラインＤＶＤ小売最大手のネットフリックスは本来、１枚の販売価格９・９５ドル、レンタル価格４ドルでＤＶＤを提供していますが、このたびの歴史的事件に関して社会の意識を高めてもらおうと、通常よりも低価格で販売することを火曜日に決定しました。

「議会はこの映像資料を広く一般の人々に知らせるべく公開しました。当社はクリントン証言の完全版ＤＶＤをわずか０・０２ドルでご提供することにより、ＤＶＤプレーヤーをお持ちの皆様に本資料を簡単に見直して自分なりの見解を形成していただけると考えました。また、トピックごとにピンポイントで再生が可能なＤＶＤ形式ならではの機能が、今回のような資料の見直しには最適と考えております」（ネットフリックス社長兼ＣＥＯマーク・Ｂ・ランドルフ談）

アメリカとはなんと偉大な国だろう。

一方、クリスティーナはウェブサイトに特設ページを設け、エリックが注文処理に対応できるようにしていた。ジムは安価で軽量の特別出荷用の封筒を作ってくれた。ミッチはメディア・ギャラリーで待機し、マスターが完成したらすぐディスクの複製にとりかかる態勢だった。できた商品を積んで車でオフィスに直行する予定だ。

用意はすっかり整っていた。

ラベルなしで発送

火曜の朝7時に電話してきたミッチの声には疲れがにじんでいた。

「いいニュースと悪いニュース、どっちを聞きたい？」と彼はたずね、答えを待たずに続けた。

「数時間前にようやくエンコーディングが終わって、ソニーと三菱のＤＶＤプレーヤーでは再生できた。ところがパナソニックと東芝で再生できない。今やり直してるところですよ」

午前10時にまた彼は報告してきた。「パナソニックと東芝で再生できるようになったが、ソニーがダメだ。またやり直してる」

午後の早い時間に電話をチェックして、ミッチからの電話を取り損ねていたのに気づいた。午後2時の着信だ。ボイスメールは短かった。「ついに終わった。使える版ができたよ。さっきマスターが完成したところ」。ミッチの声はげっそりしていた。「これから複製のためフリーモントに向かう」

ようやく彼がつかまったのは午後4時半だった。電話の向こうからカシャカシャという機械音が聞こえる。「あとちょっとだ」、彼は大声を張り上げたので、元気なのかと錯覚しそうだった。「最初の２０００枚がもうすぐできる。あとはラベルを貼ってもらうだけ、そうしたら完成だ。

夕方にはそっちに持って帰れるよ」

「ミッチ！」。私も大声で叫び返した。「もう帰ってきてくれ。ラベルなしで発送すればいいから」

長い沈黙があった。まだ機械は音を立てている。

「わかった。すぐそっちに行く」

プレスリリースが配信されて各社のニュースサイトにすでに取り上げられ、リードと私が打ち合わせをしていた最中の午後5時半に、ドアが開いてミッチが入ってきた。シャツは汚れてしわだらけだ。ひげが3日分伸びている。髪はぼさぼさだった。寝起きみたいだと言いたいところだが、逆だ。彼はほぼ72時間寝ていなかった。

しかし彼は私が見たことのないものを手に持っていた。アルミのパッケージに入ったクラッカーの筒に似ていたが、特大サイズだ。長さ2フィート、直径5インチあった。よく見るとそれは50枚のＤＶＤに細長いプラスチックのチューブを通してまとめたものだった。初めて見るスピンドルだ。

ミッチはよれよれの様子だったが、全社員がいっせいに拍手すると大きな笑みを浮かべるだけの元気は残っていた。彼はなんとかビル・クリントンを会社に持ち帰ることに成功したのだ。

自分たちができることをする

ここで話が終わればよかった。トータルコスト5000ドル足らずで5000人近い新規顧客（全員がまちがいなくDVDプレーヤーを所有している）が獲得できたという素敵な後日談とともに。『ニューヨーク・タイムズ』『ウォール・ストリート・ジャーナル』『ワシントン・ポスト』『USAトゥデイ』にも取り上げられた。ジェシカ・シンプソンでさえ集めるのに苦労したであろうほどの注目を浴びた。

ところが翌週の月曜、執務室に入ろうとした私の腕をコーリーがつかんだ。

「週末にあちこちの掲示板でおかしなコメントが投稿されてるんです」。彼はDVDフォーラムのひとつをスクリーンに表示したコンピュータの前に回ると、マウスを猛烈な勢いで動かしてスクロールしていった。「ほら、ここ。それからここ。ここにも。うちがポルノを送ってきたって言ってるんですけど」

私は座って画面を見た。たちまち胃が重くなった。

掲示板の話題は確かにクリントンDVDだった。しかし届いたDVDがポルノだと書かれているのは、クリントンの証言がところどころ成人向けの内容だという意味ではなかった。うちが正真正銘のポルノ映画を送ってきたと言っているのだ。

「この話がどれだけ広まってるか調べてくれないか」。私はコーリーに指示を飛ばすと、椅子から跳ね起きて金庫室に駆けつけた。ジムと部下たちは前夜に入った注文の処理を始めたところだった。

「ジム」、私は息を切らせながら言った。「クリントンＤＶＤの発送を差し止めてくれ」

「どうしたんです？」。ジムは例の笑いを向けてきた。「昨日の午後入った約40件の梱包《こんぽう》がもう終わって今日発送できるようになってます。それも差し止めますか、それとも出荷しますか？」

「全部止めてくれ」、私は言い、手短に事情を話すと、クリスティーナとティーの元に向かった。

「問題の元凶はこれですよ、ボス」。約30分後、クリスティーナと向かい合わせに座っていた私のところにジムがやってきて言った。「見てください」、彼は2枚のＤＶＤを差し出した。私にはどちらも同じに見えた。「それぞれ別のスピンドルのものです。本来同じものであるはずなんですが、よく見るとこれが」――彼は2枚のＤＶＤのうち1枚を私に渡した――「少しだけ違うのがわかります。こっちがポルノ。ポルノのスピンドルが二つうちに来てしまったようです。ひとつはすべて出荷済みです。もうひとつは10枚ほど残ってます」

「こいつの中身を」――どう呼んだものかわからなかった――「もう観《み》た？」

また例の笑み。「観ました。こいつが犯人だとわかる程度だけ観た、と言っておきましょうか」

その晩、帰宅すると家はもう真っ暗になっていた。ありがたい。これからしなければならないことをロレインに説明するはめになるのはごめんだった。私はテレビをつけ、ＤＶＤプレーヤーの電源を入れて、ＤＶＤをセットした。ＤＶＤが回り始めて画像が再生された瞬間、出演者がビル・クリントンでもモニカ・ルインスキーでもケン・スター特別検察官でもないのがわかった。まちがいなくポルノだ。しかも過激な。それ以上観る必要はなかった（と誓って言う）。

バットを大きく振った。そして大きく空振りした。だが夢を実現させようとしているなら、来る球に何度でも挑まなければならない。

翌日、私たちは自分たちにできる唯一のことをした。クリントンと同じく、私たちは真実を話した。２セントを支払った５０００人弱全員に手紙を送った。事情を説明し、迷惑をかけ、気分を害された方がいるかもしれないことを謝罪した。ポルノが届いてしまった方は着払いで返送してくだされば、本来送るはずだったＤＶＤを送らせていただきます。

ところがだ。おかしなことに、誰一人返送してこなかった。

1997

第12章

1998

「君を信頼できなく なっている」

秋

1999

サービス開始6カ月後

2000

2001

2002

2003

私が子供だった石器時代には、ビデオゲームはなかった。インスタグラムも、フェイスブックも、スナップチャットもなかった。自宅で映画を観《み》る方法など、オープンリール式のテープレコーダーを持ち出して自分の赤ん坊時代の動画を観る以外になかった。ケーブルテレビすら――少なくともランドルフ家には――なかった。当時、頭を悪くする唯一の手段は大手テレビ局が放送しているものを観ることだけだった。そして土曜の朝と放課後にテレビでやっていたものといえばアニメだった。

当時は手当たり次第に何でも観た。スーパーヒーローもの、『原始家族フリントストーン』や『宇宙家族ジェットソン』などハンナ・バーベラ・プロダクションのホームコメディアニメなら何でも。だが今アニメについて考えるとき、思い出すのはたいてい古い作品だ。

バッグス・バニーとエルマー・ファッド、ロード・ランナーとワイリー・コヨーテ、トムとジェリー、シルベスター＆トゥイーティー。

今思うと、これらのアニメはすべて追跡がテーマだ。あるキャラクターがもう一方のキャラクターを追いかけ、たいがい本人がひどい目に遭う。エルマー・ファッドはイタズラ者のウサギ、バッグス・バニーを仕留めようとする。ワイリー・コヨーテはロード・ランナーを追い回す。トムとシルベスターは骨の髄まで猫らしく、ジェリーとトゥイーティーをそれぞれ待ち伏せて暮らしている。

不可能の追跡

夢を追うとは時としてそのようなものだ。不可能に近い何かをひたすら追いつづける。資金が綱渡りでスケジュールがとんでもなく切迫しているスタートアップの世界では、夢を追う日々が外部の人間には熱狂的に、狂乱状態にさえ見えるかもしれない。あなたは友人や家族の目に、例えば若いeコマース企業のCEOとして成功しているマーク・ランドルフというよりもヨセミテ・サム［バッグス・バニーをつけ狙うキャラクター］に映るときもあるだろう。あなたは眠れなくなり、車を運転しながら独り言を言うだろう。他の人に自分の夢を説明しようとしても、相手はそれがたんなる資金調達や顧客獲得や日々のモニターの話ではないのだと理解してくれないだろう。それは現実を超えた追跡、人生に意味を与えてくれる追跡なのだ。

あれらのアニメが面白いのは、絶対に最後までつかまらないところである。よけられたり、あてが外れたり、ニアミスしたりする話なのだ。もしワイリー・コヨーテが本当にロード・ランナーをつかまえたとしても、どうしていいかわからないのではないだろうか。だがそこはどうでもよい。肝心なのは不可能の追跡である。

不可能の追跡はしくじりと笑い、ドラマと緊迫感をお膳立てする。そして不条理を。エルマー・ファッドがどれだけ策を弄《ろう》しても、トムやシルベスターが手の込んだ罠《わな》を仕掛けても、あれらのアニメの多くは金床やピアノが空から落ちてきて突然終わる。

1年間ひたすら夢を追いかけ、ある日気がつくとあなたは白と黒の鍵盤の残骸に囲まれて茫然《ぼうぜん》と座り込んでいる。頭の周りを青い鳥たちがさえずりながら飛び回っていて、自分に何が起きたのか皆目わからない。

提携で信用を得る

9月中旬のスコッツバレーは穏やかな天気で、朝早かったが、駐車場にボルボを入れたときにはもう路面から熱が上がってきているのを感じた。庭師は暑さを避けて早朝に作業を始めたのに違いない。車寄せに沿って、オフィスまでの道の両側に100フィートある花壇にはすでに新しい花が植わっていた。何の花かはわからなかったが――チューリップだろうか――整った花の列とあざやかな色合いに思わず見とれた。どの花も生き生きと健やかで新しい。庭師の手押し車の隣に車を停《と》めたとき、それに先週の花が山と積まれているのに気づいた。花壇から引き抜かれたスイセンは茶色くしおれ、ぼろぼろになった根っこには泥がぶらさがっている。生命の循環。

駐車スペースのいくつか先で、エリックが新しいPCを台車代わりのオフィスチェアに載せようと奮闘していた。IVPから注入されたお金とティム・ヘイリーの採用ノウハウのおかげで、ネットフリックスは採用ブームを迎えていた。毎週オフィスに数人の新顔が現れた。まだ社員数は40名だったから全員を知っていたが、いずれ全員を把握できなくなる日は近い予感があった。

「手伝うよ」、私は声をかけ、箱をひとつ持ち上げてブリーフケースと腰の間に載せた。

「いよいよちゃんとした台車に投資しないとね」、オフィスに通じる傾斜路でキーキー音を立てて即席の台車を押しながら、エリックが言った。

クリスティーナの横を通ると彼女はコンピュータから目を上げ、またキーボードをたたき始めた。「今朝リードが来ましたよ」、私のほうに顔を向けながら目は画面を見ている。「早朝、6時くらいに。今晩、シリコンバレーからの帰りにまた立ち寄ると言ってました。それまで待っていてほしいそうです」

「それだけ？」

クリスティーナはうなずいた。「それだけです」

リードの用件についてあまり考える時間はなかったが、予測はついた。おそらくソニーとの契約の件だろう。詐欺師ではない、本物の反響が確認でき始めていた。クーポンを利用する人々が現れたのだ。今までに打った手としては最大の賭けであり、これまでの賭け金を考えればどうしても成果を出してもらわねばならない。

それとも、6月のベゾスとの会談からずっと駆け引きを続けてきたアマゾンとの合意の件だろうか。あの時点で身売りする意思はなかったが、リードは別の形でアマゾンと提携することに乗り気だった。会社を存続させるためにはＤＶＤの販売ではなくレンタルに集中すべきだという私の提案にリードは同意した。そこで彼はソフトエグジットを画策していた。アマゾンがＤＶＤに進出したら、われわれはＤＶＤの購入を希望するうちのユーザーをアマゾンに誘導する。リンクを通じて、レンタルするならネットフリックス、購入するならアマゾンから買えるようにする。交換条件として、アマゾンにも自社サイトのユーザーをうちに誘導してもらう。

この契約は正式にはまだ影も形もない状態だった。９月にこれを知っていたのは私だけだったと思う。リードとは何週間も前から意見をやりとりしてきた。ＤＶＤ販売をやめるのは自分から出した案だったとはいえ、唯一利益を上げているほうの事業を捨てると思うといまだに不安になる。だがリードも私もこれから専念しようとしているほうの事業を選ばなければならないこと、そしてアマゾンとの提携がレンタル事業を再活性化するだけでなく、強みになることを確信していた。アマゾンとの提携でわが社はお墨付きを得るはずだ。

当時はお墨付きの獲得にあれこれと知恵を絞った。ティム・ヘイリーに対してはソニーとの提携がその役割を果たした。ソニーが業務提携するくらいだから、投資する価値がある会社だろうと考えてくれたのだ。信じられないほどのコストはかかったが、ソニーのおかげでわが社は信用を手に入れた。アマゾンとの提携には同じ効果があるとリードは見ていた。

週末の成果を早く知りたくてうずうずしていた。ソニーのＤＶＤプレーヤーを購入した顧客のうち何人がシリアル番号を書き写してネットフリックスのサイトに行き、クーポンを利用してくれただろうか。リードも同じくらい結果を知りたがっているのはわかっていた。終業時に数字の確認をしたいと思っているのかもしれない。彼が戻ってくる前に最新レポートを用意しておこうと心にメモした。だが今は朝のモニターなど、気にしなければならないことが他にたくさんある。

会社の先行きを懸念

リードがようやくオフィスに入ってきたときには午後6時近くなっていた。私はコピーを書いていたが、彼が玄関から入ってオフィスの中を奥に進む様子が音でわかった。まず、エンジニアのエリックのデスクの前にあるビーチチェアがきしむのが聞こえた。画面上の何かを指摘しようとリードがエリックの隣にチェアを引き寄せたのだ。数分後、経理担当のグレッグ・ジュリアンにキャッシュの現状を質問しているのが聞こえた。まもなく彼は私の執務室に向かった。

「時間ある」、彼は語尾を上げずに言った。質問ではないかのような、私に時間がないのを望んでいるかのような言い方だった。

リードは真剣な面持ちだった。そしてその顔つきに見合った服装をしていた（彼にしては）。フォーマルな、重要なミーティングのときにだけ身につける黒の麻のパンツにグレーのタートルネックに黒のドレスシューズといういでたちだ。私は彼の首元を指さして「リード、外は32度近いぞ」とからかおうとしたが、彼の耳には入らないようだった。

「話し合いをしたい」と彼は言った。開いたノートパソコンのキーボード部分をぶらさげるようにして画面の隅を持っている。画面にはパワーポイントのスライドショーが表示されていたが、最初のスライドだけが読み取れた。36ポイントサイズの太字フォントで「成果」と書いてあった。

リードは部屋の中に入ってくると、デスクの前にあった椅子をつかみ、くるりと後ろ向きにして私の横に寄せた。またがるように座ると椅子の背に胸をもたせかけ、ノートパソコンをこちらに向けて私に画面を見せた。いつか彼がエリックに大きなコーディングミスを指摘したときとそっくりだ。

いったい何が起こるんだ、と私は思った。

「マーク」、リードはゆっくりと口を切った。「先行きをじっくり考えていた。そして懸念を持っている」

彼は私の表情を読もうとするように言葉を止めた。それから唇を引き結び、カンペを見るかのように画面に目を落としてから、続けた。「会社について懸念を持っている。いや、懸念を持っているのは君についてだ。君の判断力について」

「何だって？」私の口はあんぐりと開いていたに違いない。

リードは私に画面を見るよう促し、スペースキーをたたいた。「成果」が一つひとつ画面上に現れた。

・創業チームを採用

・企業文化を確立
・ウェブサイトを立ち上げ

まるで葬式で流されるスライドショーのようだ。ここからいい方向に向かうわけはないのがわかった。

「何なんだよ、リード」。ようやく声が出た。「会社の先行きを懸念して、それをパワーポイントなんか使って私にプレゼンしようってのか」

声が次第に大きくなっていったが、執務室のドアがまだ開いているのに気づいてボリュームを落とした。

「ふざけるな」、私はノートパソコンを指さして押し殺した声で言った。「私が無能な理由の発表なんかされて黙って聞くと思ってるのか」

リードは目をぱちくりさせて硬直していた。こんな反応をされるとは思っていなかったのだろう。彼はまた唇を引き結んだ。彼の頭脳はいい点悪い点を分析して次に取る手を評価し、まだ目の前で私の成果リストを表示したままのPCの冷却ファンのように高速回転しているに違いない。

約10秒後に彼はうなずくと、手を伸ばしてコンピュータを閉じた。

「わかった。だがこれは君が無能だという話じゃない」

「そうか」、私はぎごちなく言った。「わかった」。怒りが鎮まり、恐怖心に変わるのを感じた。

私は立ち上がって執務室のドアを閉めた。

悪いことを伝える話術

「マーク」、私が席に戻るとリードは話し始めた。「君がここでやってきた仕事の中にはすばらしいものもある」そこで間を入れた。

「だが一人で会社を率いる君の能力を信頼できなくなっている。君の戦略のセンスは不安定だ。的確なときもあれば、大きく外すときもある。判断、採用、財務の勘に問題があると思ってきた。会社規模がまだ小さいうちからこういう問題が出ているのを私は懸念しているんだ。来年、再来年になったら問題はさらに難しくなるし、ミスの影響もさらに深刻になる。会社の成長とともに事態は悪化していく」

　ビジネスには悪い話を伝えるときに役立つ話術がある。**ウンコ・サンドイッチ**と呼ばれている。まず相手の功績への称賛を並べる。これが1枚目のパンだ。それが終わったら上にウンコを載せる。すなわち悪い話、耳の痛い、相手にとってあまり楽しくは聞けない内容である。その上にまたパンを重ねる。未来の青写真、失策《ウンコ》に対処する計画で締めるのだ。

　ウンコ・サンドイッチを私はよく知っている。私がリードにこの話術を教えたのだ。彼がそれを銀の皿に載せて私に差し出すのを目の前にする気持ちは、とまどいと師匠の誇らしさが入り混じって複雑だった。

「私がＣＥＯとしてダメだと考えているんだな」、私は彼をさえぎって言った。「ＣＥＯとして完璧ではないと思っているんだ。完璧なＣＥＯであれば君のように取締役の助言に頼る必要はないはずだ」

リードは指先を合わせて顎《あご》の下に持っていった。これから伝えようとしている話を最後まで言い通せるよう祈っているかのようだった。「ＩＶＰが出資する気になったのは私が会長として積極的に経営に関与すると約束したからであるのは、お互いわかっているだろう。そこが問題なんだ。資金調達に限った話じゃない。私がこれだけ積極的に動いてきた理由のひとつは、そうしなければ事業がどうなるか心配だからだ。時間を割くのはかまわない、だが今日までの成果は不十分だ。外にいたのでは十分な働きができない。事業のペースが上がればなおさらだ」

それからの5分間、リードは私が今後もひとりで会社を率いるのがなぜ問題か、非の打ちどころのない主張を展開した。私が采配した1年目について、成果と失策の鋭い査定を行った。コンピュータが無情かつスピーディーにチェスをさすさまを見ているようだった。彼の分析は私が採用した人物から経理上のミスや企業広報まで、細部を見逃さずしかも全体を網羅していた。すべてはもう記憶の中でぼやけているが、ひとつだけ刺さった言葉がある。

「君は社員から強い尊敬を受けるにはタフさと直截《ちょくせつ》さが足りないようだ。いい面としては、優秀な社員はひとりも辞めていないし、社員から君は好かれている」

苦笑するしかなかった。徹底的な正直さどころではない。残酷な正直さ。無情な正直さだ。

「ありがとさん」、私は言った。「私の墓標に今のを刻んでくれ。『会社をつぶしたが、優秀な社員はひとりも辞めず、社員から好かれた』とね」

リードはこの自虐ユーモアにまったく反応しなかった。覚えてきたセリフを暗唱するようにひたすら話しつづけた。スライドはやめさせたが、この話はまちがいなくリハーサルしてきたものだ。彼は緊張してしゃべっていた。

「マーク。このままではまずいんだ。これだけ小さな事業規模で煙が立っていれば規模が大きくなったとき、火事になりそうなことを株主のひとりとして認識してほしい。われわれがやっている事業は実行力が勝負だ。早さが求められるしミスはほとんど許されない。強い競合が真っ向から挑んでくる。ヤフーが大学院生のプロジェクトから60億ドル企業になったのは実行力に優れていたからだ。われわれも同じことをやらなければならない。君ひとりで舵《かじ》を取っていたのではそれができるかわからない」

リードは言葉を切って、難しい何かを行う力を奮い起こそうとするように下を向いた。そして目を上げ、まっすぐ私を見た。こいつが私の目を見ている、と思ったのを覚えている。

「だから、私がフルタイムで会社に参画して共同経営するのが一番いいと思うんだ。私がＣＥＯ、君が社長として」

的を射た指摘

彼は再び言葉を切った。反応がないのを見て、さらに踏み込んできた。「これを自分の過剰反応だとは思っていない。好ましくない現実に対する熟慮した上での解決策だと考えている。それにCEOと社長の二人体制はこの会社にふさわしい経営法だと思う。ふたりで一生誇りにできるような歴史を作ろうじゃないか」

情けをかけるようにようやく話をやめ、椅子の上で少し体を後ろに傾け、大きく息をついた。私は座ったまま一言も発さず、ただゆっくりとうなずくばかりだった。空から頭の上にピアノが落ちてきたらこうなる。

リードはきっと、なぜ私が自分と同じ明確さとロジックで状況を見ていないのかいぶかっていたに違いない。リードが私の胸の内をわかっていない――理解できない――のはわかっていた。わからなくてよかった。そのとき私の胸の内をよぎった言葉はお上品なものではなかったからだ。

彼が言ったことの多くが本当だとわかってはいた。だがこれは私の会社じゃないかという思いもあった。もともとは私のアイデアだった。私の夢だった。そして今は私のビジネスになっている。リードがスタンフォード大学とテクネットにいて不在の間、私は生活のすべてを注ぎ込んで会社を築いてきた。誰にせよすべての意思決定を正しくやれと期待するのは果たして現実的だろうか。ミスをしながら前に進むのは許されないのだろうか。

といって、彼の話がまちがっていたわけでもない。わが社の失策の一部と今後についての指摘は的を射ていた。だがあの日オフィスでリードに言われたことに対する私の最初の反応は、自分への反省よりも彼への反発だった。こいつは人生の選択ミスに気づいたんだろう、という思いが頭を離れなかった。スタンフォードが嫌になって退学したじゃないか。テクネットでの教育改革がうまくいかなくて落胆したじゃないか。ネットフリックスの創業期に不在だったのは、教育改革をして世の中を変えたかったからだ——ところが彼が出会った教師も行政担当者も、年功序列で給料を上げてもらうことしか頭になかった。そんなとき、一緒にテストしたちょっとした奇抜なアイデアに本物の可能性があるのがわかって急に、私のリーダーシップの粗が見え始めた。私に一人で会社を経営する適性が本当にないのか。私の部下としてプライドを損なうのを避ける形で戻ってきたいだけなんじゃないのか。

私は怒り、傷ついていた。だがその間でさえ、リードの言い分が正しいのもわかっていた。

複雑に交錯する感情が表面上どう見えていたかはリードしか知らない。だがものすごい顔をしていたに違いない。あのリードが、ウンコ・サンドイッチの2枚目のパンに上乗せしてさらに気休めを言う必要に気づいたのだから。

「怒らないでくれ」、彼の口をついてようやく自然な言葉が出てきた。「君のことはすごく尊敬しているし大好きだ。こんな厳しい話をするのは私もつらい。君の人柄、人間力、スキルにはすばらしいところがたくさんあって敬服している。胸を張ってパートナーと呼びたい」

リードはまた言葉を止めた。まだ何か言おうとしているのがわかった。いったいまだ何を言うのだろう。頭がくらくらした。

「ちょっと考えさせてくれ、リード。いきなり会社の経営権移譲を提案されて、『なるほど論理的だね、そうしよう！』と言えるわけないだろう」

また声が高くなってきたので、私は口をつぐんだ。

「経営権をよこせと言ってるんじゃない。共同経営を提案しているんだ。チームとして」

リードとの共同経営へ

それから長い間があった。

「いいか、この件がどんな結果になろうと友達でいるつもりだ」、リードは立ち上がりながらやっと言った。「だがもし飲めないなら、株主として立場上は可能だが無理強いするつもりはない。君の意思を尊重する。会社のためにならないと君が考え、この方法を望まないなら、それでもいい。会社を売って投資家に出資金を返済し、売却金を分け合って、終わりにしよう」

執務室を出てそっとドアを閉めた彼の様子は、病室を出る人のようだった。日が沈みかけていたが、私は立って明かりをつけようともしなかった。ほぼ全社員――午後9時過ぎに、口笛を吹いて油じみのついたピザの箱を指先でたたきながらのんびりと入ってきたコーを除く全員――が帰るまで、暗闇の中に座っていた。

徹底的な正直さはすばらしい。自分に向けられるまでは。

あなたにも、私自身にも、嘘《うそ》はつくまい。9月中旬のあの日リードに言われたことは痛かった。本当に痛かった。リードが意地悪だったからではない――彼はそんな人間ではない――正直だったからだ。残酷な、辛辣《しんらつ》な、絆創膏《ばんそうこう》をはがすような正直さだった。

それはハイウェイ17号線を走る私のボルボの中で忌憚《きたん》のないやりとりをしていた最初の頃と同じ、徹底的な正直さだった。リードには何の打算も下心もなかった。事業にとってよかれということだけが彼の動機であり、私に敬意を持っていたからこそありのままの真実を包み隠さずに言うほかなかった。彼は私たちがお互いに対してしてきたことをしたにすぎない。

そう考えれば考えるほど、あのパワーポイントに胸がじんとした。不器用かといえばそのとおり。デリケートで感情的に荒れそうな会話を、一連のアニメーションスライド――私が彼に教えたプレゼンの手法――の中に安全におさめようとしたのがいかにもリードらしいかといえば、これもそのとおりだ。

だが侮辱的だったかといえば、それは違う。彼が部屋を出て行ったあと、暗闇の中に座っている今になって、リードが私に正直なフィードバックを伝えるのに緊張しきっていたから、言うことをメモ書きしたカンペがお守り代わりに必要だったのだとわかった。絶対にまちがえないようにしたかったのだろう。言わなければならないことを確実に言えるようにしたかったのだろう。

自分の限界に向き合う

聞くのがつらい言葉だった。だがリードが正しいと認めるのはもっとつらかった。私には確かに問題があった。IVPの出資は私のせいでふいになるところだった。大胆で直観力に優れ自信に満ちたリーダーシップによって大ナタがふるわれなければこの会社は成功しない、と新たなパートナーとなるIVPにはわかっていたからだ。彼らは口に出しては言わなかったが、大胆で直観力に優れ自信に満ちたリーダーシップによって大ナタをふるうのが私でないことは、その場にいた誰の目にもおそらく明らかだった。

考えをめぐらせるほどに、自分の夢が進化していたことに気づいていった。もともとは、自分が舵を握る新会社というひとつの夢だった。しかし執務室でリードが私の欠点を指摘し、なぜ二人で一緒に会社の舵取りをする必要があるかを論証するのを聞くうち、実は二つの夢だったのだ、ひとつを実現するにはもうひとつを犠牲にしなければならないのかもしれないとわかってきた。

会社はひとつの夢。自分が舵を取るのは別の夢だ。会社を成功させようと思えば、自分の限界に正直に向き合う必要があった。自分が創業者タイプ、人を集めてチームを作り、文化を築き、粗削りなアイデアを会社やオフィスや製品として具現化するのに向いた創造性と行動力の持ち主であることを認めなければならなかった。その創業ステージから会社は脱皮しようとしている。今後は成長を、しかも急速にしていかなければならず、まったく別のスキルセットが求められる。

起業家としての自分のスキルはよくわかっている。上位2％に入ると言っても言い過ぎではないと思う。このときでさえ、成長する会社のリーダーを務められる自覚はあった。

だがこのときでさえ、リードが上位0・1％に入る人間だともわかっていた。彼は歴史に残る名経営者のひとりだ。そして新たな段階を迎えた会社では私より彼のほうが優れていた。自信でも、集中力でも、大胆さでも。

もっとも切迫した喫緊の課題である資金調達に関してリードのほうが上であるのは私の目にも完全に明らかだった。彼にはほぼ独力で会社を立ち上げてCEOとして株式公開まで導いた実績がある。すでに名を知られている。投資家が賭けたいと思うとすれば、私よりも圧倒的に彼のほうだ。実際にそうであるのを見てきた。

自分に問いかけなければならなかった。私の夢の実現はどれほど大事なのか。そもそもこれはもはや私の夢といえるのか。今では40名の社員がいる。各人がネットフリックスを成功させようと私に劣らず全身全霊を注ぎ込んでいる。遅くまで残業し、週末も働き、友人や家族に不義理をして、私の夢として始まったが彼らが自分の夢としてくれたものに身を捧《ささ》げている。自分の役割が想像していたものではなくなったとしても、会社が生き残るために手を尽くすのが彼らに対する責任ではないか。

会社という夢

自分の肩書と彼らの職、どちらが大事なんだ？

私は立ち上がって窓辺に寄った。街灯のオレンジ色の明かりに照らされたがらんとした駐車場と満開に咲き誇る花壇が見えた。明日の朝6時にもなれば、駐車場は私の下で働く人々のトヨタやスバルやフォルクスワーゲンで埋まるだろう。その車の多くにはローンと保険の支払いがある。生活がかかっているのだ。その責任はある意味、私にあった。

夢が現実のものになったとき、それはあなただけのものではなくなる。夢はあなたを助けてくれる家族、友人、仕事仲間のものになる。世界のものになる。

駐車場に並ぶ車に思いをはせて、リードの正しさが本当に腹落ちした。ＣＥＯと社長の共同経営体制が確かに会社にとって必要なリーダーシップなのだろうと。成功の可能性を大きく高めるだろうと。一生誇りにできる会社を築けるだろうと。

もちろん今振り返っても、リードが正しかった。私が単独ＣＥＯとして経営を続けてもネットフリックスは生き残ったかもしれない。だがこれは生き残る会社についての本ではない。リードがリーダーとしてより大きな役割を引き受けなければ、ネットフリックスが今日のような会社になっていなかったのは疑いようがない。逆説的ではあるが、1999年にCEOの肩書をリードに譲っていなかったら、私はこの本を書いていなかっただろう。

会社の経営には私たちふたりが必要だったのだ。ふたりで力を合わせることが。

気分が落ち込んで、過去に勇気を振り絞った体験を思い出そうとするとき、すぐ浮かぶのは遠い山の頂や危険な登攀《とうはん》や足を滑らせやすい川の横断ではない。リードの車でプレゼンを繰り返した朝でも、有能な（乗り気でない）人々に仕事を辞めて破天荒なベンチャー事業を一緒にやらないかと口説いたホービーズでの最初の面談でもない。起業の決断、助走期間、何百回と実験の失敗を重ねてもうまくいく兆しが見えなかった時期でもない。

思い出すのはあの夜オフィスを出たときのことだ。自分が創業した会社の単独CEOではなくなる決心をしたと妻に話す覚悟をして、スコッツバレーの誰もいない道路をゆっくりと運転しながら家に向かっていたときのことだ。これでいいんだと確信して。

株を手放す

このネットフリックス物語の各章が、赤と黒のリボンできれいに飾られて終わらないのにはもうお気づきだろう。この章も例外ではない。確かに私は孤独に車を運転して家に向かい、その晩ロレインとポーチで数時間ワインを飲みながら私の決断の論理と感情を整理した。そして最終的にリードの提案に従うのが正しい――たとえ私が単独CEOでなくなろうと、会社が今後も成功を続けられるようにするのが社員と投資家と私自身への責任だという結論にふたりで達した。

家中の明かりを消し、ロレインがワイングラスを慎重に食洗器にセットしたあと、私はキッチンテーブルに座ってメールの最終チェックをした。受信ボックスの一番上にリードからのメールが入っていた。時刻：11：20PM。表題：正直に。

メールは午後の会話を要約して繰り返すものだった。基本的にはパワーポイントのスライドから書き写したものに違いない。私の戦略のセンス、採用、財務管理、人材管理、資本調達能力の箇条書きがあった。リードに言われたことを咀嚼《そしゃく》したあとだったから、文字で読んでも受け入れやすかった。最後まで読み通した。「マーク、お互いにとってこんなことになったのを心から残念に思う。だが今日私が言ったことはすべて正しいと心底信じている」

そのあとに、新しい話が出てきた。

しかし同時に、今回の変更を反映して私たちのストックオプションの比率を見直すべきだと考えている。IVPは私たちが会長とCEOとして業務を執行できるという約束のもとに投資してくれた。それがうまくいかなかったと彼らにただ報告するのは適正ではないから、私のオプションをあと200万株増やさなければならない。

自分の目が信じられなかった。続きの文章で、リードはCEOとして経営に参画するからにはオプションをもっとよこせと言っていた。しかもその大量の株式を私が譲るべきだという。経営責任を折半することになったのだから、私が持ち分の一部を手放すべきだというのだ。

「ひどい！」。リードの要求を説明したとたん、ロレインは叫んだ。「仕事はすべてあなたが引き受けるのに半々の比率でスタートしたんでしょ。あなたはCEOとして週60時間も働いてたのに、あの人は名ばかりの会長だった。それが実際にオフィスに来るようになったとたん、半々じゃ足りないってどういうこと？」

ロレインはかんかんに怒って、首を痛めるのではないかと思うほど頭を振っていた。なだめようとしたが無駄だった。「ひどい」、彼女は言いつづけた。「ひどいわ。あんまりよ」

彼女が足音も荒く2階の寝室に引き上げたあと、私はキッチンテーブルに静かに座ってノートパソコンをそっと閉じた。今日はなかなか眠れそうにない。頭の中をさまざまな思いが去来した。社員の皆にどう伝えればいいのか、明日リードにストックオプションの件で何と言おうか。今後私の役割はどう変わっていくのか、その変化とどうつきあっていけばいいのか。

会社の将来が目の前にこちらを圧するように口を開けて延びていた。その晩は自分の決断を素直に受け入れていたとは言えないが、いずれすぐなじめるだろうとわかっていた。リードと力を合わせて会社を成功させるイメージが見え始めていた。二人三脚のエンジンが始動する音が早くも聞こえていた。

1997

1998

1999

春

2000

2001

2002

2003

第13章

山を越えて

サービス開始1年後

１９９９年３月に会社をロスガトスに移転した。新しいオフィスは山を越えてすぐのハイウェイ17号線沿いで、シリコンバレーにはあったがサンタクルーズにできる限り近いところだった。私の自宅から車で14分だ。1年目にすっかり慣れきっていた自宅から5分の距離からすると遠い。しかし「スウィート・アデライン」や「ダウン・アワー・ウェイ」など当時参加していた男子アカペラ四部合唱団《バーバーショップ・カルテット》の歌を三つ四つおさらいするにはちょうどいい距離だった。

説明させてほしい。ネットフリックスを始める数年前の90年代半ばに、ロレインは私が燃え尽きるのではないかと心配した。そして仕事と関係のない趣味を持ったらと勧めてくれた。「あなたいつも車の中で歌ってるでしょ。合唱団に入ったらどう?」

私が入ったのはただの合唱団ではなく、アメリカ・バーバーショップ四部合唱保存振興会（略称ＳＰＥＢＳＱＳＡ）だった。女人禁制である（女性には「スウィート・アデラインズ」という別の団体がある）。

この団体は世界中に支部を持ち、最寄りの支部がサンタクルーズにあった。毎週火曜の夜にフェルトン・バイブル教会の集会室で歌う会が開かれた。ＳＰＥＢＳＱＳＡのメンバーなら誰でも参加できる。レパートリーは決まっていたから、歌と自分のパートを覚えてしまえば困らない。会は必ずＳＰＥＢＳＱＳＡの公式テーマソング「ジ・オールド・ソングス」から始まる。その後はディレクターの音頭でさまざまな歌を歌う。メンバーのリクエストを歌う場合もある。２時間ほどで終わり、その後皆でビールを飲みに繰り出すこともあった。

合唱団で歌う

バーバーショップ・カルテットは四声からなる。一番高いのがテノール、それからリード、バリトン、バスの順に低くなる。男性のみなのでアルトやソプラノのパートはなく、声域はずっと狭い。それが緊密なハーモニーを生み出す。男女混声合唱団の広い声域に慣れていると、バーバーショップ・カルテットが要求する難易度の高い歌唱になじむのに苦労する。大きな混声合唱団で歌うのは、後ろにティンパニとコントラバスが控え、フルートやバイオリンが前に出るオーケストラにいるようなものだ。しかしバーバーショップ・カルテットはギター演奏、ひとりの人間が音色も音程も近い数本の弦を奏でるのに似ている。

バーバーショップ・カルテットで歌うのは本当に楽しかった。楽器の一部、一本の弦になる感覚がいい。主旋律を歌うことはめったになく、主旋律から少しだけ離れて絡み合う複雑なハーモニーを担当することが多かった。脇役、つまり絶対に必要だが目立たぬ声だ。これがバーバーショップ・カルテットの特徴で、まさしく共同作業だった。どのパートがいなくなっても歌は成り立たない。

ＳＰＥＢＳＱＳＡの一員として人前で歌ったことはない。それが目的ではなかった。大事だったのは火曜の夜だ。毎週まじめに参加した。私にとってそれはＡＡ〔アルコール依存症者の自助組織」の集会のようなものだった。違うのは悲しい身の上話と煮詰まったコーヒーのかわりに陽気で昔なつかしい音楽があるところだ。あの夜が私の正気を保ってくれた。

が、家族はそのせいで頭がおかしくなりそうだった。私は車の中でバーバーショップ・カルテットのテープをかけ、一緒に歌って練習した。私のパートだけを抜き出した特別なテープだ。A面が自分のパートで、B面は自分のパートだけ除いた全部のパートになっている。A面を10回連続かけて自分のパートを頭にたたき込んだら、テープを引っくり返して他のパートとのアンサンブルを練習するという趣旨である。よくできていたが、バーバーショップ・カルテットにハマっていない同乗者にはことのほか神経にさわるらしい。例えば息子だ。

「やめて!」。シートベルトをかけて身動きがとれないローガンは、耳を両手で覆って叫んだ。

「もう歌うのやめて!」

私は歌うのをやめる。だが通勤中、ひとりのときには思い切り声を張り上げた。

補佐役に徹する

今思うと、朝の歌の練習は1998年後半から1999年前半にかけての仕事の準備に役立った。私は毎日、自分の役割の見直しを行った。自分はもう常に主旋律を歌う立場ではない。アンサンブルの主役ではない。だがグループの一員であり、私たちは一緒に大きく美しい音を出していた。私はリードと一緒に緊密なハーモニーを歌うすべを学んでいた。

あの年の春、公式な私の肩書は「社長」だった。日常業務での私の仕事はほとんど変わらない。まだ好きで得意としていたネットフリックスの業務は私が統括していた。すなわちカスタマー・リレーションズ、マーケティング、PR、ウェブデザイン、映画コンテンツ、DVDプレーヤーメーカー各社との継続的な関係調整などだ。後方業務の財務、業務運営、エンジニアリングはリードが引き継いだ。だからこの肩書は仕事の実態には合っていない。だがベンチャーキャピタルには肩書がものを言うし、私もバカではなかった。急成長中の（まだ黒字化していない）スタートアップの資金調達において、リードがCEOをしていることがわが社最大の資産のひとつであるのはわかっていた。リードの存在が取締役会を落ち着かせ、投資家を安心させた。あの春、私は会社の売り込みでリードの後ろに控える立場に喜んで甘んじた。自分が一番得意とすること、投資家と社員に対してリードが角の立つ言動をとらないための補佐役に徹した。

リードの潤滑油の役割を果たしたもうひとりの人物がパティ・マッコードだった。共同経営体制になることを発表してまもなく、リードが彼女を入社させて人事のトップに据えた。パティは以前はピュア・エイトリアの人事マネージャーのひとりで、長年コミュニケーション面でリードの右腕を務めてきた。ある種、リードの通訳のようなものだった。彼を理解するまれな人間のひとりであり、しかも彼を促して社交上の礼儀を守らせるすべがわかっている。リードにはなんというか、無遠慮なところがあった。パティにもそういうところがあったが、彼女は機微をわきまえていたから、その無遠慮さにはテキサス人らしい愛嬌《あいきょう》があった。リードが他人の神経を逆なでしたのに気づかなかったり、他人――特に彼を私のようによく知っているわけではない人――の気持ちを傷つけても頓着しなかったりするのをパティは承知していた。会議で論争になったときなど、リードをそっと脇に呼んで、人のアイデアを「まったく合理的な裏づけがない」と決めつけたことに対して謝罪すべきかもしれないと伝えるやり方とタイミングをパティは心得ていた。

一度、彼女がリードに幹部会議はとても生産的だったと言ってから、主に発言していたのが誰かをたずねるのが聞こえてきた。

「マークと私だ」と彼は答えた。

「会議に出た他の人たちも発言すべきだと思わない？」

リードは一瞬パティをじっと見たので、私は彼が答えるのだろうかと案じた。

彼はうなずいた。「そうか、了解」

しかしパティの役割はリードの補佐にとどまらなかった。彼女が人事部長としてネットフリックスに与えた影響の大きさは言い尽くせない。いや、人事という分野全体に与えた影響の大きさは言い尽くせないというべきだろう。彼女は人事の仕事を抜本的に変えてしまった。

本書でネットフリックスの企業文化が少なくとも最初は、周到な計画の結果ではなかった――願望を込めた原則や社風を謳《うた》った宣言の産物ではなかったと述べた。創業チームの共通の価値観と行動を反映したものだと書いた。互いに信頼して、仕事に打ち込み、従来型の会社のくだらない常識は一切無視してきたと。

ネットフリックスの企業文化

すべて本当のことだ。だがチームが大きくなったらどうなるか。

会社が小さいうちは、信頼と効率性は両立する。チームメンバーが逸材ぞろいなら、仕事のやり方を一から十まで教える必要はない――それどころか何をしてほしいかすら言う必要はないものだ。達成目標となぜそれが大事かだけ明確にすればよい。頭が切れ、有能で、信頼できる逸材を採用していれば、何をすべきか自分で判断して仕事にかかり、やってしまう。あなたが問題の存在すら知らないうちに自力で問題を解決してくれる。

採用したのが逸材ではなかったら？　すぐにわかる。

ネットフリックス初期の企業文化は完全にリードと私の互いに対する姿勢から生まれた。私たちは、相手にやってほしいタスクのリストを渡してできたかどうか確かめるための「チェック」を頻繁に入れるようなことはしなかった。それぞれが会社の目的を理解しているか、どこに責任を持つかだけを確認した。目的を達成するために何をすべきかを考えるのは各自にまかされた。互いに正直であること――徹底的に正直であることも各自にゆだねられていた。

それが傍目《はため》にどう映るか――いや正確にはどう聞こえるかはすでに書いた。思わず大きくなる声、議論が戦わされるミーティング、アイデアがばかげているとかうまくいかないという遠慮のない意見。リードと私が本当に仲がよく、気遣い抜きで本音を言い合うときが一番生産的になれるとわかっているのが他人にはなかなか理解されないこともあった。リードとはハイウェイ17号線を相乗りしたあの最初の日々から、ずっとそうしてきた。ふたりきりのときでも20人の部門会議でも、私たちは丁々発止のやりとりで適切な解決策を探り出す――もっと正確には、互いにゴルフクラブと警棒で殴り合ってたたき出すのが会社（と互い）への責任だと感じていた。時には議論が白熱し、リードも私も知的格闘にわれを忘れ、どちらかのアイデアが解決策だと納得し――むしろふたりのアイデアを組み合わせたほうがいい場合が多かった――、次の議題に進む時間だと気づいてようやく決着する。リードと私が特に大声で議論したあとふとわれに返ると、会議机を取り巻く同僚たちがシーンとして「なぜママとパパはけんかしてるの？」と言いたげな顔で唖然《あぜん》としている、ということもめずらしくなかった。

だが皆それに慣れた。

成文化されない原則

徹底的な正直さ。自由と責任。とてつもない理想だが、最初の2年間は成文化もされていなかった。臨機応変に対応していたのだ。

例を挙げよう。

1999年のいつだったか、エンジニアリング部門のマネージャーのひとりが異例の頼みごとをしに私のところに来た。恋人がサンディエゴに引っ越したが、彼女との交際を安定的に継続させたいという。「サンディエゴに行くために毎週金曜日に早退してもかまわないでしょうか？」そして月曜は現地で仕事をし、夜飛行機で戻ってきて火曜の朝に出社する、と彼は説明した。

私の答えはきっと彼を驚かせただろう。「君がどこで働こうと、どんな時間帯で働こうと、私は関知しない。火星で働いたっていいよ。働く時間と場所の相談だったら、答えは簡単だ。私はまったくかまわない」

「ただし」、と私は続けた。「もし相談の真意が、彼女と一緒に過ごすために君と君のグループの仕事に対する期待値を下げてもらえるか、だったら？　これも答えは簡単。ノーだ」

彼は自信なげに私を見た。サンディエゴで週末を過ごす夢がしぼんでいるのがわかった。

「いいかい、いつどこで働くかは完全に君次第だ。週3日半の出社でグループの運営がきちんとできるなら、まかせる。やりなさい。うらやましいよ。私もそれができるだけの頭があればよかった。ただ、覚えておいてほしい。君はマネージャーだ。チームに達成してほしいことと、なぜそれが重要かを周知徹底するのが職務の一部だ。現場にいなくてもそれができると思う？」

言うまでもなく、彼の恋人はその後まもなくフリーになった。

私は彼に選択の自由を与えたが、チームに対する責任についても釘《くぎ》を刺した。私は彼に徹底的に正直だった――もし彼が毎週早退してサンディエゴに飛んでいたとしたら、自分の責任を果たせるか私は危ぶんでいた。それでも最終的な判断は彼に預けた。

このマネージャーは権限を与えられたと感じ、自分の生き方の選択をする自由を得た。そして彼が仕事に集中する気持ちを取り戻したから、結果的に会社にもよかった。皆が得をしたのだ。

いや、皆とはいえないか。サンディエゴの彼女は私とは見解を異にしただろう。

自由と責任はマネージャーにだけ与えられたものではない。例えばうちの受付係を例に挙げよう。彼がこの仕事に就いたときは、7ページにわたる職務規定などなかった――デスクは常にきれいにすること、デスクで飲食しないこと、といった類いだ。かわりに彼の仕事内容は「会社の顔として最高の対応をする」、このたった一文だった。

自由と責任と徹底的な正直さ

私たちは受付係に明確な責任と、その責任を果たす方法を考えるほぼ全面的な自由を与えた。持ち場にいる時間帯も完全に彼にまかせたし、離席したり病欠したり休みを取る必要があったりするときどうカバーするかも本人に考えさせた。会社の顔として最高の対応とならないのがどんな行動で（例えばデスクでランチを食べるなど）、会社のイメージアップにつながるのがどんな行動かも彼の判断にゆだねた（ポップコーンマシンを購入したのは彼ではないかと私はにらんでいる）。

そしてどうなったか。おかげでうちの受付はとても優秀だったのだ。

自由と責任の文化が徹底的な正直さと結びつくと、魔法のような効力を発揮した。すばらしい成果が上がったばかりでなく、社員も喜んだのだ。責任のともなう意思決定をする判断力がある人は、意思決定の自由を喜ぶ。

社員は信頼されることを喜んだ。

だがあたりまえではないだろうか。会社にいるのが優れた判断力のない人ばかりだったら、逸脱しないようにありとあらゆるガードレールを設けなければならない。オフィス用品にいくらまでなら使ってよいか、休暇は何日まで取ってよいか、始業と終業の時刻はいつか、何から何まで決めてあげなければならない。

ほとんどの会社はやがて、自分で判断できない人々から自社を守るためのシステムを構築する。それがやがて、自分で判断できる人々に不満を抱かせる。ホットタブに浸《つ》かっていたエンジニアたちを覚えているだろうか。社員を子供扱いすれば、ビーンバッグチェアをいくら備えようと、ビアパーティーをいくら開催しようと無駄だ。会社は社員に嫌われる。

２０００年に私たちは急成長していた。当時はまだ自分で判断できる人たちを採用していた。だが判断力のある人たちも、社内文化とルールは知りたいと考える――そして彼らが質問したいときいつも私かリードを捜さなければならないのではまずい。

私たちは考え始めた。自分で判断できる人向けの業務プロセスを構築できないか。トップパフォーマーを苛《いら》つかせるつまらない制約から彼らを解放できないか。ごく自然に生まれた今の理想的な環境をどうスケールアップすれば、成長する会社がその恩恵を受けられるのか。

文化をどうすれば成文化できるのか。

ここでパティ・マッコードが腕をふるってくれた。彼女はルールと自由の境界線を見事に引き直してみせた。ネットフリックスの個性が自由と責任の独自の組み合わせにあることを彼女は見抜いた。そして自由を制限するのではなく、促進し守るような体制を導入するために力を尽くした。

自由をどこまで広げられるか。責任の共有をどう確保できるのか。

人事の仕組みを成文化する

パティは常識に則して考えた。例えば出張する場合、費用精算の仕組みがなければならないのは常識でわかる。とはいえ、冗長で時間がかかり結局は意味のない承認プロセスなど誰も望まない。社員を信用して何百万ドル単位の利益にも損失にもなりうる意思決定をさせているのなら、予約する航空券のクラスの判断だってまかせていいはずだ。

休暇日数も同じだ。以前は必要なかったから休暇の取得日数の記録など取っていなかった。1

日休む必要があるならとればいい。歯の治療だの子供の学校行事だの、理由を報告する必要はない。仕事ができていて、不在時の穴埋めを手配していればいい、という姿勢だった。

しかし社員が50名になると状況は複雑になる。社員はしていいこと、悪いことを知りたがる。年間有給休暇14日間という当時の標準をそのままねてもよかった。だがパティは好奇心を働かせた。社員に必要なときに休みを取ってもらいたいなら、いつどれだけ休みを取るかを本人に決めさせたっていいのではないか。休暇日数を決めなかったらどうなるだろう。社員にまかせたらどうなるだろう。

無制限の休暇日数と手間要らずの費用精算は今ではめずらしくもない。だが当時は画期的だった。ネットフリックスで、パティは人事部の役割を再定義するチャンスを見出《みいだ》した。人事部はもう就業規則やセクシャルハラスメントの訴えや福利厚生概要の書類が積み上がった孤立した一部門ではない。パティは人事部が企業文化を積極的に創っていく部署であるというビジョンを描いた。

彼女は突破口を見つけるや、トラックで突っ込んでいった。社員に認めた自由を制約するような既存の制度はすべて撤廃し、社員の自由にほぼ完全に味方する制度を設計した。私たちが社員を束縛する新たな規範をうっかり作ってしまわないように頑として戦い、同時に私たちが社員に期待するものを明示する体制を築いた。彼女が成功したひとつの理由は、経営トップも含め全員に説明責任を持たせたことにある。誰かに嘘《うそ》やごまかしがあればパティは電話した。どんなに地位の高い相手にもひるまず正論を通した。

企業文化をスケールアップ

彼女は文化のスケールアップというまれに見る偉業をやってのけた。

その好例を挙げよう。新入社員のコスプレの話を覚えているだろうか。企業規模が大きくなればいつしかすたれるだろうと私はずっと思っていた。採用人数が週に一人のペースであれば衣装を自作して映画の登場人物になりきってほしいとお願いするのは簡単だ。だが毎週の新規採用者の数が5人、6人、あるいは10人ともなれば実行は難しい。

しかしパティはこの映画にちなんだとっぴな儀式には価値があると考えた。そこでやりやすく、効率よくできるように変えた。新オフィスの一室に何十着もの映画の衣装をそろえたのだ——バットマンのコスチューム一式、ワンダーウーマンのマント、ウェスタン風のカウボーイハットと模型の6連発拳銃など。新人のコスプレは継続したが、誰でも衣装部屋が利用できた。負担がなくなり、楽しみだけが残った。

パティは社内の品行方正ならざる部分も正した。まあいちおう、正そうとはした。例えば、私の執務室の数少ない装飾品に、映画スタジオから送られてきた『オースティン・パワーズ』のプロモーション用ポスターがあった。映画中盤でドクター・イーブルがセラピストに語る独白がまるごと印刷されているのだが、大仰な言葉遣いで風変わりな子供時代を回想し、父親の滑稽な狂気をことこまかに描写し、「毛を剃《そ》られた睾丸《こうがん》」の「息が止まるような」感触について熱狂的に語っている。

人事部的によろしくないポスターであるのは承知していた。だが大好きな映画だったからどうしても飾りたかった。それにこのシーンはいつも笑わせてくれる。ポスターはパティと私の内輪のジョークになった。彼女は私の執務室に顔を出してポスターを目にすると、笑いをこらえながらはがしなさいと命じる。そして私は従う——彼女が背中を向けるまでは。背中を向けたらポスターを戻す。

遊び心は残す

ネットフリックスが成長し、本格的な人事の専門家が来たからといって、オフィスに遊び心がなくなったわけではない。そのひとつが、「便器のコイン」と呼んでいたちょっとしたゲームである。

もともと誰の思いつきだったかは覚えていない。覚えているのは、ネットフリックスの男性社員同士で常にこの遊びをしていたことだけだ。ルールは簡単。便器の底にコインを1枚置いておく。次にトイレを使う人はそれを見つけて無視するか、拾って自分のものにする。一種の社会実験のようなものだ。いくらだったら人は便器の中のものを拾うという不衛生で嫌悪感を覚えるようなことをやるだろうか。

もちろん、これが遊びだと全員には知られていない場合のみ、このゲームは成立する。だが便器にコインを置く人はたいてい私にこっそり教えてくれた。このゲームには人間の性質についての興味深い学びがたくさんあった。例えば、25セント硬貨1枚のほうが10セント玉3枚よりずっと早くなくなる。紙幣は誰もさわろうとしない。ただし金額が5ドルを超えれば別だ。これまでの最高額は誰かが投げ入れた20ドル紙幣だった。このときは一日ずっと便器に捨て置かれ、私が午後6時に家族と夕食をとるために退社した時点でもまだ残っていた。しかしその後8時か9時にオフィスに戻ったらなくなっていた。

いまだに誰だったんだろうと考える。

キッチンでのゲーム

もうひとつの遊びの舞台はキッチンだった。キッチンはいかにも90年代半ばらしい、マンガの『ディルバート』やテレビドラマ『ジ・オフィス』に出てきそうな雰囲気だった。忘れられたタッパーが入っている冷蔵庫、これまでに何十個というポップコーンの袋が破裂した跡が残る電子レンジ。ニトロ・コールドブリュー〔窒素ガス入り水出しアイスコーヒー〕の専用サーバーがアメリカのスタートアップのキッチンスペースではやり出す何年も前の話だ。うちは明らかに昔風だった。会社常駐のシェフなんていなかった。ほとんどの人が弁当を持ってきていた。

このゲームは意志の力を試す一種の実験だったが、方向性は逆で、ネタはおやつである。きっかけは共用キッチンと共有の食べ物にありがちな問題だった。誰かが職場用におやつを提供すると――近所の店で買ったドーナツ12個とか、ハロウィーンで残ったキャンディの鉢など――あっというまになくなってしまう。長時間労働とストレスは甘いものを渇望させるのだ。置かれてから数秒もすれば、徳用袋のミルキーウェイのくしゃくしゃになった包み紙や粉砂糖がカウンターに散乱している。

やがて、私たちはこれをゲームにするようになった。キッチンに数分以上残るおやつを持ってこられるか。なくなるまでに一日かかるものを持ってこられるか。

誰もが嫌がって手をつけない食品はつまらない。それでは簡単すぎる。石でも持ってくればいい。見慣れなかったり口に合わなかったりして、結局はなくなるがそれまで一日かかるようなものを持ってくるのが勝負どころだ。おいしいかまずいか、皆が知っているか知らないか、絶妙なポイントを衝《つ》かなければならない。

例えば。

ある日、私はサニーベールのアジア食材店で買った干しエビと乾燥ワカメの大袋を持ち込んだ。好きな人にはたまらないおいしいものだ。しかしピリ辛で見た目も変わっているので、明らかに万人向けではない。私は開封してポップコーン用の鉢に中身をあけ、キッチンがよく見えるテーブルを臨時の仕事机にした。数秒後にボリスが鉢に寄ってきて、頭の中でコーディングの問題に取り組んでいるのだろう、心ここにあらずの様子で鉢に手を入れた。自分が食べているのがポップコーンでもM&Mでもないと気づいたときの彼の顔は傑作だった。

私は心の中で大笑いした。それからの3時間、私はティーやクリスティーナをはじめ職場の皆がぶらぶらと近づいてきて海の味覚を試し、一口で去る様子を観察した。エビに何のリアクションも見せなかった唯一の人間はあるエンジニアだった。彼は鉢ごと自分のデスクに持ち帰って満足そうにたいらげた。

これは午後5時までもった。

バロットを1ダース持ち込んだこともある。ご存じだろうか。アヒルの卵を17日間温めて孵化《ふか》しかけたものを茹《ゆ》でた、ラオスとカンボジアの珍味だ。中に小さなアヒルの胎児が入っている。当然ながらほとんどの人ははじめ抵抗を覚える。保存用に塩漬けされているため、黄身は濃い深緑色をしている。白身は濃い茶色だ。見た目も匂いも恐竜の卵みたいだった。

私はいくつかをきれいにスライスして紙皿に並べ、フォークを添えて、ポップまで作った。

「アヒルの卵です！　ご賞味あれ！」

意外にも、これは2時間でなくなった。

大物ふたりの入社

新オフィスはロスガトスの北端にあり、バソナレイク公園に面していた。大きなオフィスだった。2階建てで、大部屋式の間取りになっている。銀行を改造したオフィスとは違う。会社が入居することを想定して建てられた、シリコンバレーらしいオフィスビルだ。成長のスペースが十分にあった。新しい社員を採用したら、キュービクルの仕切りを組み立てるだけでよかった。

私はフロントエンドのウェブ、コンテンツ製作、アナリティクス、マーケティングの担当者が集まる2階の南側に席をもらった。リードは財務チームとバックエンドの開発者たちとともに反対側におさまった。同時にふたりで立ち上がれば、キュービクルでスポンジ状に埋まった空間越しにお互いの顔が見えた。

株式の問題については緊張緩和の状態に達していた。私は結局、リードがCEO就任の条件として求めていた株式の3分の1を譲渡することに同意した。残りの3分の2は取締役会に要求してもらうことになった。彼は取締役会に要求し、手に入れた。

その春、オフィス移転からまもなく、リードはビジネスに大きな影響を及ぼすことになる大物2名を採用した。まず、バリー・マッカーシーだ。元投資銀行家で企業経営にも幹部として関わってきたベテランであり、セットトップケーブルボックス経由で家庭に音楽を配信するミュージック・チョイスのCFOを務めていた。名門ペンシルベニア大学ウォートン校でMBAを取得し、コンサルタント兼投資銀行家として数十年の経験があった。うちのオフィスでは異色の存在だった。妥協を許さない厳しい性格の彼は、東海岸の良家出身で難関ウィリアムズ大学を卒業している。短パンにサンダル履きのロスガトスで、ブルックスブラザーズのブレザーを着た彼は場違いに目立った。そこがリードに気に入られた理由ではないかと私はにらんでいる。

私が彼を気に入ったのは、頭脳明晰《めいせき》で生真面目で有能なところだった。また、彼は私が「マークと呼んでくれ」と言ったあとも私を「創業者さん《ミスター・ファウンダー》」と呼んだ。

バリーの入社によってジム・クックはネットフリックスを去ることになった。ジムは当初からCFOになりたがっていたが、バリーが採用されてその希望がかなわないのが明らかになったからだ。彼の退職にドラマはなかった――そういうものだ。だがあの春から夏にかけての会社の変化を象徴していた。創業チームのメンバーが歯が抜けるように消えていき、次のフェーズが彼らに取って代わろうとしていた。

企業ステージに合わせた人材を

変化はスタートアップ企業の現実のひとつである。ゼロから何かを立ち上げるときは、有能で情熱あるゼネラリストたちが活躍する。何でも少しずつこなせ、会社のミッションに賛同してくれ、こちらの時間とお金とアイデアを安心して預けられる人々だ。だがゼロが1になり、蒔《ま》いた種が育ち始めると、入れ替わりが起きる。起業当初は適材だった人が会社のライフサイクルの中盤になって合わなくなるのだ。会社組織での数十年の経験とノウハウを持った人々を入れる必要が生じる。

1999年初め、ジムの退職後に業務運営部長として来てもらったトム・ディロンはまさにそういう人材だった。トムは50代半ばで、一貫して大企業の国際物流畑を歩み、直近ではハードディスクドライブメーカー・シーゲートと薄型ディスプレイのベンチャー企業・キャンディセントで最高情報責任者（CIO＝Chief Information Officer）を務めたのち、セミリタイア状態だった。2社とも大きな会社だ。特にシーゲートは規模が大きく複雑だった。世界中に24時間稼働の工場があり、10万人以上の社員がいる。それほどの規模とスケールの会社でテクノロジー部門の長を務める能力がどれほどのものかは想像を絶する。しかもシーゲートが全工場の自動化を決断し、工場（と社員）の数の半減を果たしたとき、取り仕切ったのがトムだった。

パティ・マッコードがどこで彼を見つけてきたのかわからないが、トムはネットフリックスが採用したもっとも重要な人材のひとりだと私は思っている。彼のような人が採れたことにいまだに驚きを覚える。ネットフリックスは週に2000本の映画DVDをアメリカ国内のみに出荷していたが、トムは世界中に何百万単位の出荷を行っていた企業で責任者を務めていた人物だ。正直、うちの給与水準からいえば高嶺《たかね》の花だった。うちでは彼がそれまでもらい慣れていた額の2

割ほどしか払えなかった。

ところがトムは凡人とは違った。細部に神経を使う職務の責任者だったにしては意外にも、おおらかなタイプBにそっくりあてはまる性格だった。トムは長身でどこか不器用な歩き方をし、あごひげをたっぷり生やし、もじゃもじゃの白髪は退行しかけている。ゆったりした服と気楽な冗談を好んだ。彼がストレスでカリカリしているのを見たことがない。映画『ビッグ・リボウスキ』でジェフ・ブリッジスが演じた「デュード」を地で行く、皆から好かれるおっとりしたおっちゃんだった。実に懐が深いのだ。

彼はうちの小さな会社を退職後の趣味のように考えてくれた。チャレンジが好きだったのだろうと思う。なにしろネットフリックスには倉庫がひとつしかなく、まだ折り畳み式の長机で手作業で仕分けしていた。自宅でやる子供の行事にマイルス・デイビスを呼んで演奏してもらうようなものだった。

アマゾンのDVD販売開始

新しいオフィスに移り、新しいメンバーがそろった。ところが私たちはまだ同じ問題を抱えていた。DVDを借りてくれる人がいない。

嘘だろうと思うかもしれない。1年後、ネットフリックスはレンタルの代名詞になる。だが98

年から99年まで、うちからDVDを借りてもらうには無料にするしかなかった。サービス開始から1年半にわたって、1枚借りたら1枚無料、プレゼント、バンドル〔組み合わせ販売〕、プロモーション、と考えられるあらゆることを試した。トップページのデザインも考えつくものはすべて試した。しかし期待外れに終わった。獲得コストを上回る利益が出せるような顧客の獲得と定着の手法が編み出せていなかった。

決め手となる事業プランが見出せていなかった。

だがアマゾンは私たちが予想していたとおり、前年11月からDVDの販売を開始していた。そしてうちのサイトに来てDVDを買おうとする顧客をアマゾンに誘導する取り組みは、数カ月後にリードがひっそりと中止した。うちは自社サイトにアマゾンへのリンクを張るのに何百時間も投資した。うちに来たDVD購入客をアマゾンに案内するためだ。向こうも自社サイトに来たレンタル客をうちのサイトに誘導するために同じだけ労力をかけてくれるものと期待していたが、見返りはごくわずかだった。アマゾンサイトのネットフリックスへのリンクは目立たず見つけにくかった。うちからは何万人もの顧客をアマゾンに送り込んでいたのに、向こうからは数百人しか来なかった。

提携が失敗したとき、リードは結局たいして重要でないものだったと社員に伝えた。皆が気を落としたが、クリスティーナの落胆ぶりはひときわだった。彼女は最初から提携に反対していたのに、いつものようにチームプレーに徹し、ネットフリックス側の担当者として一生懸命に働いてくれたのだ。ある業務を優先課題として納得していない社員に骨折りを求めておきながら、その努力を一蹴することがどれほど士気を下げるか。それをリードにわからせるには、（パティをまじえ）さんざん対話を重ねなければならなかった。

もうひとつ社内の士気を下げていたのは、アマゾンから新たなレンタル客が訪れず、食いつなげるＤＶＤ販売の売上もなくなった今、うちは赤字を垂れ流す一方だという事実だった。リードと私は社員の前では平静を装い、ピンチをチャンスにしようと言っていた。ネットフリックスが活路を開くためにはひとつのことに集中しなければならない。それはレンタルだ。

借り方を変える

99年の夏に会社の状況は限界に達していた。私は昼休みのほとんどをオフィスの隣の公園でジョギングして過ごした。ロスガトス・クリーク・トレイルを汗を流して走るうちにいつか、継続的にレンタルしてもらえる解決策が浮かぶのではないかと祈るような気持ちだった。

私にはずっと気になっていたアイデアがひとつあった。サンノゼの倉庫に出張したとき、倉庫の棚に何千枚、いや何万枚ものＤＶＤが利用されず観《み》られないままただ置かれているのに気づいた。その気づきを会社に帰ってリードに話すと、例によってリードvsマークの面白い会話に発展した。なぜ倉庫にＤＶＤを保管するのか？　顧客にＤＶＤを保管してもらう方法が考え出せないか？　お客さんの自宅、テレビ台の棚に、ＤＶＤを気のすむまで手元に置いてもらえばいいのではないか。

延滞料金を撤廃したらどうなる？

ふたりでこのアイデアを考えれば考えるほど、入れ込むようになった。当時のレンタルプログラム最大の問題のひとつが、映画を計画的に借りる人をあてにしていることであるのはわかっていた。自分が何を観たいのか数日前から考えるような人だ。

いいかえれば、知り合いにはおよそいないタイプである。大半の人は（認めたくはないが私もこの部類だ）ブロックバスターの駐車場に車を入れるときになってようやく観たい映画を決める。私のような人間にとってこれは計画性のうちに入る。ほとんどの人は新作の棚を見て10秒後に何を借りるか決めていた。

だがＤＶＤを好きなだけ手元に置けるとしたらどうだろう。状況は一変する。ＤＶＤをテレビ台にいつまででも置いておける。映画を観たい気分になったらすぐ観られる。ブロックバスターに車で出かけるより早い。それに複数の映画を置いておければ、気分次第で何を選んでもいい。仕事がしんどかった日のあとで『ザ・シン・ブルー・ライン』はちょっと重たいかな？　じゃあこれはパスだ。よかった、かわりに『恋はデジャ・ブ』があるじゃないか。これで気分を上げよう。

うちの最大の弱点が最大の強みに大逆転する。

では、映画を観終わったらどうするか。この先についてはあまり見えていなかった。ピア・ツー・ピア方式で次借りる人に送ってもらったらどうか？

要するに、私たちは思いつくままを語り合っていただけだ。だが夏も半ばを過ぎ、数週間の議論と100マイルほどのジョギングを経て、私たちはそれほど悪くはないと思う三つの案に至った。次のとおりだ。

新しい課金方法

1．**ホーム・レンタル・ライブラリ**。延滞料金廃止の可能性についてメールで非公式の調査を行ったところ好意的な反応が返ってきたため、月15・99ドルで一度に4枚のDVDが借りられて好きなだけ手元に置けるプランを設計した。1枚返却すればサイトに戻ってまた1枚借りられる。

2．**自動発送**《シリアライズド・デリバリー》。「サイトに戻ってまた1枚借りる」という部分に問題が発生するのではないかと私たちは考えた。皆忙しい。観終わったDVDをポストに入れ、視界から消えたらそれきり忘れてしまいそうだ。だから観たいDVDのリストを各人が作れるようにしたらいいかもしれない。そうすれば、DVDが返却されたら自動的に《オートマティカリー》（ティーは「自動魔法のように《オートマジカリー》」という言葉を使った）リストに控えている次の映画を送れる。そのリストを「キュー」と呼んだのは私の案だ。キューは行列を意味するが、この機能のヘルプ・セクションを「キュー・ティップス」と呼べるのも気に入っていた。

3．**サブスクリプション**。DVDを好きなだけ手元に置けるようにすれば顧客に喜ばれそうだったが、どういうビジネスモデルにすべきかを考えあぐねた。DVDを交換するたびにレンタル料を払うのか？　ずっと返却されなかったらどうする？　そこで月額料金を試してみることにした。サービスの利用に対して1カ月ごとに課金するのだ。

三つの取り組みを個別にテストし、それぞれの効果を見きわめる計画だった。ネットフリックスでは当初からこういう実験を行っていた。どんなに小さな変更でも影響を測定し定量化できるサイト設計にしていた。サービス開始前に、効率的なテスト方法を学習していた。テストでは見た目は重要ではない。リンク切れ、画像の欠落、誤字脱字などはつきものだ。大事なのはアイデアである。アイデアが悪ければ、テストで細部にいくら気をつかったところでよくはならない。アイデアが良ければ、サイトの造りが雑だろうと不手際があろうと、たちまち人は争って利用しようとする。ウェブサイトに問題があっても、ユーザーは何度でもトライして乗り越えようとする。サイトを立ち上げ直す。問題を回避する方法を探そうとする。うちに電話してきて注文を受け付けてもらおうとする（電話番号を公開していないのに！）。

人はこちらが持っているものがほしければ、ドアを破壊し、リンク切れを飛び越えて、もっとくれとせがむのだ。こちらが持っているものが人に望まれなければ、サイトの色調を変更しても何も変わらない。

というわけで、1999年半ばの時点で私たちはテストに関しては熟練のプロだった。短期間にテストを行うことができた。しかし短期間とはいえ、1回のテストには約2週間かかった。リードに話を通そうとすると、彼はばか言うなという顔をした。

「それじゃあダメだ。そんな悠長なことをしてる時間はない」

「聞けよ。何か手を打たなければならないんだ。顧客の獲得ができないからレンタルしてもらえない、だから――」

「そのとおり。だから一度に全部テストしろ」、リードは私をさえぎって言った。

反論しようとして、テストを重ねた前年を思い出した。悪いアイデアではない。テストをスピードアップしよう、もっと頻繁に行おうという会社の精神にも合う。私たちは常にスタートアップ最大の落とし穴を避けようとしていた。つまり、砲塔、跳ね橋、堀を完備した、念入りに設計した想像上の城を頭の中で建築するという罠《わな》だ。計画や設計に凝りすぎるのは机上の空論である場合が多い。またの名をよくある先延ばし癖ともいう。**ことアイデアに関しては、10の拙いアイデアをテストするほうが、何日もかけて完璧なアイデアを考え出そうとするより効率的である。**

考えるより試してみる

一丁やってみるか、腹を決めた。私はクリスティーナとエリックに三つのテストを全部一緒にひとつのプランに入れ込むよう指示した。当時は無料レンタルクーポンを利用しようとサイトに来てくれる顧客が一定数いたから、結果が出るまでに長くはかからないだろう。私たちはサイト上の「クーポンを利用する」ボタンをクリックした10人のうち一人を特設ページに飛ばし、延滞料金なしで無期限に借りられるネットフリックス・マーキープログラムの月額制サブスクリプション無料お試しチャンスを提案する設定にした。利用者にはDVDを4枚送り、1枚返却されたら次のDVDを送る。何回でも利用できる。そして月末に、キャンセルがなければ、自動的《オートマティカリー》に（ここで「自動魔法のように《オートマジカリー》」と表現したのは私である）1カ月たった15・99ドルを、大手カード会社のクレジットカードに課金させてもらう。

ホーム・レンタル・ライブラリ×自動発送《シリアライズド・デリバリー》×サブスクリプション。生まれたばかりでまだ仕上がっていないアイデアを三つ、一気に投入だ。

「たぶんうまくはいかないだろう」、私はクリスティーナに言った。「だがまあ、それがわかるだけでもいい」

1997

第14章

1998

先のことは誰にもわからない

1999

秋

サービス開始1年半後

2000

2001

2002

2003

アイデアは成功した。

延滞料金なし、月額定額料金、キュー機能つきの自動発送《シリアライズド・デリバリー》への反響は好意的という表現では足りない。

熱狂的だった。

テストの初日、バナーをクリックした人の実に90％が自分のクレジットカード情報を入力してくれた。信じられないことだ。私は20％弱を予想していた。たとえ1カ月無料で課金が発生する前にキャンセルできたとしても、クレジットカード情報の開示を求められて応じてくれる人の割合は通常この程度である。しかもまぐれ当たりではなかった。何日経《た》っても、申し込み率は高水準を保っていた。ウェブサイトへの訪問者のうち、サブスクリプションに申し込む人は個別課金型《アラカルト》レンタルを選ぶ人の4～5倍もいた。

嬉しい予想外

この新プランのオファーに人は食いついてきた。パックリと丸呑《まるの》みだ。

私たちはオファーの約束を実現するサービスの構築に奔走した。考えなければならないことはたくさんあった。通常のオペレーションと並行して自動発送《シリアライズド・デリバリー》を運用する方法、サブスクリプションの自動課金の方法、実際に機能するキューシステムの構築方法。しかし1週間で非常にポジティブな結果が出たので、ついに当たりをつかんだ確信があった。

私は一日に何度もスレーシュのデスクに立ち寄った。スレーシュは毎日発生する情報の流れの中から重要なデータを抽出して、消化し検討できる形にしていた。私が興奮状態でデスクに来て前のめり気味に数字を要求するのが、彼には恐怖になっていたに違いない。だが私は知りたかったのだ——昨日より増えたのか、減ったのか。申し込み者数は何人？　オファーを見たが無視したのは何人？　プロセスのどの時点で脱落したのか？

もちろん、無料トライアルに申し込んだ（そしてクレジットカード情報を提供してくれた）人々が1カ月後にはサブスクリプションをキャンセルできるのは承知していた。だが状況は好転していた。失敗に終わった何百という実験、何千時間という労力、何百万ドルというお金を経て、ついにDVD郵送レンタルの有効モデルに行きついたように思われた。

私が一番驚いていた。三つのアイデアを同時にテストするリスクをとることに抵抗しただけでなく、これは私が思いついた中でもっとも見込みが低そうな解決策だったからだ。もしサービス開始日にネットフリックスの将来の姿をたずねられていたとしても、月額サブスクリプションサービスという答えは絶対に出なかっただろう。たとえ質問の難易度を下げて三つの選択肢の中から選ぶ形式にしてもらったとしても、私の正解率は3分の1だったはずだ。

テストを公開した数日後に、ロレインがお昼を一緒に食べるために子供たちを連れてロスガトスのオフィスに来た。ジョギングはお預けにし、かわりにピザを注文して公園でピクニックをした。食べ終わると、ローガンとモーガンと私で公園の周囲を走る蒸気機関車に乗り込んだ。ロレインはむずかるハンターを抱いて後ろの席に座った。公園の中央にある湖を一周しながらロレインに前途有望な新しいアイデアを話して聞かせているとき、私は地下室に模型の蒸気機関車をセットし、私を呼んで車輪が回転するさまを見せた父を思っていた。

「私の見立てはまちがってたのね」、反響の数字を聞いてロレインは言った。「これ、成功しそうじゃない？」

「本気でそう思っている。でも君は悪くないよ。数年前はこんなにいいアイデアじゃなかったからね。それに**先のことは誰にもわからない**」

ノーバディ・ノウズ・エニシング

ロレインは笑った。ふたりで読み終わったばかりの『映画稼業（Adventures in the Screen Trade）』の著者、ウィリアム・ゴールドマンの言葉を引用したのがわかったからだ。ゴールドマンをご存じない方もいるかもしれない。彼は映画の脚本家なので主に裏方として活躍し、表舞台に出ることはなかった。私の世代でいえば『明日に向って撃て！』が彼の作品である。もう少し若い人なら『プリンセス・ブライド・ストーリー』を楽しんだかもしれない。彼は『ミザリー』『ビッグ・ヒート』『マジック』『マラソンマン』『将軍の娘』などなど25作以上を手がけた。

アカデミー脚本賞を二度受賞している。

だがウィリアム・ゴールドマンをもっとも有名にしたのはわずか3語の名言だ。

先のことは・誰にも・わからない《ノーバディ・ノウズ・エニシング》。

ゴールドマンによれば、この3語がハリウッドのすべてを理解する鍵だという。映画はできあがってみないとどれだけ成功するか、誰にも本当のところはわからない。

例えば、アカデミー賞受賞監督（マイケル・チミノ）が監督し、アカデミー賞最優秀助演男優賞を受賞した俳優（クリストファー・ウォーケン）が出演し、ヒットまちがいなしの脚本と5000万ドルの予算がついてなぜ、ハリウッド史上有数の失敗作とされる『天国の門』のような映画ができてしまうのか。

逆に、未経験の監督が少数のアマチュア役者、脚本なし、予算5万ドル未満で撮って、興行収入2億5000万ドルを超えインディペンデント映画史上最大のヒットとなった『ブレア・ウィッチ・プロジェクト』のような映画ができるのはなぜか。

シンプルに説明できる。

先のことは誰にもわからないからだ。これはハリウッドに限らない。シリコンバレーにもあてはまる。

「先のことは誰にもわからない」は悲観ではない。ただあらためて気づかせ、背中を押してくれる言葉である。

先のことは誰にもわからないなら――**どのアイデアが優れていてどれがそうでないのかあらかじめ知りえないなら、誰が成功し誰が成功しないのか知りえないなら、だからこそどんなアイデアにだって成功の可能性がある。先のことは誰にもわからないなら、自分を信じなければならない。自分を試さなければならない。そして失敗をいとわず挑戦しなければならない。**

シリコンバレーのブレーンストーミングは「ダメなアイデアはありません」の決まり文句でよく始まる。私はこれにいつも異議を唱えてきた。ダメなアイデアはある。ただ、実際に試してみるまではダメかどうかわからない。

そしてネットフリックスが証明したように、ダメなアイデアが優れたアイデアに転換する場合もある。

判断をまちがえたのは私にネットフリックスは絶対うまくいかないだろうと言った人々（妻を含め）だけではない、私だってまちがえた。誰しもそうだ。**アイデアがうまくいく可能性があるのは皆わかっていたが、その方法は結局誰にもわからなかったのだ**――実際にうまくいくまでは。

私たちはネットフリックスをミッチのビデオドロイドのオンライン版、つまりレンタルビデオ店として思いついた。実際、非公式にはそう呼んでいた。ネットフリックス・ドットコムをウェブサイトとかレンタルサービスと呼んだことはない。いつも「店《ストア》」だった。

しかし今、新たなモデルが誕生した。ブレーンストーミングだけでは生み出せなかったであろうモデルだ。eコマースにおけるもっとも斬新なビジネス構造は、数年の労力と何千時間ものブレーンストーミングと絶体絶命の財務状況とせっかちなCEOによって生まれた。サブスクリプションモデルはネットフリックスを救い、たちまちネットフリックスの代名詞になった。しかしそれは私たちが計画的に目指したものではなかったし、予測できるようなものでもなかった。さんざん汗を流し、さんざん知恵を絞ってたどりついた結果だ。

また、多くのカードが絶妙の位置にそろった結果だ。

他の人ならそれを運と呼ぶだろう。私は先のことは誰にもわからないと言う。

サブスクリプションモデル三つの問題

サブスクリプションモデルは私たちが抱えていたたくさんの問題を解決する可能性を秘めていた。しかしまた、新たな問題もたくさん出てきた。

第一は既存のプロモーション施策だ。私はDVDプレーヤーメーカーに何度となく断られた末に、製品の箱の中にうちのクーポンを入れてもらうよう口説き落としたところだった。メーカーには約束を必ず守ると請け合っていた。その結果、「DVD3枚無料レンタル！」を約束するクーポンが何十万枚も出回っていた。DVDメーカーのサプライチェーンにはタイムラグがあるから、この先何年もクーポンは出回りつづけるだろう。サブスクリプション・プログラムを一気に軌道に乗せるためには、DVD無料レンタルの要求をマーキープログラムの無制限レンタル1カ月無料に置き換えるのが最善の策だ。だが顧客は受け入れてくれるだろうか。おとり商法だと思われてしまうだろうか。メーカーにもうちがクーポンの条件を守っていないと主張する権利は十二分にあり、それも懸念要素だった。

第二の問題は、顧客が有料会員になるか決める前に1カ月無料にしてプログラムを評価してもらう「初月無料」プロモーションだった。無料の月を設けるプランはふたりとも気に入っていた——そのおかげで何千人もの新規ユーザーが来てくれた——が、最初の月が終わったあとどうするかについては意見が対立した。プロモーションを利用したユーザーをどうやって有料顧客に変えられるか。継続を希望するかどうかたずねるのが昔からの手法だ。だが私は「ネガティブオプション」、つまりたずねないやり方を使うべきだと強く感じていた。顧客が自分からキャンセルしない限り、自動的に翌月から有料会員に移行させ、クレジットカードに課金するのである。これは今ではあたりまえに行われている。アマゾンプライムをはじめサブスクリプションプランはほぼすべてこの仕組みだ。だが当時はあまりに強引な詐欺まがいのやり方と見られていた。リードがこれを嫌がった。

第三の問題は個別課金型《アラカルト》レンタルサービスだった。これだけでは会社を維持するに至っていなかったものの、長期の契約をせず1回に1枚ＤＶＤをレンタルできることを好む人もかなりいた。だがほぼ12カ月前にレンタルと販売を両立させる難しさに直面し、片方に集中しなければ成功の芽はないとさとったときと同じ決断を今、私たちは迫られていた。会社を救うかもしれないプログラムに全労力とリソースを集中させるか、二つのモデルを並行して提供することにチャレンジするか。

継続はたずねない

第一の問題は思ったより簡単に解決した。提携を始めて1年経ち、なおかつ施策が大成功の結果を出した段階では、超大手家電メーカーとの交渉は楽だとわかった。私たちの目に明らかだったことは世界のソニーと東芝にも明らかだった——サブスクリプションモデルはゲームチェンジャーだ。ハイテクスタートアップが靴下から大人のおもちゃまで何でもサブスクリプションを提供している今となっては想像しづらいだろうが、1999年に私たちは過去に誰も経験したことのないことをしていた。可能性にお金を払ってくれと人々を説得していたのだ。同じ金額を払えば、映画を何本観《み》てもサービスを実質使い放題にすると呼びかけた。そして何日、何週間DVDを手元に置いても延滞料金を取らないことによって、従来のレンタルビデオ店にとってもっとも価値の高い顧客だったヘビーユーザーに、レンタルビデオ店に代わる使える選択肢を提供した。

要するに、自信を持ってやれていた。だからソニーのマイク・フィドラーと東芝のスティーブ・ニッカーソンにアプローチしたとき、プロモーションの条件を変えていいかと許可を求めはしなかった。うちのビジネスモデルの変更を説明し、プログラムの人気ぶりを表す数字をいくつか示した。条件変更後も顧客にはＤＶＤが無料で提供される。ただそのためにサブスクリプションを申し込むだけだ。一分の隙もない言い分を作り上げるには私の説得の才能を総動員しなければならなかったが、結局うまくいった。２社とも提携を解消しなかった。

ネガティブオプションの件はもう少し手こずった。

「許可もなく人様のカードに課金はできないだろう」とリードは言った。「倫理に反する」

「世間ではあたりまえだよ、リード」と私は言った。「雑誌の定期購読をしたことないのか？」

「あれは気に入らん」

「お客さんには無料でサービスを利用するチャンス。こっちにとってはお客さんにうちのサービスに惚《ほ》れ込んでもらうチャンス。トレードオフだ。開始の際にお客さんもわかっている」

「忘れるかもしれないじゃないか」

「いいか、もし最初の時点でお客さんがクレジットカード情報を開示してくれるほどオファーが気に入ったのなら、サービスを気に入って継続させてくれる可能性が高い」

リードは渋い顔をした。賛同していない。だが結局は私が勝った。なんといっても、利用者には１００ドル分のＤＶＤを送っているのだ。トライアルを利用するにはクレジットカード情報を入力しなければならない。そのことに彼らは違和感を覚えていなかった。

「皆が気に入ってくれる前提で始めようじゃないか」と私は主張した。「だとしたら、自動的にサブスクリプションが継続されて自動的にクレジットカードに課金されても文句は出ないはずだ」

キャンセルは来るか？

楽観的ではあったものの、頭が完全にお花畑だったわけではない。無料トライアル開始から4週間後、キャンセルの嵐が吹き荒れるのを私は半分覚悟していた。私は一日中自分のデスクとスレーシュのデスクを往復し、数字を確認した。午後5時にもなるとスレーシュは私が彼のところにたどりつく前に数字を叫んでよこすようになった。終日、基本的にメッセージは同じだった。「大丈夫です！」。スレーシュは言った。「うちに課金させてくれてます！」

この時点で最大の難問は個別課金《アラカルト》型レンタルだった。一部のレンタル客、特に山ほど映画を観るわけではないがネット注文の利便性を気に入っていた、レンタル枚数の少ない顧客からこのサービスはとても支持されていた。

しかしサブスクリプションサービスを支持するレンタル客の数は圧倒的に多かった。マーキープログラムは開始から3カ月でネットフリックスのサイトトラフィックを300％も引き上げた。

私たちは問いを突きつけられた。両方のモデルを提供する価値はあるか。それとも、初期のユーザーの一部を切り捨てることになっても、サブスクリプションに集中するほうが理にかなっているか。

カナダ原則

この問いに答えるために、私がカナダ原則と呼んでいたものについてお話ししたい。

ネットフリックスは最初の12年間、アメリカ国内だけにサービスを限定していた。創業当初は国際市場に対応するインフラも資金もなかったからだ。金庫室を改造した倉庫でふたりの社員が手作業でＤＶＤを封筒に入れていたのだし、そもそもビジネスモデルはアメリカの郵便料金がベースになっていた。しかしカナダ進出はしょっちゅう検討にのぼった。カナダは近いし規制がゆるく、郵便料金と輸送コストも安かった。計算すると、売上の約10％増がすぐに見込めそうだとわかった。

だがカナダ進出は見送った。

なぜか。理由は二つある。

第一に、カナダ事業は見た目に反して必ず煩雑になるとわかっていた。カナダの一部地域ではフランス語が第一言語だから、翻訳の問題が発生する。通貨が異なるから、価格設定が複雑になる――しかもカナダも自国通貨を「ドル」と呼んでいるため、コミュニケーション上の混乱が起きるおそれがあった。郵便料金が異なるので、封筒を変える必要もあるだろう。要するに、一見単純そうでも手がかかるのは必至だった。

しかしカナダ進出を見送ったさらに大きな理由はもっと単純だ。

カナダ進出に必要な労力、人的資源《マンパワー》、知的資源《マインドパワー》を事業の別の面に充てれば、いずれリターンは10％よりもはるかに高くなるはずだったからだ。カナダ進出は短期的な利益をもたらす短期的な施策になっただろう。それは私たちの集中力を薄めてしまっただろう。

リードが個別課金型《アラカルト》レンタル廃止を唱え始めた当初、私は反対した。数字が好調だったとはいえ、個別課金型《アラカルト》レンタルの顧客ベースを捨てることによる財務への打撃を懸念していた。両プログラムをもうしばらく並行し、ユーザーにとってもわが社の最終損益にとってもソフトランディングできないか。

サブスクリプションサービスに集中

だがこの決断が6カ月前にＤＶＤ販売をやめる決断をしたときと同じであり、実はカナダ原則を適用すべき局面だと気づいてからは、私も賛成に転じた。リードが正しかった――もしサブスクリプションモデルに未来があるとわかっているなら、個別課金型《アラカルト》レンタルという過去に労力を割く意味はない。個別課金型《アラカルト》レンタルユーザーはユーザー全体のごくわずかな割合を占めるにすぎなかった。すでに卒業しようとしているモデルにエネルギーと資金と人材を分散させているだけだ。しかも、ＤＶＤ販売のときと同じように、選択肢が多すぎて顧客に混乱を与えていた。

2000年2月までに私たちは個別課金型《アラカルト》レンタルを廃止し、1カ月19・99ドルに設定し直したサブスクリプションサービスに完全移行した。これでネットフリックスといえばマーキープログラム、マーキープログラムといえばネットフリックスになった。

集中こそ起業家の秘密兵器だ。ネットフリックスの歩みの中で、DVD販売の廃止、個別課金型《アラカルト》レンタルの廃止、そしてやがてはネットフリックス創業チームメンバーの多数の離脱と、私たちは何度となく将来のために過去の一部をみずから捨てなければならなかった。このような徹底した集中は時として冷酷にも見える――確かに、多少はそのとおりだ。だがたんなる冷酷さとして片づけられるものではない。それは勇気に似た何かである。

ムービー・オンデマンド

マーキープログラムへの完全移行は、私たちの最大の弱点のひとつであった配送時間を一挙に最大の利点のひとつに変えた。これで私たちはブロックバスターに行くより数日遅いサービスではなく、何倍も早いサービスになった！　映画を観たくなったら、店まで車を走らせる必要はもうない。自宅のテレビ台に何本もの映画がすでに待っているのだ。「ムービー・オンデマンド」に限りなく近かった。

私たちは回転してたえず更新されるDVDライブラリを持つユーザーを思い描いた。夜に映画を観て、翌朝通勤の途中でポストに入れると、午後には次のDVDの発送通知メールが届く。インスタント・グラティフィケーションそのものとはいえないが、きわめて近い。

これがうちの出荷方法にどんな影響を与えるかは読めなかった。前年運用していたピッキング、梱包《こんぽう》、出荷のシステムを、トム・ディロンがすでに抜本的に再構築し、効率を上げてよりユーザーフレンドリーにしてくれていた。また、ユーザーが複数注文していても、すべてのDVDを準備が整った順に個別に発送したほうがはるかに安く効率的だということも発見していた（私はロレインと最新流行の小皿料理の店に行って、一皿ずつでき次第すぐお持ちしますと言われるたびにこれを思い出す。粋なこだわりに聞こえるが、実はそのほうが調理場が楽だからだ）。

しかし、マーキープログラムが必ずしも今より早い出荷を必要としないとしても――顧客のテレビ台に観る映画が控えているのだから――「映画を1本返却した翌日に新しい映画が届いたらすごくないか？」と私たちは考えた。魔法みたいじゃないか。それに、そもそも1週間も待たされたい人などいない。

すでに地元の顧客の一部は翌日配送サービスを享受していた。うちの倉庫があるサンノゼ在住のネットフリックスユーザーは近いおかげで発注から1日でDVDが届きやすかったが、フロリダのユーザーに届くまでには6、7日かかることが多かった。しかし数字上は、配送時間と顧客定着率に相関性は見られなかった。数カ月後の顧客定着率はベイエリアとフロリダでほぼ同じだ。

「なぜだろうな？」。ある日の午後、キューービクルの壁にテニスボールをぶつけながら私はリードに言った。「フロリダのお客さんは『もうやめよう、15ドル払う価値はない』と言いそうなものなのに」

「たんに慣れじゃないかな」とリードは言った。「うちが西海岸にあるのはお客さんもわかってるから、時間がかかるのは織り込み済みなんだろう。この件については助かったのかもしれないな。翌日配送を実現するために全国に倉庫を作らなくてすむなら、多額の節約ができる」

「どうも腑《ふ》に落ちない」、私は言った。「翌日配送に違いはあるはずだ。何か私たちが見落としていることがあるに違いない」

投げたボールに力が入りすぎ、跳ね返ったボールは私を通り越してリードのデスクに飛んでいった。

翌日配送のテスト

「考えがある」、私は言った。「一都市を対象とした翌日配送を、最初から謳《うた》って実施したことはなかったよな。それをやってみたら、すべての変数に対する影響を測定して、重要なのかどうかがわかる」

リードは肩をすくめた。

たんに確認するだけのために別の市場での翌日配送をテストしたい、と言ったときのトム・ディロンの目は一生忘れられない。やり方について確たる策があるわけではない――ある都市でサービスのテストをするからといって流通センターを新設できるはずがない。としたら？

「サクラメントでやればいい」、トムは笑いながら言った。「倉庫なんか建てなくていいよ。1カ月間、毎晩車で出荷品をここから運んで、サクラメントの郵便局に持ち込めばいい」

「やってくれますか？」

「嫌ですよ」、トムは言った。「あなたのアイデアでしょ」

というわけで、ダン・ジェプソンがパネルバンの運転席の後ろに積んだ何千通ものネットフリックス封筒を全開した窓から入ってくる風にはためかせながら、高速道路80号線を北に2時間運転するはめになった。

クチコミ広告

それから数カ月間、ダンは毎朝サクラメントに行き郵便物を受け取ってロスガトスに持ち帰り、数時間後にまた同じ経路を走ってサクラメントに郵便物を持ち込んだ。私たちは数カ月にわたって結果を測定した。そしてわかったのは驚きの事実だった。翌日配送はキャンセル率に大きな変化をもたらさなかった。変化があったのは新規の申し込みだ。

「わけがわからないな」、私は新規申し込みのプリントアウトを手にクリスティーナのデスクの脇に立って言った。「前もって映画が翌日届くと伝えてはいない――黙って実施してるのに！お客さんはまったくの勘ですぐ届くのがわかるのかな？」

クリスティーナはあきれ顔をした。「違いますよ、マーク。木を見て森を見ずね」

私は続きを待った。

「お客さんたちが友達に伝えてるんです。クチコミ広告ですよ」

クリスティーナの言うとおりだった。テスト期間が長くなるにつれ、翌日配送が本物のゲームチェンジャーであることが明らかになってきた――ただし私たちの予想とは違う形でだった。定着率ではなく申し込み数に効果があったのだ。翌日配送は、自分が使っている新サービスについて友達全員にふれまわるような熱烈なファンを生み出していた。やがて私たちは、サクラメント市場への浸透がシリコンバレーのレベルに近づいてきたのに気がついた。シリコンバレー、DVD技術のアーリーアダプターが集中して住んでいる街にである！

この顛末《てんまつ》は貴重な教訓となってくれた。勘を信じるべし、ただしテストもすべし。具体的に動く前に、データの裏づけがなければならない。私たちは翌日配送が重要だと勘づいてはいたが、テストの分析では視野狭窄《きょうさく》になっていたため、理由がわからなかった。だから常識破りの発想でさらにテストを実施し、直観的に正しいと思ったことを解明しなければならなかった。ひとたび理解できてからは、アイデアを洗練させてその可能性を最大化できた――可能性はとてつもなく大きかった。翌日配送には魔法のような効果があった。今後のうちのプランに組み込まなければばならないとわかった。あとは、自分たちでＤＶＤを輸送したり全国に巨大倉庫を建てたりせずに運用する方法を考え出すだけだ。

「まかせてくれ」、トム・ディロンが言った。

大好きな映画を見つける

お気に入りの映画を人に聞かれたとき、私は本当のことは答えない。

表向きの答え――便利な建前――は『パルプ・フィクション』だ。映画ファンもタフガイタイプの観客も、この映画の名前を出せばうなずいてくれる。それに私がこの映画を好きなことに嘘《うそ》はない。脚本よし、撮影よし、サミュエル・Ｌ・ジャクソンとジョン・トラボルタとユマ・サーマンの演技よし。『オズの魔法使』を除けば一番よく観た映画だろう。

だが私のお気に入りの映画はこれではない。私が本当に愛している映画は『ドク・ハリウッド』。あなたがかりに観たことがあってもおそらく忘れてしまっている１９９１年のコメディだ。『ドク・ハリウッド』で若き日のマイケル・Ｊ・フォックスが演じるのはワシントンＤＣの高慢な整形外科医である。彼はポルシェで田舎道を走っていて、サウスカロライナの小さな町で事故を起こしてしまう。柵をなぎ倒してしまった彼は償いのため地元の病院で奉仕活動をするよう命じられる。

さまざまな騒動が起きる。基本的には主人公が場違いな環境に放り込まれる話だ——大都市の医者が小さな町で暮らして小さな町の価値観に触れ、やがて小さな町で医者をやることが自分は本当に好きなのだと気づく。

『ドク・ハリウッド』はいわゆる名作ではない。だがなぜか私の心に訴えかけてくる。人々、家族、土地とうわべだけでない関わりを持った素直な暮らしがしたいという心の奥にある願望を刺激するから、たんにそれだけかもしれない。いろんな意味で『ドク・ハリウッド』は私のファンタジーである。素朴な生活、誰もが知り合いでお互いを気にかけているような世界への憧れをかきたてる。仕事に行って、帰宅して、ポーチに座って、バーベキューコンテストの審査員を頼まれるような世界。

『ドク・ハリウッド』は20世紀の、あるいは1990年代、あるいは1991年度の最高傑作はと聞かれて真っ先に挙げる映画ではない。だが家の中でこの映画のDVDを見かけたら、ついついプレーヤーに入れてしまう。最高傑作でも名画でも話題の新作でもない——ただ私のお気に入りの映画なのだ。

人がお気に入りの映画、偏愛する映画を見つける手伝いをするのがネットフリックスの本当の目標だった。当初からこの会社を配送サービスやたんなる製品に結びつけてはいけないことはわかっていた。もしそうしたら、技術が変化した瞬間に時代遅れになってしまう。長期間生き残る可能性を求めるなら、オンラインライブラリや迅速な配送よりも優れた何かを提供していると顧客に思ってもらう必要があった。技術や配送方法は重要ではない。大事なのはユーザーを、その人なら気に入ってくれるはずの映画とスムーズに出合わせてあげることだ。未来の技術がどこに向かおうとこの意義は失われない。

もちろん、言うは易《やす》く行うは難《かた》しである。

オンラインストアゆえの弱点は一覧性の低さだった。自分が探しているものがわかっていれば、検索するだけでいい。だが観たい映画が決まっていない場合、映画を見つけるのは意外に難しい。一度に1ページしか閲覧できないし、1ページに表示できる映画の数は限られている。パッケージの画像かあらすじをもとに即断しなければならない。もちろん実店舗にも同じ問題はあった。ミッチによれば、大半の人はビデオ店に足を踏み入れた時点では自分が観たい映画を決めておらず、ジャンル別の棚を移動していくという。しかし実店舗なら店員にアドバイスを求めることができる。求めないとしても、通路を歩き回って面白そうな映画との偶然の出合いを期待できる。

閲覧しやすくしたかったし、ユーザーをレコメンデーションとレビューに誘導したい希望もあった。そこでクリスティーナとコンテンツ編集チームと私は、さまざまなジャンルごとにコンテンツの豊富なランディングページを設計した。例えばスリラーを探している人向けに、トップテンのリスト、新作から古典までのレビュー、ネットフリックスのお薦めなどが充実した、スリラー専用のページを用意した。トム・クルーズの映画が好きな人向けにも同様のものを作った。要するに、親切な（そして詳しい）ビデオ店員がしてくれそうな親身な提案と案内を提供しようというわけだ。

自分のために作られている《パーソナライズ》という感覚を出したかった。問題は、それをすべて手作業でやろうとすると時間がかかるのはもちろん、とてつもなく費用がかかったことだ。作品数が９００だった頃は、個別にコンテンツを制作するのはなんとか可能だった。しかし１９９９年後半には対象の映画が５０００本近くあった。サイトに上げるのは大変だったが、ましてや閲覧するのはなお大変だった。

アルゴリズムによるマッチングサービス

リードはいかにも彼らしく、自動化を要求した。

「ランディングページはあきらめろ。いずれにしてもサイトの再設計をしているんだから。ハードコーディング〔変更できないコードをプログラムに直接入力すること〕ページを作るんじゃなく、こうしたらどうだ。トップページにフレームを作って、一度に４本の映画が表示されるスロットを設ける。ひとつのスロットに映画のパッケージ画像、収録時間、公開日、短いあらすじを表示する――こういうデータならすでにあるだろ。そこに表示したい映画50本のリストを作っておいて、サイトがランダムに４本選ぶようにすればいい。あるいは、リストの作り方も定義しておけばもっと楽だ――『スリラー』のリストなら、スリラーとタグ付けしたすべての映画からシステムがランダムに選択できるようにするとか」

私の記憶が正しければ、この提案にはぞっとした。最悪だ。冷たくて、コンピュータ化され、人間の意思が入っていないと感じられた。いずれも目指していたものではない。

だが最近ネットフリックスを使ったことがあるだろうか。リードが提案したスロット構造が生き残っている――ただし改変されて。もっとも重要な改変点はスロットに表示される映画がランダムに選択されないことだ。ユーザーの好みとネットフリックス側の要望に合わせた、複雑なアルゴリズムによるマッチングサービスの成果が表示される。

アルゴリズムによるマッチングサービスの発端は２０００年、リードのスロットの案にさかのぼることができる。もちろん、彼が正しかったからだ。ユーザーが気に入る映画を見つけるためにはもっと効率的で簡単な、編集者がキュレーションしたランディングページよりもさらに直観的にわかる方法が必要だった。スロットにＤＶＤ作品を表示するのは出発点だ。ランダムではない配列法を考えればよかったのだ。

その秋いっぱいかけて私たちはずっと、ユーザーに好きになってもらえる映画を提供しつつ流通業者としてのうちのビジネスが楽に（そしてもっと利益を上げられるように）なるサービスの構築方法を議論した。ユーザーが次に注文する映画を決めようとＰＣの前に座ったときに、その人の好みにカスタマイズされていると同時にうちの在庫に最適化した映画のリストが表示されるようにしたかった。顧客に自分が観たかった映画を提案できれば、サービスを喜んでもらえるはずだ。しかもうちが観てほしい映画を提案できたら？　ウィンウィンだ。

観たい映画を自動的に提案

簡単に説明しよう。たとえうちが新作をブロックバスターの20倍発注したとしても（莫大《ばくだい》なコストのかかる競争優位策だ）、すべての需要を常に満たすことはできないだろう。しかも新作は高価だ。顧客を満足させつつコストを適正に抑えるためには、需要が低くて顧客が気に入る――むしろ新作よりも気に入るとわかっている映画にユーザーを誘導する必要がある。

例えば、私が『カラー・オブ・ハート』をレンタルした（さらに気に入った）とする。1998年の傑作映画のひとつで、1990年代のふたりのティーンエージャー（トビー・マグワイアとリース・ウィザースプーン）が1950年代のアメリカの小さな町を舞台にした白黒テレビドラマの世界に入り込んだらどうなるかを描いた、風刺の利いたコメディである。私を最近の新作から『カラー・オブ・ハート』や『ドク・ハリウッド』のような映画にうまく案内できるのが理想のレコメンドエンジンだ。

難しい課題だった。好みは主観的だ。また、映画同士の類似性を特定しようとする際に考慮しなければならない要素の数はほぼ無限にある。映画をグループ分けする基準は俳優か、監督か、ジャンルか。公開日か、賞の候補になった実績か、脚本家か。ムードのようなものをどう定量化するのか。

リードやエンジニアたちと何カ月も解決策を模索した。問題は、意味のある映画の提案を実際に導き出せるアルゴリズムを考案することだった。ジャンル、俳優、ロケーション、公開年、言語など入手可能なデータしか使えなかったから、コンピュータ的には意味があるが現実的な類似性を考慮していない提案をアルゴリズムがしてしまうことはよくあった。あるいは『トップガン』が好きなら、1986年公開の映画は他にこれがあります！」という何の参考にもならない提案をしてしまう。

結局、ユーザーが求めるものを提供する最善策はクラウドソーシングでユーザーデータを収集することだとわかった。最初はアマゾンと同じ手法をとった。アマゾンは「協調フィルタリング」というプロセスを用いて、共通の購買パターンに基づき商品を提案していた。今もそうしている。要するに、あなたがアマゾンからレンチを買うと、アマゾンはあなたをレンチを購入した他のユーザーと同じグループに入れ、彼らが購入した他の商品を薦めてくるのである。

DVDレンタルではどうなるか。リードと私がネットフリックスからそれぞれ3本映画をレンタルしたとする。私が『アルマゲドン』『マディソン郡の橋』『カサブランカ』、リードは『アルマゲドン』『マディソン郡の橋』『飛べないアヒル』を借りた。協調フィルタリングはふたりが同じ映画を2本借りたのだから、それぞれが借りた3本目の映画も気に入るだろうと判断する。したがって、サイトは私に『飛べないアヒル』、リードには『カサブランカ』をレコメンドする。

シネマッチの登場

　この手法の問題点はもちろん、レンタル履歴でフィルタリングしても私が『カサブランカ』を気に入っているのかどうか、あるいはリードが『飛べないアヒル』を気に入っているのかどうか本当のところはわからないことだ。ふたりがその映画を借りたことしかわからない。本当は嫌いかもしれない。子供（や妻）のために借りた可能性だってある。

　協調フィルタリングを使って顧客をグループ分けし、映画のレコメンドを行うのであれば、顧客がたんに何を借りたかではなく何を楽しんでくれたかを知る必要があった。レビューシステム、つまり映画を評価する仕組みが必要だった。評価で顧客をグループ分けすれば——同じ映画について肯定的なレビューをしたか否定的なレビューをしたかでユーザーを「クラスタリング」することによって——、何を借りたかではなく何を気に入ったかに基づいて効率的に映画のレコメンドが行えるはずだ。最終的にアルゴリズムはそれよりはるかに複雑なものになった。しかしこれを機能させるためにまずはユーザーにたくさんの映画をレビューしてもらう必要があった。

　結局、顧客に映画を星で五段階評価してもらうことにした。おおいに気に入った映画には星五つ。まったくの時間の無駄だと思った映画は星一つ。

　簡単に聞こえるが、この単純きわまりない星による格付けシステムが何百時間にも及ぶ議論を生んだ。こんなに細かい単位をめぐって熾烈《しれつ》なバトルが繰り広げられたことはなかった。星0個はつけられないか？　星0・5個のオプションを提供すべきか？　ユーザーには星一つ単位で評価してもらうとしても、ネットフリックス側が評価予測を行うときは星一つ単位にするか、星10分の1単位で刻むべきか？　映画のレビューをどのタイミングでお願いするか？　評価機能をどこに置くか？

最終的に、映画レビューは早い段階から何度もお願いすることになった。ユーザーがネットフリックスのサイトを訪問したとき、映画を返却したとき、キューの並べ替えをしたときに映画の評価を呼びかけた。映画レンタルの利点はレンタルする前にすでに観ている可能性があるところだ――レンチの購入とは違い、利用実績とレビューをひもづける必要がない。理論上、ユーザーはうちから1枚もレンタルしたことがなくてもすべての映画をレビューできた。そして人は意見を求められるのを喜ぶ。誰もがいっぱしの批評家である。

ユーザーが好きそうな映画をそこそこの精度で予測できる協調フィルタリング機能の構築に必要な量のレビューは、驚くほど簡単に集まった。それから、リードのチームがその嗜好予測を統合して、キーワード、ネットフリックスが所有するDVDの枚数、在庫枚数、1枚当たりのコストなど多数の要素を勘案してレコメンデーションを行う広範なアルゴリズムを開発する作業にかかった。

その成果――2000年2月に「シネマッチ」の名でお目見えした――は、体感としてより直観的に使えるレコメンデーションエンジンで、質の評価をユーザーにアウトソースしつつネットフリックス側のバックエンドの事情を最適化するものとなった。いろんな点で両方のいいとこ取りができた。自動化されたシステムだが、ビデオ店員が客に最近観た映画をたずねて気に入りそうな――そして在庫にある――映画を薦めてくれるような人間らしさを感じさせる。

むしろ人間以上、神のようだった。

大きな二つの発展

ネットフリックス史上もっとも革新的で影響力の大きい発展のうち二つが、リードと私が共同経営を決めた直後に立て続けに起きたように聞こえるかもしれない――だとしたら、それはそのとおりだからだ。

リードと私は1998年9月にCEOと社長になる合意をした。1年後にサブスクリプションプランを開始した。1年半後にはネットフリックスが提供するプランをサブスクリプションのみに絞った――さらに、サイトを刷新して革新的なアルゴリズムを使い、顧客が観たがるとわかっている映画、そしてうちがレンタルしてほしい映画に顧客を的確に誘導するようになった。

この二つの重要なイノベーションだけでも、共同経営の選択が正しかったのはほぼ誰の目にも証明されるだろう。私たちはすばらしいハーモニーを奏でていた。私が育てたチームはユーザーとつながるための創造的なアイデアにあふれ、リードのチームは私たちのビジョンの合理的な実現に一意専心した。リードの鋭い集中力のおかげで私たちは未来だけを見据えることができた。

私の務めは、スピードや効率性がどれだけ上がっても、ユーザーとのつながりという本来の目的から会社がブレないようにすることだった。

過去と未来。心と脳。レノンとマッカートニー――リードと私は理想のコンビだった。

1997

第15章

1998

成功の中で溺れる

1999

サービス開始2年半後

2000

9月

2001

2002

2003

アリサル・ランチは地の果てではないかもしれない――が、この牧場からは地の果てが見える。自分の目でそれが見たければ、まずはサンタバーバラに向かおう。そこからハイウェイ101号線を30マイル北上する。デンマーク風の街並みのソルバングに着いたら今度は東にハンドルを切る。異国情緒あふれる街をあとにすると文明を思わせるものはなくなり、カリフォルニア樫《かし》が点在する茶色いバンチグラスの草原の中、一車線の二級道路を進む。土埃《つちぼこり》を上げて走ること数時間。いよいよ本当に道に迷ったのではないかと思い始めたそのとき、道が大きくカーブして目の前に「アリサル・ゲスト・ランチ〔観光牧場〕」が現れる。こんな辺鄙《へんぴ》な場所に、カリフォルニアのなだらかな丘陵に広がる1万エーカーの牧場があるのだ。

私たちは何を思ったか――誰の発案だったかもわからない――ドットコムバブルから空気がちょうど抜けきった2000年9月、初の全社合宿《リトリート》の行き先をアリサル・ランチに決めたのだった。

ドットコムバブル到来

その年の9月、私たちには日常を離れて話し合うべきことがたくさんあった。同じ年の前半、春に私たちはシリーズEとしてさらに5000万ドルの資金調達をし、ネットフリックスへの総投資額は1億ドルを超えた。シリーズEの株価は1株10ドル近くになっていた。私の所有株はまだたくさんあったから、この時点で私の資産額は少なくとも書類上は莫大《ばくだい》になっていた。とはいえ株を売ることはできなかったから、たんなる数字だ――あってないようなお金である。それでも、ロレインが自宅を売ってモンタナに引っ越す話を持ち出す回数は減った。

ネットフリックスの社員数は350名を超え、私が全員を知っていた時代はとっくに過ぎ去っていた。大物人材の採用はまだ続けており、直近ではリードがアマゾンから引き抜いて最高マーケティング責任者（CMO＝Chief Marketing Officer）としてマーケティングのトップに据えたレスリー・キルゴアと、コンテンツ最高責任者のテッド・サランドスがいた。

個別課金型《アラカルト》レンタルから撤退して以来、ネットフリックスの返却期限なし、延滞料金なしのプログラムは順調に伸びていた。レコメンデーションエンジンのシネマッチはユーザーから愛されていた。私たちからもだ。シネマッチのおかげで会員のキューには常に映画が控えていたし、映画がぎっしり並んでいる状態のキューほど顧客定着率と相関性が高い要素はないとわかった。有料顧客数はいまや20万人に迫っていた。他の指標も同様に好調だった。取り扱うDVD作品数は5800本、1カ月の出荷枚数は80万枚以上、倉庫には100万枚以上を収容している。トム・ディロンが発注から必ず1日以内にDVDをユーザーの手元に届ける方法に取り組んでくれていた。

ドットコムバブルの最盛期だったこの年の前半は、銀行家たちがブリーフケースを持ったハゲワシのように私たちの周囲を舞い、株式公開の誘いまでかけてきた。実は誘いだけでは終わらなかった。私たちはドイツ銀行を売り出しの幹事に選び、会計士を雇って会社の帳簿を監査してもらい、証券取引委員会にうちの事業概要、つまりビジネスの内容と方法とリスク要因を開示するS－1様式という書類（証券登録届出書ともいう）を作成していた。

リスクを嫌う銀行や銀行の顧客に訴求するために、ネットフリックスらしさを変えるようなことにまで手をつけていた。1990年代後半から2000年代前半にかけての一大トレンドが、インターネット企業のポータル化――特定のニッチ市場へのネット上の入り口になることだった。当時はウェブサイトを成功させたければ万人のあらゆるニーズに応えるべしというのが常識になっていた。大金を獲得したければ、まずトラフィックを獲得しなければならないというわけだ。となると、ネットフリックスは人々が好みのDVD作品と出合うのを手伝うレンタルサービスにとどまってはいられない――あらゆる映画愛好者のためのサイトでなければならなかった。

取締役に入っていたベンチャーキャピタリストたちからは、株式公開を望むなら発想を広げろと言われた。映画館の上映スケジュール。映画のレビュー。映画ガイドの第一人者レナード・マルティンによる毎月連載コラム。その他もろもろ。すべて手がけたが、お金に目がくらみ、これから売り出す株式の評価額を気にして、焦点が定まらなくなっているのではという疑念が抜けなかった。

バブル崩壊

そしてバブルがはじけた。大半のテクノロジー企業が上場していたナスダック証券取引所では3月をピークとして株価が下降の一途をたどり、4月14日の週には25％の大幅下落を記録した。私たちが証券取引委員会にS－1様式を提出し、株式公開の許可を求めたのはまさにその週だった。それからの数カ月間、市況が下がりつづける中、ドイツ銀行は空元気を装って大丈夫ですよと私たちに言いつづけたが、その言葉からは次第に勢いがなくなっていった。

秋には、銀行と胸を高鳴らせて話し合ってきた、わが社の問題をすべて解決してくれるはずの資金調達額――7500万ドル？　8000万ドル？――が夢と消えたのは誰の目にも明らかになっていた。9月の雨がそぼ降る土曜日の朝、カーメルでロレインと買い物中に、ドイツ銀行から申請を取り下げるとの電話があった。言うまでもないが、私たちは何も買わなかった。

当時、株式公開できなかったことは大打撃に思えた。だが振り返ってみると、会社にとっておそらく最大の幸運のひとつだったのではないだろうか。2000年秋に株式公開していたら、ポータル構想とそれに基づいた非現実的な資金調達額の期待にとらわれ、大失敗していただろう。「万人向けの何でも屋」になっていたら黒字化は果たせなかっただろう。「映画ポータル」になるのはカナダ原則に完全に反していた。私たちを差別化し、やがて私たち独自のやり方で成功するビジネスモデルをもたらした徹底した集中が、ポータルではできなかった。

私たちはポータルを目指す施策の大半をそっと廃止し始めた。映画館の上映スケジュールや評論家の掘り下げたレビューやトップテンリストを望むのが銀行と銀行の顧客だけで、銀行がうちの株式公開をもう望んでいないのなら、維持する理由はないではないか。

こうして9月には、振り出しに戻っていた。私たちは7500万ドルを調達しそこね、赤字を垂れ流していた――大赤字を。今までは、リードがCEOだったから資金調達先を見つけるのはかなり楽で、シリコンバレーの資金を使いつづけて成長を支えられる限りうちは大丈夫だろうと私たちは長らく安心してきた。しかしバブルがはじけたあと、いつものベンチャーキャピタルから資金を調達するのは難しくなるだろう。至難となるはずだ。

矢継ぎ早の倒産

ドットコムバブルの崩壊がネットフリックスの財務状況にどんな影響を及ぼすか、私は不安を抱いていた。だが告白すれば、一種の調整が起こるのを残念に思う気持ちはなかった。ドットコム熱の一部始終が私にはおかしいと思えていた。1月にスーパーボウルをロレインと観戦しているとき、私の頭の中では計算が止まらなかった。試合中継にはさまれるCMを出している企業のうち、社名に「ドットコム」が入っているのは16社以上もあった。スポットCM1本の費用は2

00万ドル台後半だ。ネットフリックスの1年目の経費より高い金額がスポットCM1本ごとに支出されていた。

ドットコムバブルが最高潮だった頃は、多くの企業に後先考えず刹那《せつな》的にお金を使う態度が蔓《まん》延《えん》していた。企業がパーティー、プロモーション、施設に豪勢に支出するのがあたりまえになった。それをもっともよく表しているのがザ・グローブ・ドットコムのCEO、ステファン・パターノットの発言だ。1998年にIPOを果たしたあと、彼が言ったセリフは有名になった。

「女性が手に入った。お金が手に入った。これで人の顰蹙《ひんしゅく》を買う軽薄な人生を送る準備完了だ」

うちはそういう会社ではなかった。ネットフリックスは折り畳み式の長机とビーチチェアからとっくに卒業していたが、それでもかなり節約していた。ロスガトスに移転したときに購入したのも中古品のキュービクルと家具だった。贅沢《ぜいたく》な備品として唯一許可したのは正面アトリウムのポップコーンマシンだが、それだって常に稼働していたわけではない。カーペットに何万ドルも費やしたり、社員ひとりに1脚1000ドルするアーロンチェアを購入したりする会社が何を考えているのか、私には理解できなかった。正直、今も理解できない。

要するに退廃的な時代だった。そして退廃の時代がみなそうであるように、これも長続きしなかった。皆でアリサル・ランチに行ったときにはもう退廃は影をひそめていた。ネットのアパレル販売ブー・ドットコムはわずか6カ月で1億7500万ドル以上使ったあげく倒産していた。ペッツ・ドットコムは起業から半年で1億5000万ドル以上使って破綻寸前という噂《うわさ》だった。

ネットスーパーのウェブバンは事業拡大に10億ドル近く費やしたあと、株価が30ドルから6セントに下落した。82歳の元軍医総監C・エバレット・クープが創業したオンラインポータル、ドクタークープ・ドットコム——売上ゼロにもかかわらず株式公開にこぎつけていた——は四半期ごとに数千万ドルの赤字を出しつづけていた。

リードと私はこれらの失敗例を、白状すれば少々、他人の不幸は蜜の味という気分で眺めていた。あの年の娯楽のひとつは、苦境に陥ったり失敗したりしたドットコム企業を収録した意地の悪いウェブサイト「ファックド・カンパニー」の記事を、自分たちもこうなっていたかもしれないと思いながらスクロールすることだった。読んでみるとたとえば明らかに経営を誤っていたり、最初からこれは無理だというような会社の例があり、他人事とは思えなかった。

だが特に気になったのは、DVDを含む多種多様な商品を1時間以内で届けるとのふれこみで1999年にサービス開始した都市向け配送サービス、コズモ・ドットコムの苦境について書かれた記事だった。1999年中コズモがレンタル市場に参入し、同社の1時間配送によってもっと遅いうちのサービスはつぶされるのではと懸念していた。ところがコズモは2000年の1年間ずっと低迷した。まず投資家から調達した2億8000万ドル（アマゾンからの6000万ドルも含まれていた！）を浪費し、それから予定していたIPOを取り下げた。同社の派手な失敗のせいで、関連性はなくても同じ業種の会社がすべて悪いイメージを持たれるのではないかと私たちは案じた。

初月無料の膨大な負担

幸いにして、世にあふれていたドクタークープやブー・ドットコムやウェブバンのような企業とは違い、私たちには実効性のあるビジネスモデルがあった。ネットフリックスのサブスクリプション契約は1カ月19・99ドルで、サービスの提供コストを差し引けば平均4ドル以上残った。取引ごとに利益が出る。経済学の基本だ。

私たちはドクタークープやウェブバンとは違う問題を抱えていた。成功していたが、その成功は高くついた。

つまり私たちは成功の中で溺《おぼ》れていた。新規顧客が勢いよく流れ込んでくるほど、お金が勢いよく出て行く。うちのビジネスモデルは潜在顧客に説明するのが難しいが、サービスを試せばハマってくれるのはわかっていた。だからネットフリックスを利用してみようという人全員に初月無料を提供したのだ。これに費用がかかった。

しかもネットフリックスはサブスクリプションサービスである。申し込み時に年間利用料を請求するのではなく、月ごとに少額を課金していた。これらの条件が重なって、私たちは常に金欠状態だった。最初の無料トライアルのコストは全額こちらが負担しなければならない。しかしその支払いに充てるお金は毎月少しずつしか入ってこない。顧客獲得のペースが上がるほど、最初にかかるコストが月額課金として回収する少額の売上を上回っていく。

これもまた経済学の基本だ。残念ながら、こちらは私たちに都合よくできていなかった。うちの会社は成功していたが、キャッシュが入りにくい環境で大量のキャッシュを必要としていた。ドットコムバブル崩壊後、ベンチャーキャピタル――かつては社名に「ドットコム」が入っていれば面白いほど簡単に獲得できた――は獲得しづらいどころかほぼ完全に手が届かなくなってしまった。

ブロックバスターへの接触

戦略代替案を探すときだった。

業界用語みたいだって？　そのとおり。シリコンバレーにはこういうナンセンスな言い回しが山ほどある。例えば、誰かが「家族と過ごす時間を増やすために退職します」と言うとき、その本当の意味は「クビになった」である。誰かが「このマーケティングコピーは少々推敲《すいこう》が必要だね」と言うとき、相手の本音は「全然ダメ、一から書き直せ」である。誰かが「われわれは方向転換を決断しました」と言うとき、真意は「最悪の状況に陥った」である。

で、会社が「戦略代替案を探す決断をした」というときの真相は「とっととこの金食い虫を売却しなければ」である。

アマゾンからやんわりと提示された8桁台前半の買収オファーを辞退してから、私たちはずいぶん進歩した。ビジネスモデルを刷新し、大きな成長をとげ、DVDネットレンタルの代名詞になった。今回の戦略代替案は明らかにアマゾンではなく、実店舗型の最大の競合企業、ブロックバスターだった。

ブロックバスターは1980年代後半、国内に点在していたまだ大半が家族経営のビデオ店を「まとめる」ことにチャンスを見出《みいだ》したウェイン・ハイゼンガによって創業された。1990年代の急拡大により――一時は一日に1店、新規開店していた――ビデオレンタルをほぼ独占し、アメリカでもっとも普及したブランドのひとつとなった。2000年時点で彼らは業界王者だったが、向こうはうちを知っているかどうかわからなかった。洟《はな》も引っかけられないかもしれない。

ネット上で大きな存在になったとはいえ、うちの事業規模は彼らと比べればごく小さい。私たちは2000年に売上500万ドルを見込んでいたが、ブロックバスターは60億ドルを目指していた。従業員数350名のネットフリックスに対して、ブロックバスターの従業員数は6万人である。うちはロスガトスのオフィスパークにある2階建ての本社があるだけだったが、ブロックバスターは9000店舗を擁していた。

ブロックバスターはゴリアテ。われわれはダビデだ。

だがeコマースの将来性はわかっていた。もしブロックバスターが生き残りを望むなら、実店舗に代わる選択肢を作らなければならない。彼らがそれを認識していれば、新進気鋭の競合他社が対抗してきたときに大企業がとる常套《じょうとう》手段、つまり買収を望むのではないか。競争相手の排除と開発費用の節約が一度にできる。

リードはバリー・マッカーシーに、ブロックバスターにいる人脈に接触して会談を設定するよう依頼していた。うちのベンチャーキャピタリストにもコネをあたってもらうよう頼んだ。ブロックバスターから関心を持ってもらうためにありとあらゆる手を使った。だが9月の合宿の時点では、向こうから何の連絡もなかった。なしのつぶて。黙殺だ。私たちは自力でこの苦境から脱しなければならなくなりそうだった。

カジュアルで実力主義のシリコンバレー

シリコンバレーのカジュアルぶりはつとに知られている。スーツやネクタイの類いを着用する場面はそうそうない。私が打ち合わせにひげを剃《そ》って現れたらよほどの敬意のしるしであると周囲は理解するようになった。

シリコンバレーがこれほどカジュアルな理由は、ほとんどの業界と違ってテクノロジー業界は真の実力主義に近いからだと思う。多くの業界では、話し上手であったり服装が整っていたりすれば出世が容易になるかもしれない。しかしシリコンバレーで本当に問われるのは仕事の質だけである。シリコンバレーはプログラマーの世界であり、プログラマーの気風があるのだ。プログラマーは皆、自分が書いたコードがピアレビューにさらされ、簡潔か、エレガントか、賢いか、シンプルか、ひいては有用かを評価されるのに慣れている。白黒が明快な世界だ。見た目や服装、話し方や匂いなどまったく関係ない。英語が話せる必要もない。いいコードが書ければ認められる。書いたコードがダメならすぐ知れ渡ってしまう。

仕事の質だけで評価される場では外見など誰も気にしない。この気風は周りにも伝染する。プログラミングコードの1行すらさっぱり理解できないような人たちでも、会社の一部の人間が毎日短パンにビルケンシュトックのサンダルにスター・ウォーズTシャツといういでたちで出社してくる事実には便乗する。

アリサル・ランチでの合宿

ふだんの職場がこれだけゆるい雰囲気であれば、合宿先でこれを満喫しない手はない。私がアリサルでの2泊3日用に用意したものは次のとおりだ。

- 短パン2枚
- グレイトフル・デッドのタンクトップ1枚
- 絞り染めのTシャツ1枚

- ビーサン1足
- ライフイズグッドの野球帽1つ（このブランドが嫌いなので皮肉を込めて着用）
- オークリーのサングラス1つ
- ハーレーダビッドソンのタトゥーシール3枚（1枚はハーレーのロゴ、1枚は炎のブタ、1枚は巨乳のビキニ美女）

なぜ私がハーレーダビッドソンのタトゥーシールなんか買ったのかと思った人のために。答えは簡単、面白いと思ったからだ（それが多くの場合、私の主たる行動基準である）。ふだんの平日のドレスコードはカジュアルだったとはいえ、ネットフリックスでは職場でシャツの着用を求められていた。だからこのときまで、私がいつも着ている社名入りのノベルティシャツの下にタトゥーが隠れているかどうかなんて誰も知らない。いくらサンタクルーズの住人でも45歳のおっさんがタトゥーを入れているとは誰も思うまい。プールでグレイトフル・デッドの「ビルト・トゥ・ラスト」タンクトップを脱いで噂の的になるほど、社内の雰囲気を明るくする方法はないではないか。

まあ何というか、私は面白がりやなのだ。

2000年の合宿を振り返っても、このときにやった仕事はまったく思い出せない。投資の配分、優先順位の見直し、部門ごとの施策、その他時間を費やすべきと思っていたはずの会社のあれこれについての議論はさっぱり覚えていない。

覚えているのは企業文化を作ったさまざまなことだ。

アリサルではたいていの会社が利用したであろう一般的なアクティビティ――乗馬、トラストフォール〔相手が受け止めてくれると信じて背中から倒れるゲーム〕、テニス――を提供していたが、ネットフリックスはちょっと変わっていた。合宿のハイライトは、新入社員のコスプレ自己紹介をヒントに、最近DVD化された映画作品の一シーンを部門ごとに再現する寸劇合戦だった。

タイミングよく、この夏のDVD化の目玉はキルスティン・ダンスト主演『チアーズ！』だった。この映画をご記憶だろうか。ご存じない方のために、ネットフリックスのウェブサイトに掲載したあらすじを再掲しよう。

サンディエゴのランチョ・カルネ高校でトーランス・シップマン率いるチアリーディング・チームは勢いと魅力にあふれ、必殺の演技を武器に6年連続の全国優勝は確実と思われていた。ところが完璧な振り付けの演技が実はイーストコンプトン高校のヒップホップチーム、クローバーズからの盗作とわかり、栄光への道に暗雲がたれこめる。

私好みでしょう？

当然、ネットフリックスの経営陣はチアリーダーの衣装でチアの演技をする、の一択である。私たちが声をそろえて「ゾクッと寒けがする／恐ろしいネットフリックスがやってきた」と歌っているところを想像してほしい。リード・ヘイスティングスがチアリーダーの衣装で両手にポンポンを持っている姿を想像してほしい。そして私とテッド・サランドスがイーストコンプトン高校のチームに扮《ふん》してバンダナを頭にかぶり、ダブダブのジャージにバギーショーツ、ゴールドチェーンをじゃらじゃらつけて、あの夏大ヒットしたバハ・メンの「フー・レット・ザ・ドッグス・アウト」をぶざまに披露しているところを想像してほしい。

アルコールが入っていたことは言ってあっただろうか？

その夜遅くは盛大な宴会になった。何百人もが赤と白のチェックのテーブルクロスのかかった長い木製のテーブルにぎゅう詰めになって、皿に山盛りのスペアリブに舌鼓を打った。指定されたドレスコードは「牧場《ランチ》フォーマル」だったが、「牧場《ランチ》フォーマル」とはなんぞやの説明はなし。各人の解釈は、私のレーダーホーゼン（どんなものか聞かないでほしい）からリードのタキシード（粋に麦わら帽子を合わせた）やプロダクトマネージャーのケイト・アーノルドが着ていたビンテージものの赤いギンガムチェックのドレスまでさまざまだった。

宴会は大盛況

会場はにぎやかで熱気に満ち、クォート〔約1リットル〕サイズのメイソンジャーでカクテルが提供される飲み放題で皆たちまち酔いが回った。ボリスはバーテンダーをどう言いくるめたのか、アイスウォッカのボトルと何十個ものショットグラスを載せたトレイを持って、ごった返すホールを千鳥足で歩き回り、出会う人ごとに「**のい**ますかぁ～？」と神妙な顔で同じ質問をした。それ自体驚きだった。ボリスはめったにしゃべらなかったからだ。オフィスのほとんどの人がこの夜まで、彼の声も彼に強いなまりがあるのも知らなかったと思う。

「**のい**ますかぁ～？」ボリスはウェイターのようにトレイを肩に載せ、神妙な顔で言った。

ほとんどの人には彼の言葉がわからなかったに違いない。その夜ウォッカのグラスを手にした人が多かったのは、わけがわからず断らなかったからに違いない。いずれにせよ、ボリスは相手の答えにおかまいなくグラスを差し出した（まあ、しばらくはだ。ディナーが終わりもしないうちから彼がピクニックテーブルにうつぶせて眠り込んでいたのをおぼろげに覚えている）。

いい感じに収拾つかなくなってきたところで、会場を歌でひとつにしてやろうと私は思い立った。ポケットの中から幾重にも折り畳んだ紙を取り出すと、私は長いベンチの上によじのぼって、ふらつきながら、名残惜しくも空になった私のジントニックのメイソンジャーをスプーンでたたいた。会場が静まった。
　クリスマスキャロル「世の人忘るな」のメロディーに乗せて私は歌い始めた。

友よ一緒に乾杯しよう、新たなる幸運を祝って
利益が上がるようになったよ、毎週会員が増えて
マーキーが決め手になって
証明してくれたのさ、うちがダメじゃないって！
もうすぐ俺たちゃ大金持ちさ……

　ここで私は間を置き、いまいちノリの悪いコール・アンド・レスポンスを待った。まだ正気が残っていて私が求めているものを察してくれた何人かから、弱々しくレスポンスが返ってきた。

大金持ちさ、も～うすぐ俺たちゃ大金持ちさ

　私は続けた。

うちのエンジニアがシネマッチを作ってこいつが大成功

お客さんは格付けできる映画の多さに大喜び
サービス開始が2カ月遅れたことなんて
きっと気づいちゃいないのさ！
ポルノに必ず五つ星がつくことだって
（五つ星！　ポルノに必ず五つ星がつくことだって）

（ちなみにこれは本当だ。リードは――クリントンＤＶＤ騒動は別として――ハードコアポルノを取り扱わない決定を早い段階でしていたが、２０００年にうちはまだソフトコアポルノをレンタルしていた。そしてレビューは通常……大絶賛だった）

会場はちょっと目が覚め、一緒に歌っていた。

うちのマーケティングは天才、世の中に教えてくれた
マーキーを利用すれば人生変わるって
これで売れなきゃ
やるっきゃない――
20枚無料の大盤振る舞い

会場は大合唱になっている。私はスピードを上げた。

うちの財務はがんばってる、絶対あきらめない
ウォール街にうちの会員定着率のすごさがわからなくても
ひとたび黒字転換してみせたなら
赤字を垂れ流すのが止まったなら
あいつら涎《よだれ》を垂らして飛びつくぞ

このときにはもう、社員たちはアルコールの勢いのついた熱狂的なノリで、食いつくように大声でレスポンスしていた。次の節は主にリードとバリーについての歌詞で、私は歌い出しながら二人と目を合わせようと振り返った。ところがリードの席に彼はいなかった。そしてテーブルの向かいのバリーは頭を下げ、電話を右手で覆うようにして頭に当て、左手の人差し指を耳に突っ込んで騒音を遮断していた。

最後の節が佳境に入ったあたりで（「細かい変更求めるくせに、週が明けたら、リードの指示で元どおり！」）、ホールの入り口付近にざわめきが起こった。誰が入ってきたのだろう、赤いギンガムチェックのドレスだけがかろうじてわかった。ケイトかな？　人垣の向こうでよく見えないが、皆今度はそちらを向いてヒューヒューと歓声を上げている。

いよいよ敵陣へ

皆の関心はそちらに移りつつあった。赤いギンガムチェックのドレスが部屋の中央に進むにつれ、注目はますますそちらに集まった。そして私にもわかった――皆が何を騒いでいるのか。赤いドレスを着ているのはケイトではなかった。リードじゃないか！　まるで自分のためにあつらえたかのようにドレスを着こなしていた。その後ろに、リードの黒いタキシードに身を包んだケイトがいた。

笑いで息もできなかった。リードはめったに深酒しない――当時彼が酔っ払うのは年にきっかり一度だけだった――が、飲んだときにはやってくれる。こっちにウィンクしてみせないかなと彼のほうに行きかけたとたん、バリーが私の腕をつかんで騒音を避けるように廊下に引っ張っていった。まったく笑っていない。ホールの扉を閉め、中の大騒ぎとの間に少しだけ隔てができるまで彼は何も言わなかった。

「エド・ステッドから電話がありました」、彼はブロックバスターの法務部長の名前を出した。

「会いたいそうです。明日の朝、ダラスで」

バリーは振り返って廊下の奥を見た。リードはベンチの上に立ち、ドレスの裾をつまんで優雅なお辞儀をしていた。何か叫んでいたが、皆の大歓声で聞こえなかった。

「夜行便になるでしょう」、バリーは頭を振りながら言った。「飛行機に乗り込む前に彼に着替えが見つかるといいが」

第16章

激突

サービス開始2年半後

1997
1998
1999
2000
9月
2001
2002
2003

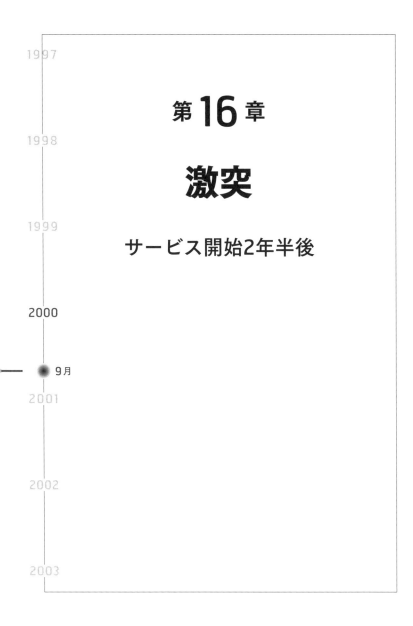

バリーはＢＭＷのスピードを落として徐行しながらハンドルを切り、サンタバーバラ空港に乗り入れた。遠い地平線はほのかに明るく、夜明けが近づいているのがわかるが、目の前の道路は車寄せに沿って立ち並ぶ樫《かし》の木の張り出した枝に光を遮《さえぎ》られ、真っ暗でほとんど見えない。木の一本がオズの魔法使いのように動き出してどんぐりを投げつけてきそうな気がした。

サンタバーバラ空港には何十回も来ていたが、ここは初めてだった。

バリーが看板のかすかに見える文字を読み取ろうと身を乗り出して目を細めた。「あっちだ」、助手席のリードが主要道路から分岐したさらに暗い車寄せを指さした。バリーがカーブしてゆっくりと砂利道に車を入れたとき、看板の文字がようやく見えた。「ジェネラル・アビエーション〔定期便以外の民間航空〕」

１、２分で低層の木造ビルに面した駐車場に入った。窓辺に花のプランターが置かれている。屋根は板葺《いたぶ》きだ。どことなくニューイングランドを思わせる一般住宅に見えた。空港の施設というより忘れられたコテージのようだ。そのすぐ後ろに、高さ８フィートほどの装飾的な錬鉄製のフェンスがあった。フェンスの向こうに、滑走路に停《と》まった小型飛行機の翼照明灯が点滅しているのが見えた。

バリーはフェンスの門の前で車を停めた。ＴＳＡ〔２００１年の同時多発テロをきっかけに編成された運輸保安庁〕以前の時代でも、入るにはなんらかの権限が必要な場所であるのは明らかだった。この場合、「権限」とは翻訳すれば「お金」である。幸い、お金はこの朝すでに振り込んであった。

バリーは車の窓を下ろし、門の横に取り付けられていたインターホンの小さな赤いボタンを押した。

「テールナンバーは？」。雑音まじりの割れた声が言った。

「テールナンバーって何？」。私はフロントシートの隙間から身を乗り出してリードにひそひそ声で言った。リードは頭をめぐらせて、マクドナルドより高級なレストランで私がよく子供たちに見せる目つきをした。「もうこういうところには連れてこないぞ」という目つきだ。

パスワードが伝えられると、門が静かに開き始めた。バリーは窓を上げ、車を発進させた。門を通過して滑走路に入り、ゆっくりと飛行機に向かう。振り返ると門は音もなく閉じられるところだった。

「もう後戻りはできない」、私は心の中で思った。

プライベートジェットでの出張

12時間弱前、ドレス姿のリードの登場に沸いた会場の騒ぎがおさまるとすぐ、バリーとリードと私はプール脇のピクニックテーブルに避難した。

「明日というのも急だが」、バリーが愚痴った。「明日の11時半とは。午前11時半に来いだと？

無理ですよ」

バリーはシャープペンシルを手に取り、もう片方の拳でピクニックテーブルの上をこすってきれいにした。「まず」、と彼は言いながらテーブルの木の表面に直接、数字を書きつけた。「ダラスは中部時間だからこっちの9時半になる。サンフランシスコから飛行機で3時間半だから、サンタバーバラからも同じくらいでしょう。それに空港までの時間を加えると……」、バリーは言葉を切ってテーブルに数字をさらに書き足した。「ここを午前5時に出なければならない。朝の5時にサンタバーバラ発の直行便があるかどうかなんて調べるまでもない。無理だ」

バリーはがっくりと肩を落とし、シャーペンの芯をしまうと、ちょっと後ろめたそうにテーブルの文字を消そうとした。

「じゃあプライベートジェットで行こう」、リードはわかりきってるじゃないかという顔で私たちふたりに手のひらを向けた。「5時に出て10時半に到着、車を現地で待たせておく。間に合うよ。マークと私がエスプレッソを一杯飲む時間だってあるさ」

バリーは無反応だった。リードがプライベートジェットにお金を使う提案をしているという事実と、ドレスを着たままその提案をしているという事実、どっちがばかばかしいかはかりかねているようだ。

リードのほうは自分がドレス姿だということなどすっかり忘れているようだった。

「リード」、バリーがようやく口を開いた。「往復で2万ドルはかかりますよ」

バリーはまた何かを書き始め、じっくり考えた。

「あなたには言う必要もないはずだが、そんなお金はどこにもない」

「バリー」、リードが言った。「何カ月も待って実現した会談だ。今年は5000万ドル以上の赤字になる。買収の成否がかかってるんだ、2万ドルにこだわってる場合じゃない」

「そうだよ、バリー」、私も加勢した。「2万ドルなんて君たち財務の人間なら『誤差の範囲』の金額だろ」

「たいしたおふたりさんだ」、バリーは誰にともなくつぶやいた。

いざダラスへ

飛行機の後ろからオレンジ色のベストを着た作業員が現れ、誘導灯を振ってバリーの車を翼のすぐ横の位置まで誘導した。車のヘッドライトがあたりをなめるように照らすと、飛行機のタラップの足元から赤いカーペットが敷かれているのが見えた。制服姿のパイロットが入り口に現れ、タラップを降りて、こちらに歩いてきた。

「ロブと申します」、パイロットは笑顔で自己紹介し、握手の手を差し出した。そして車のトランクを指した。「お荷物運びましょうか？」

リードと私は顔を見合わせて笑った。リードはブリーフケースを開くと畳んだ白いTシャツを出した。「これだけですよ」

　幸い、この日は合宿2日目だったから、まだ汚れていない服があった。早朝まだ暗い中で着替えた私は残っていたきれいな服に袖を通した。絞り染めのTシャツだ。チロル風のサスペンダー付き半ズボン《レーダーホーゼン》（とハーレーダビッドソンのタトゥー）は残していくことにし、かわりにほぼ新品の短パンに黒いビーサンを合わせた。

　リードはタラップの手すりをつかんで身軽に駆け上がると、入り口をくぐって飛行機の中に消えた。私もあとに続いたが、プライベートジェットの中がどうなっているのか予想もつかなかった。トイレの便器や洗面台が金張りなのか？　巨大なキングサイズのベッドがあるのか？　バーカウンターがついているのか？（この最後の設備は見たくもなかった。前夜のメイソンジャーのせいでまだ二日酔いに苦しんでいたからだ）

　機内の内装は意外にもビジネスライクだった――カウンターに朝食用のペストリーとカットフルーツの大きな皿、コーヒーの入った魔法瓶、搾りたてのオレンジジュースが入ったピッチャーが載っているのを「ビジネスライク」と考えるなら。扉がガラスになったハーフサイズの冷蔵庫にはミネラルウォーターやソーダのボトルが入っている。籐《とう》のバスケットにはグラノーラバーが盛られていた。

　この飛行機、リアジェット35Aは想像したより小さかったが、ずっと高級感があった。表面という表面はすべて革張りかローズウッドで仕上げてあるらしい。まるでスティーブ・カーンのリビングルームを持ってきて飛行機の胴体の中にはめこんだかのようだ。1本だけの狭い通路を進んでいくと、まっすぐに立てはするが天井に頭がつきそうだった。右手に、飛行機の正面を向いて機長の椅子がひとつだけあったが、うちにあるどの家具よりも高級だ。すぐ後ろに4脚の椅子が向かい合わせて、2脚が前向き、2脚が後ろ向きに置かれ、その間はダイニングテーブルが置けそうなくらい足元の空間に余裕がある。あとでわかったのだが、座席の間には本当にダイニングテーブルがあった。窓台の中に収納されていたのだ。

リードはすでに右前の後ろを向いた座席におさまり、広い空間に長い足をゆったりと投げ出していた。のちに知ったのだが、プライベートジェット愛好者にもホームシアター愛好者と同じく特等席がある。ただし飛行機なので、音響ではなく安全で揺れが少なく快適という観点からもっともいい席だ。プライベートジェットに乗り慣れたリードはそれがわかっていて、いちはやく確保したわけである。

リードが腕を伸ばして自分の向かいの席を示し、私が4点式のシートベルトの着用に手間取っている間に、バリーが通路をはさんだ隣の席にさりげなく座った。ノートパソコンの上にフルーツの皿を載せている。私は落ち着いてふるまおうとしていたが、すっかり舞い上がっているのをバリーには見抜かれていた。

「気に入りました？」。彼はフルーツに上手に楊枝《ようじ》を刺しながら言った。「外でロブと話したんだけど、このジェット機は女優のヴァンナ・ホワイトのものだそうですよ。自分が使ってないときは貸し出してるんだとか。クイズ番組で文字のパネルを裏返す仕事は思ってたよりいい稼ぎになるらしい」

バリーはパイナップルをかじった。「なかなかいいもんですね」。それから私ににやっと笑いかけると、わざとらしく声をひそめて言った。「これに慣れちゃダメですよ」

ブロックバスターのCEO

到着したのはダラスのラッシュアワーをだいぶ過ぎた時刻だったが、そうは思えない渋滞ぶりだった。せっかく飛行機のタラップの下に車を待たせて節約した時間は、街の中心部にじりじりと近づく間に消えてしまった。

「あそこです」。ドライバーが歩道に車を寄せながら言った。前にかがんでフロントウィンドウから上を見上げ、通りの向かいに立つオフィスビルを指す。「あれがルネッサンスタワー。ダラスで一番高いビルです。たぶん値段も一番高いんじゃないかな」

ビルは歩道からすっくと建っていた。平面的な形状で塔もなく、特徴らしいものは何もない。鋼鉄とガラスののっぺりした四角い箱だった。飾りらしいものといえば、ビルの高さと幅いっぱいに対角線を描く巨大なXの文字が少し色の濃くなった窓で表現されているくらいだ。巨大さと飾りのなさがこのビルを厳格に見せていた。見るからに軽い気持ちで接することは許されないビルだ。遊び心や心弾むようなところは一切ない。ビジネスをする場だった。

23階でエレベーターのドアが開くと、中の様子はもう少し親しみがありまだ威圧感がないのがわかって安心した。ブロックバスターのロビーには壁一面に額に入った映画ポスターが飾られていた。うちのオフィスに貼ってあるのと同じポスターが多かったが、ブロックバスターのはすべてずっと品よく額装されているのに嫌でも気がついた。一枚一枚が光沢を放つステンレスの額に入り、映画館のロビーで見かけるポスターのように電球で囲まれていた。「ああいうの、いくらするか知ってるか？」。会議室に通されながら、リードに耳打ちせずにはいられなかった。

会議室はうちのとほぼ同じとわかってほっとした――違うのは広さがうちの50倍くらいあること。そして隣の公園との間に並ぶゴミ箱のかわりに、ダラスの全景が見渡せること。さらに延長コードと電源タップがむきだしになった8フィートの折り畳み式長机のかわりに、中に電源コンセントとオーディオプラグが収納され、絶滅危惧種の樹木を使った30フィートの会議机があること。

まあ、だいたい同じだ。

すでにちょっぴり都会に出てきた田舎のネズミの気分になっていたとき――それに短パンとTシャツ姿にテキサスのエアコンから噴き出る北極のような冷風は少々寒く感じた――ブロックバスターの面々が入ってきて自己紹介した。

最初に入ってきたのはブロックバスターのCEO、ジョン・アンティオコである。カジュアルだがお金のかかった服装だ。スーツこそ着ていないが、履いているローファーはたぶん私の車より高価だろう。余裕と自信を漂わせていたが、それも当然といえる。アンティオコはブロックバスターに入る前、10年近く事業立て直し請負人としてサークルK、タコベル、パール・ビジョンなど経営難に苦しむ企業に乗り込んでは、事業の有望な中核部分を見きわめ、士気を回復し、貸借対照表を黒字転換させてきたことで名をはせていた。

ブロックバスターは彼を必要としていた。80年代から90年代前半にかけて爆発的に成長し莫大《ばくだい》な利益を上げた同社は、2000年代に入ってつまずいていた。音楽とアパレルの販売をはじめ意思決定ミスを重ね、そのほとんどが裏目に出る一方で、DVDやインターネットのような新技術への対応が遅れて――大幅に遅れて――いた。

2000年代の復活

アンティオコにエンターテインメント業界の経験はなかった。しかし、ブロックバスターには何千もの店舗とやる気を失った数万人の従業員を抱えてあえぎながらも、黒字転換の可能性を秘めているという彼が熟知しているチェーン店企業の特徴があった。

アンティオコの手法はたちまち功を奏した。店舗にレンタル客が戻って売上が上がり、ブロックバスターの親会社バイアコムの株価が倍額に上昇したのも少なからずブロックバスターの好調のおかげだった。

だから2000年9月のあの朝、会議室にさっそうと入ってきたときのアンティオコは自信に満ちていたに違いない。ちょうど1年前にブロックバスターを株式公開させ、4億5000万ドル以上調達した彼はいまや上場企業のCEOになっていた。私たちの話を聞くのはやぶさかでないが、いい内容でなければ相手にしないぞといったところだ。

アンティオコと法務部長のエド・ステッドと握手を交わしながら、気後れするなというほうが無理だった。服装のせいもある。アンティオコは見事なイタリア製の靴を履いていたが、私は短パンに絞り染めのTシャツにビーサンといういでたちだ。リードのTシャツはパリッとしていたが、とはいえTシャツである。そしてバリーは三人の中ではいつも一番いい身なりをしているのに……彼のアロハシャツにはボタンがついているのがせめてものなぐさめだった。

しかし気後れした本当の理由は、ブロックバスターがわれわれよりはるかに強い立場にあったからだ。先日のIPOで資金が潤沢にあった彼らは、事業存続のためにベンチャーキャピタルの顔色を気にする必要がない。社名についた「ドットコム」のイメージの悪さに悩まされてもいない。決定的だったのは、彼らがそれを承知していたことだ。

相手側が有利な条件をほぼすべて握っていると知りながら交渉に臨むというステキな状況だったのである。

業界の嫌われもの

「ほぼ」と言ったのにお気づきだろうか。実は私たちに有利な点はいくつかあった。まず、ブロックバスターは嫌われものだった。いかんせん、同社のビジネスモデルの中心柱は「不満のマネジメント《マネージド・ディスサティスファクション》」である。ほとんどの顧客が自社からレンタルするのを楽しんでいないのはわかっていたから、顧客を喜ばせるより二度と利用しないほどまでには怒らせないことが会社の目標になっていた。だが顧客を怒らせる要素は山ほどあった。延滞料金、品ぞろえの悪さ、汚い店舗、お粗末なサービス……数え上げればきりがない。

ブロックバスターを嫌っていたのは顧客だけではない。映画業界からも同社は嫌われていた。ブロックバスターが市場シェアを獲得してから同社を代表して交渉を行ったエド・ステッドに過酷な条件をもぎ取られ、映画スタジオ各社は痛い思いをした。映画スタジオが創出した需要をブロックバスターが満たしているのではなく、ブロックバスターが映画需要を創り出しているのだという同社の言い分も、映画スタジオの癇《かん》にさわった。

だがうちがもっとも有利だったのは、時流に乗っていることだった。世の中はネット化に向かっている。どういう形で、あとどれくらいでそうなるのか、誰にも正確にはわからなかったが、ネット経由でレンタルしたいと思う――いや、強く要求するブロックバスターの顧客が増えていくのは必至だ。ブロックバスターは世の中の流れに乗るには不利な立場に置かれているどころか、そういう状況が来ることさえわかっていないように見えた。そこでうちが役に立つ、というのが私たちの見方だった。

向こうも同じ見方をしてくれるといいのだが。

完璧な説得のサンドイッチ

リードは前年に私向けのパワーポイントを準備したように、売り込み口上を入念に準備していた。彼が会議机に身を乗り出すようにしてウンコ・サンドイッチを作り始めると、思わず頬《ほお》がゆるんだ。見事な口上だった。三層のサンドイッチ《トリプルデッカー》だ。

「御社はすばらしい財産をお持ちです」とリードは切り出し、1枚目の厚いパンをまず置いた。「何千もの直営店とフランチャイズ店のネットワーク、何万人もの献身的な社員、利用実績のある２００万人近い会員で構成された熱心なユーザーベース」（そのユーザーのどれだけが実はサービスを嫌っているかについてはわざと触れなかった。それはあとから持ち出す）

勢いをつけ、肉を重ねる態勢に入りながらリードは続けた。「しかし御社の地位をいっそう強固にするために、ネットフリックスが獲得した専門知識と市場ポジションを活用できる分野があります」

リードはこれが最強だと三人の意見が一致した提案を展開した。「御社と弊社で手を組みましょう」、リードは強調するように両手を合わせて話し始めた。「合併後、弊社はネット事業を担当。御社には実店舗に集中していただく。合併によってシナジーが生まれます。まさに全体は部分の総和に勝る提携になるでしょう」

リードの口上はよくできていた。簡潔で要を得ており、かといって傲慢《ごうまん》さや過剰な自信を感じさせない。彼はこの部屋に違和感なくなじんでおり、本人もそれを自覚していた。リードがさらに合併のメリットと思われる点を挙げていく中、バリーと私は絶妙のタイミングでうなずきながら、時おり援護射撃の発言をはさんだ。「そうそうそのとおり、大賛成！」と無意識に大声が出てしまいそうになるのを抑え、そうするのが精一杯だった。

「御社は」とリードは指摘した。「弊社を使えば、ＤＶＤへの参入をおおいに加速できますし、コストも大幅に安くなります。弊社が既存作品に特化しますから、御社は事業の中核である新作の在庫拡充に力を注ぎ、在庫状況を改善して顧客満足度を高められます」

リードはさらに続けた。「弊社にも、御社の店内やユーザーベースに向けたプロモーションを利用できるメリットがあります」。そして一拍置いた。「かりに合併に至らないとしても、提携すれば両社に多大なメリットとなるでしょう」

リードは口上を終えた。椅子に座り直しながらアンティオコからステッドへ、ステッドからアンティオコへと視線を移す。完璧なサンドイッチを作ったのは本人もわかっている。あとは彼らが食いつくかどうかだ。

大逆転なるか?

反論は想定内のものだった。「ドットコム・ビジネスは完全に持ち上げられすぎですよ」とアンティオコは言った。ステッドはネットフリックスを含むほとんどのネットベンチャーのビジネスモデルには持続性がないと言った。資金を食うだけだと。

バリーと私がふたりの主な反論に応戦したあと、ついにエド・ステッドが片手を上げて全員が黙るまで待った。

「弊社が御社を買収するとして」、と話し始めてから強調するように間を置き、「御社のお考えは? 数字のことですが。御社の提案をお聞かせ願えますか」

これについてはリハーサル済みだ。ともかくも、観光牧場で一晩痛飲した翌朝5時の飛行機でリハーサルした三人にできる限りのベストは尽くした。

バリーが口を開いた。「最近の同様の買収案件を参考に、またネットフリックスが御社のユーザーベースにサービス展開した場合に想定されるROI(費用対効果)も考慮しました。さらにその成長をいかに……」

視界の隅でリードがそわそわと体を動かすのが見えた。この動きには見覚えがある。彼がしびれを切らすのは時間の問題だ。こらえろよ……こらえてくれ……。

「５０００万」、とうとうリードが口をはさんだ。

バリーは言葉を止めた。彼はリードを見て、両手を膝に落とすと、アンティオコとステッドに笑いかけた。そして肩をすくめた。もう何を言ってもしかたない。

私たちは答えを待った。

リードの口上からバリーの仕上げまで、私はずっとアンティオコを観察していた。彼が相手の感情を汲《く》み取る才能に長《た》けた聞き上手で、どんな相手にも自分は重要で自分の話には傾聴してもらう価値があると思わせることができる人物だという評判は知っていた。リードが話している間、私自身が何年にもわたって習得した技を彼が総動員するのをまのあたりにした。身を乗り出し、相手の目を見つめ、話し手が自分のほうを向くたびにゆっくりとうなずいてみせる。ちゃんと聞いているのがはっきりわかるような質問をする。

だがリードが数字を口にした今、見慣れない新しい何かが現れた。それまでとは違う身体表現、顔に浮かんだかすかな緊張。唇の端が上がり、彼の真摯《しんし》な表情にわずかなほころびが生じた。

それは無意識のごく小さな変化で、ほぼ瞬時に消えた。だが見たとたん、どういうことかわかった。

ジョン・アンティオコは笑いをこらえていたのだ。

リベンジの誓い

それ以降、会談の行方はたちまち急降下し、空港までの車中は誰も口をきかず、長いドライブになった。機内でもあまり言葉を交わさなかった。扉の脇のカウンターに置かれたサンドイッチとクッキーのトレイは手つかずのまま。冷蔵庫の中のシャンパン――ヴァンナが用意したもので、有料で飲める――の栓も開けられることはなかった。

それぞれが自分の思いに沈んでいた。リードは、飛行機が巡航高度に達する前にはもう、会談のことを忘れて新しいビジネス上の問題に考えをめぐらせていたに違いない。

バリーは、会社のキャッシュがあとどれだけもつか、枯渇するスピードをどうやって食い止められるか、どんな財務の策を使えばあと数カ月の時間稼ぎができるかを思案しながら、頭の中でそろばんをはじいているのが見てとれた。

しかし私の思いはまったく別のところにあった。苦境に陥ったのは今回が初めてではないが、ドットコムバブルの崩壊で状況は一変していた。資金が干上がりつつあるが、もう無尽蔵のベンチャーキャピタルをあてにはできない。売却が唯一の脱出策と思われた。ところがゴリアテは私たちの買収を望まなかった。私たちを踏みつぶすつもりだ。

ブロックバスターへの身売りは大博打《おおばくち》ではあったが、彼らが私たちを救うまさかの逆転技になってくれるのではないかと私は本気で希望を抱いていた。山の中を一気に抜けて、無事キャンプに向かう道に戻れるのではないかと。

バブル崩壊を生き残りたいなら、自力に頼るしかないのがいまや明らかになった。心を鬼にして未来を見据えなければならない。社内に目を向けざるをえないだろう。父によく聞かされたように、突き進むしか抜け出す方法がないときがある。

三者三様の思いにふけって無言のまま、ヴァンナ・ホワイトの飛行機が早くもサンタバーバラに到着しようとしていたとき、私は空のシャンパングラスをつかんで、フルーツのトレイから取ったプラスチックのスプーンでたたいた。リードが眠そうな目を上げ、バリーはつかのま計算をやめて私の目を見た。

「さて」、私は乾杯のしぐさをしながら言った。「こんちくしょう」

私は間を置いて、この場のばかばかしい光景を一つひとつ目におさめた。リアジェットの革張りの内装、バリーのゆったりしたアロハシャツ、5人家族分くらいある大きなフルーツのトレイ。決意が胸にあふれるのを感じ、私は微笑《ほほえ》んだ。

「ブロックバスターにフラれた」、私は言った。「これで今からやることは決まった」

私は笑顔になった。ひとりでに顔が笑っていた。

「こうなったら奴らに逆襲だ」

1997

第17章

1998

緊縮策

1999

サービス開始24～36カ月後

2000

2001

2002

2003

登山家の間には、午後の早い時間までに登頂できなければ引き返すことを真剣に検討すべしという鉄則がある。エベレストの登山ガイドとして著名なエド・ベスターズがクライアントに言っているように、「登頂するかどうかは任意だが、下山は必ずしなければならない」。地上数千メートル、キャンプから何マイルも離れたところにいるときは、日没までにかなりの余裕を見ておかなければならない。さもないとおよそ望まない場所で立ち往生するはめになりかねない。

比喩を使うなら、2000年秋のネットフリックスはそんな状況にあった。ブロックバスターに買収を断られてから、ネットフリックスは五里霧中をさまよっていた。重大な危機は脱していたが、完全に困難から抜けられたわけでもなかった。

同規模の多くの企業（や、もっと大きな企業）とは異なり、私たちはドットコムバブル崩壊を生き延びた。ビジネスモデルがよかった。無期限、延滞料金なしが効いていた。シネマッチも愛されていた。2001年末にはユーザー数が50万に迫ろうとしていた。

しかしサブスクリプションモデルは根本的にコストが高かった。いまだに赤字の垂れ流しが止まらないが、事業環境は1年前とは様変わりしていた。1年前には普通だった現金燃焼率は今では無責任とみなされた。急がなければならなかった。必ずしも黒字になる必要はない。が、株式公開を望むなら、銀行（と銀行がネットフリックス株の購入を薦める投資家）に黒字化の道筋を見せなければならない。相変わらず毎年4000万ドル調達して4500万ドルの損失を計上することを繰り返していたのでは、優良な投資先とは思われないだろう。

バブル後の世界を生き抜く可能性をつかむには、なりふりかまわずカナダ原則に固執しなければならないとわかっていた。２０００年後半から２００１年いっぱい、私たちは事業に大ナタをふるった。社名の後ろの「ドットコム」は１９９９年にはいくらでも資金調達できるチケットだったが、いまや障害になっていたため、社名からドットコムを削除した。１年前に世界（と取締役会）を席巻した「ポータル」至上主義はドクタークープもろとも惨状を呈していたため、廃止した。

私たちはこのなりふりかまわぬスリム化を「船体からフジツボをこそげ落とす」と呼んだ。

難しいやめる決断

会社はボートのようなものだ。時々乾ドックに入れて、船体に付着して推進力を落としていたフジツボを取り除かなければならない。ブロックバスターへの身売り失敗とドットコム市場崩壊のあと、私たちは時間をかけて自社の評価を行い、業績に寄与していなかったプログラム、実験、追加、機能強化はすべて容赦なく切り捨てた。

いつだってそうしてきた。必ずしも楽ではなかった。自分はフジツボだと思っても、他の誰かが気に入っている要素もある。例えば――マーキーのプライスポイント［もっとも売れる価格帯］を見きわめようとしていたとき、私たちは何十通りもの価格とＤＶＤの枚数をテストした。

ＤＶＤ４枚をある顧客グループには9・95ドル、別の顧客グループには19・99ドル、さらに別の顧客グループには24・95ドルでレンタルした。1回のレンタル枚数も顧客別に2枚から8枚までさまざまに変えてみた。標準プランもＤＶＤの交換回数を無制限にしたり、回数に上限を設けたりした。ライトユーザー（ネットフリックスの社内用語で「バード」）の利用を促進できるかどうか確認するためにサービスを早くしたり、ヘビーユーザー（社内でこっそり「ピッグ」と呼んでいた）の利用を思いとどまらせるためにわざと遅くしたりする興味深い実験で、ついには訴訟を起こされたこともある。

こうした実験はすべてまぎれもなく有益だった。実験のおかげで、値上げによって加入率が落ち離反率が上がるか、それとも利用率が上がるか議論せずにすんだ。結果はそれぞれ実証され、正確な率もわかった。しかし知るべきことを知ってしまえば、私たちにとって実験の有益性はゼロに下がった。

残念ながらコストは変わらない。しかもサービスに追加した新規の要素はいずれも既存の要素と齟齬《そご》のないように機能し、利用しているプランの種類に関係なくすべての顧客に適用されなければならない。そのために設計が複雑化し、実験は難しくなり、全社の動きが鈍くなった。

賞味期限切れの要素はフジツボである。ひとつが業務の足を引っ張る度合いは軽微かもしれないが、それが1000個もあったら？　会社は減速し、コストもかかる。

だからこそそげ落とした。会議では毎回、今後やろうと計画している事項の議論に入る前に、まず過去を振り返ってやめる決断が可能な事項のリストの作成から始めなければならなかった。簡単ではなかった。**やる決断よりやめる決断のほうが難しいものだ。**24・95ドルのプランに入っていた顧客は当然、実験が終了して19・95ドルのグループへの転換を求められれば喜ぶだろう。しかし同じサービスを9・95ドルで利用していた、あるいは一度に8枚借りられていたラッキーな一握りの顧客は喜ぶまい。

しばらくすると、私たちはかなり非情にやれるようになった。非難の声は聞き流そう、と割り切った。1万人に対して適正なサービスにできるのなら、1000人を怒らせたってかまわない。

会社の体質を変える

2000年が2001年になり、ブロックバスターからの買収のチャンスがバックミラーの中で確実に遠ざかっていき、IPO構想は予見できない未来に延期されると、バリーは猛烈な勢いで事業のあらゆる側面からフジツボをこそげ落とし、私たちのボートのスピードを上げようと必死になった。

最初のうちは、削減リストの課題は取り組みやすいものだった。今後ポータルを目指さないのであれば、サイトに広告を掲載する技術を開発する必要はない。クリスティーナのチームは上映スケジュールを作成する労力を割かずにすむようになったし、コンテンツチームは世界中の映画のデータを収集する必要がなくなった――ＤＶＤカタログに集中すればよくなった。

しかしバリーのスプレッドシートを見せられなくても毎週月曜日の幹部会議に集まる全員の目に次第に明らかになってきたのは、人員が余剰になっていたことだった。

通常なら、多少の人余りは問題ではなかった。いずれにせよ成長しているのだから、１～２四半期経《た》ってビジネスの量も複雑さも増し、人員増の根拠ができて経済的にも可能になるまで待てば、余剰人員を簡単に吸収できた。しかし今は状況が違う。バリーが数字を検討してバブル崩壊後の新たな事業環境に対峙《たいじ》すると、身軽になるだけでなく会社の体質も変える必要があることが明らかになった。

バブル後の事業環境において、私たちは金食い虫と見られるわけにいかなかった。毎月個々の顧客から利益を上げるだけでなく、事業運営の固定費をまかなうに足る顧客数がなければならない。これまでは等式の片方、顧客獲得にだけもっぱら注力していた。今は、等式のもう片方、事業運営費の削減に力を入れなければならないことが次第に明らかになってきた。

大きなものを取り除けば削減できるコストはきわめて大きい。こそげ落とせるフジツボも種切れになりつつあった。船体はきれいになり、目的地も明確になったが、ボートはまだ重すぎた。岸にたどりつくためには、船を軽くしなければならない。

次の手は人員削減のみ

火曜日の定例幹部会議はいつも同じ議題から始まった。やっちまった奴は誰か、だ。もちろん正式な議題の名称ではないが、私はそう呼んでいた。透明性と徹底的な正直さを確保するため、会議に参加した一人ひとりがうまくいっていないことを順番に報告した。うまくいっていることについては知る必要がない――そういうことは担当幹部以外の人間が関心を向ける必要などないからだ。知りたいのはうまくいっていないことだった。私のもっとお上品な表現でいえばやっちまった奴は誰か、だ。

スタートアップの原則として、失敗は必ずする。ただし同じまちがいを二度してはならない。

２００１年夏のある会議で、朝の恒例の公開処刑が終わってすぐに、リードがバリーに新しい話を持ち出すよう身振りで指示した。バリーが席から立ち上がり、ホワイトボードの前に進み出ると、緑のマーカーをつかんで大きく「2，０００，０００」と書いた。

「この数字は」、とバリーは皆のほうに振り返って宣言した。「現在のわが社の経費水準から、利益を出すために必要な会員数です」

彼は前かがみになって自分のノートパソコンをにらんだ。

「しかし達成は73週間先になる。それまで毎月赤字が出つづける。達成のずっと前に資金が尽きるでしょう。わざわざ言うまでもないが、うちに出資しようという投資家もいない」

バリーは言葉を切って、再びノートパソコンをのぞきこんだ。「経費を削減しなければなりません。それも大幅に。今手元にある資金で利益を出せるスリムな体質にならなければいけない。唯一の方法は、これより少ない会員ベースでも利益が出せるよう、コストを削減することです」

バリーは緑のマーカーを手に取ってホワイトボードに向き直った。手のひらの端で数字の頭の2を消すと、1に書き換えた。

「会員数100万人で利益が出せなければ生き残れません。そしてこれが」、と言いながら彼はマニラフォルダーを開き、ホチキスで留めた書類を皆に配布した。「これがそのために取る手段です」

気の合う仲間

レイオフ。それがバリーの案だった。

衝撃の発表のあと、リードとパティとバリーと私は毎日ランチミーティングを行い、何十通りものシナリオを検討した。人員をぎりぎりまで削減すべきなのはどの部署か。まったく手をつけずにおく部署はどこか。給料の高い（それだけ価値の高い）社員に辞めてもらうか、平のカスタマーサービス担当者を大幅削減して量で補うか。

難しい問いだった。経費を大きく削減する必要があったが、事業を成長させる力を損なわない形でやらなければならない。

極限まで消耗したミーティングのあと、私はジョエル・マイアーのデスクに立ち寄って彼の肩をたたいた。ジョエルは私の部門の調査・分析責任者だった。アートとサイエンス、データと直観の両立が求められる職務であり、彼の風貌にはそれが表れていた。身長6フィート4インチの堂々たる体軀《たいく》ながら温厚な物腰で、親しみやすい人物だ。短パンによれよれのTシャツばかりのオフィスの中で、ジョエルはボタンダウンシャツ、カーディガン、コーデュロイのパンツに黒のオックスフォードシューズという大学教授のような装いをしていた。話し方にとても気をつかい、慎重に言葉を選んだ。相手の話を聞くときはさらに気を配り、どんなにばかな発言でも発言のすばらしさがわからないのは自分の側の落ち度であるかのように、ゆっくりと思いやりをもってうなずいた。

だがそんなプロフェッショナルなマナーの陰には、冴《さ》えたウィットとクラスの悪ガキ風のユーモアセンスが隠れていた。ジョエルはよくできたイタズラが大好きだった。「便器のコイン」ゲームにはノリノリで参加したし、食べられるかどうか微妙な珍味を会社のキッチンに置いておくのを無上の楽しみとしていた。一度などはフリーズドライのヒヨコ豆のボウルを仕掛けてミッチ・ロウを激怒させた。「歯が折れるところだったぞ、バカ野郎！」。思い出すといまだに笑える。データ重視の知性と悪ガキめいたユーモアを兼ね備えたジョエルと私は初日からたちまち意気投合した。たまにではあったが機会を見つけては、一緒に昼休みに会社を抜け出してロスガトス唯一の大衆酒場「ブラック・ウォッチ」のブース席に隠れ、同僚たちをこまごまと解剖してはビールのしみの残ったテーブルに突っ伏して笑い崩れるのがこの上ない楽しみだった。

「調子はどうです、ボス？」ジョエルはスクリーンからほとんど目を上げずにつぶやいた。

「上々だ」、私はふだんの挨拶で決まり文句になっていた返事をした。階段に向かって頭を振ってみせる。「ちょっと外に出ようか」

LIFO方式

その週の初めに、リードとバリーと私はネットフリックスの全部門長に箝口令《かんこうれい》を敷いた上で計画を話していた。社員の大多数が彼らの直属だったから、実務の中核を担っている者、かわりのいない者、手放しても支障のなさそうな者が誰かは彼らが一番よく知っている。部門長を外に連れ出して建物の周りをゆっくり歩きながら、社員一人ひとりについて話し合うのが私の日課になった。レイオフの対象者を決定するのは難しく、部門長の助けが必要だった。能力といなくては困るかどうかは、考慮する要素としてもっとも簡単な部類だ。頭を悩ませたのは別の問題だった。個人的事情にどれだけ配慮すべきか。その社員が一家の大黒柱で赤ん坊が生まれたばかりだったら？　その社員を残して若い独身者（だがもっと能力は高い）に辞めてもらうべきか。少数ながら夫婦でネットフリックスにいる社員はどうする？　ふたり同時に辞めさせるのはあまりに酷ではないか？

ジョエルはジャケットを羽織りながら正面玄関のドアを腰で押し開け、舗道にいた私に合流した。私たちは無言で建物の周りを時計回りに歩き始めた。

「ずっと考えていたんですがね、ボス」、車から降りてきた社員の耳に届かないところまで離れるとすぐにジョエルは口火を切った。

「危険だな」、と私は返した。

ジョエルは微笑《ほほえ》んで話を続けた。

「今回LIFO方式でやるという話になったそうですが、それはどうかと」

LIFOとはlast in, first outの略で、もっともあとで雇って在籍期間がもっとも短い者から先に辞めさせることをいう。通常は在庫に使われる言葉を流用したものだ。レイオフに関して、LIFOは必ずしも能力には関係しないが、仕事の経験には相関していたし、でたらめに選んでいると思われがちなプロセスに合理的な根拠があると社員にある程度は思ってもらえる。

「気になっているのはカイルのことなんです」、ジョエルはとうとう打ち明けた。「在籍期間を基準にするなら彼はレイオフ対象ではありません。しかし彼の態度は……」。ジョエルは言葉を濁《にご》した。

彼が言いたいことはすぐにわかった。特に難しい分析上の問題に取り組むため社内の各部署の人間を集めて定期的に開いていたアナリティクス会議で、カイルは一部始終、なんというか……難しい人物としてふるまっていた。

皆で正しい結論に至る

ネットフリックスでは、反対意見を述べるのはまったく問題視されなかった。むしろ徹底的な正直さの文化に欠かせない要素だ。活発な議論を奨励していたから、反対は想定内だった。ネットフリックスの会議に年功序列は関係なく、肩書や年齢や給与の額が上だからといって誰かの意見が尊重されたりはしなかった。合意に達するまでは誰もが自分の見解を主張して戦うのがよしとされた。

とはいえ、どれだけ議論が白熱しても、ひとたび誰もが認める正しい結論が出れば、同意して実行に移すのがネットフリックスの不文律だった。反対するのは共同作業の一環であって、エゴによるものであってはならない。誰が正しいかは問題ではなく、皆で正しい結論に至ることが重要なのだ。

それがカイルにはできなかった。自分の思いどおりにならないと、それを受け入れられないだけでなく、ふてくされた態度で周りの者にまで影響を及ぼした。

「わかった。彼に辞めてもらおう。マーコウィッツを残そう」、と私はジョエル直属の別の社員の名前を出した。

「わかりました」、彼は私を見ずに淡々と言った。

すでに長いつきあいだったから、ジョエルが何かを気にしているのには勘づいていた。角を曲がって建物脇の狭い中庭に置いてあるピクニックテーブルの横を通りながら、ようやくはたと思い当たった。

「ところで」、私はそっと言った。「もしまだちゃんと言ってなかったら……君は大丈夫だ」

ジョエルの顔にまたたくまに安堵《あんど》の色が浮かんだ。彼は大きな笑みでうなずくと言った。「上々です、ボス。上々です」

レイオフ決行

わずか1週間後、私たちは再び会議室に集まったが、その顔ぶれは経営陣全員も加わり増えていた。月曜の夜8時数分前、夕食から戻ってきた出席者たちが座る場所や立つ位置を探してまだうろうろしている。会議室を除けばオフィスに人影はなく、空になったたくさんの椅子やキュービクルが、今から24時間も経たないうちに起こることを重苦しく予感させた。

部屋の向こう側にいるジョエルと目が合うと、彼は軽くうなずいた。部屋の前方にはパティが座り、目の前のテーブルの上に白いバインダーを二つ広げている。彼女の左肩の後ろからリードが熱心にのぞきこみながら何かを手ぶりで示している。パティが何かささやき返し、ページの下のほうにある1行にペンで線を引いた。

ひとりの大きな存在がすでに去っていた。エリック・メイエだ。傑出した才能の持ち主ではあったが、彼の能力は私たちのこれからの課題にもはや合うものではなく、前日に辞めてもらっていた。

それ以外は？　週末を費やし最後に二度の長い話し合いを経て、レイオフする人員のリストが決定した。いよいよ実行に移すときが来ていた。

パティがノートから目を上げ、袖を上げて腕時計を確認すると、音を立てて椅子を引いた。

「それでは、皆さん。これから明日の手順をお話しします」

火曜の朝10時45分、スケジュールどおりメールが発信された。短く要点だけを述べたものだった。「11時にビル正面にて重要な発表があります」

会社は全社員が一部屋におさまる規模をとっくに超えていた。ロビーにもおさまりきらなかった。今では全社集会を行う際は、サンタクルーズ通り沿いにある１００年の歴史を持つロスガトス・シアターを借りるか、皆にビルの外、正面入り口横の中庭に出てもらわなければならなかった。今日は中庭だ。全社員の４割に失職を伝えるためにシアターを借りるなんてナンセンスである。あまりにも残酷ではないか。

キュービクルの列を抜けて階段に向かう途中、私はふと階段の上り口にある会議室に足を踏み入れた。私の直轄の部署はここでレイオフ対象者に話をすることになる。せめて椅子が2脚そろっているか、最後に確認しておかなければと思ったのだ。解雇されるだけでも十分につらいのだから、せめて座る椅子くらいは用意してあげたい。

だが心配は無用だった。椅子は2脚あった。何もないテーブルと、まっさらなホワイトボード。ふだんとは違うミーティングが行われることを思わせるものは何もなかった。

外に出ると、中庭にはすでに大勢が集まっていた。社員たちはそれぞれ小さな輪を作って不安そうにしゃべっている。私はジョエルを見つけて無表情に隣に立った。午前11時数分過ぎ、リードがピクニックテーブルの上に立った。群衆は静かになった。

「この3年以上、私たち全員が多大な努力をして今のネットフリックスを築き上げました。皆が誇りに思ってよい実績です。しかし苦しい決断をしなければならない日が来るのは誰もがわかっていたでしょう。残念ながら今日がその日です」

リードは言葉を切り、あたりを見回した。物音ひとつしなかった。フェンスの向こうの公園から、公園内の線路を走る蒸気機関車の汽笛と子供たちの歓声だけが聞こえた。少なくともこの世のどこかには、楽しんでいる誰かがいる。

「皆さんおわかりだと思いますが」、リードが続けた。「この12カ月間で資金調達の環境は大きく変わりました。うちだけではなく、シリコンバレーのすべての会社も同じです。事業を続けるためにベンチャーキャピタルをあてにすることはもうできません。自力でやっていかなければなりません。私たち自身で私たちの運命の舵《かじ》を取らねばなりません。そのためには、会員数が少なくても黒字が出せるよう経費を削減する必要があり、その段階に至るまで会社をもたせる資金を確保するために支出レベルを下げなければなりません」

群衆の向こうで、ジョエルの部下のマーコウィッツが傍目《はため》にもわかるほど震えているのが見えた。顔が蒼白《そうはく》になり、唇の上に汗が浮かび、手の中のナプキンを細かくちぎっている。私はジョエルを肘《ひじ》で突いた。

「彼を安心させてやってくれないか。今にも失神しそうだ」

ジョエルはうなずくと人々の間を縫って向かった。マーコウィッツの肩を抱き、耳に何かささやいた。

たちまちマーコウィッツの表情は一変した。大きな安堵が広がった。

一方、リードは心が揺らいでいるように見えた。見るからに落ち着きを失った社員たちをピクニックテーブルの上から見下ろし、群衆の扇動に失敗したことに気づき始めた革命家みたいな様子だった。彼は安心を求めるようにパティに目をやった。パティは彼を見上げてゆっくりとうなずいた。

「今日、レイオフを行います」、リードは力を振り絞って言った。「私たちの友人や仲間の一部が去ることになります。しかし彼らに落ち度があるからでは決してありません。純粋にただ、会社をより強くするためにしなければならないことだからです。職場に戻って、上司からの指示を待ってください」

社員たちは音もなく散っていき、私は人の流れに身をまかせて入り口に向かい、主階段を上がった。戦戦兢兢《きようきよう》とした社員たちに囲まれていると、彼らの視点から状況が見えてきた。なぜこんなことに？　さあこれからというところなのに！　活路を見出《みいだ》したじゃないか。返却期限なし、延滞料金なし。大事なことにたゆまず集中してきた。シネマッチを世に送り出した。翌日配送も実現した。効率的に新規顧客を獲得する方法も考案した。なぜ今後退するんだ？

階段を上がりきって向きを変えたとき、20分足らず前に確認した会議室の様子が変わっているのが目の隅に映った。テーブルの上に何かある。水色のクリネックスの箱が、てっぺんからティッシュを1枚きれいにのぞかせて、ちょうど真ん中に置かれていた。

ネットフリックスはレイオフの方法まで考案したのか、いくばくかの苦い気持ちで私は思った。

空襲警報解除

午前11時半にはすべてが終わった。社員たちは小さな輪を作ってたたずんでいた。ある者は泣き、ある者は安堵し、ある者はショックで茫然《ぼうぜん》としていた。オフィスの中はほとんど空だった。

始まったときは、マネージャーたちがオフィスの中を無言で歩き、それぞれの会議室に社員を呼ぶ中、誰もがピリピリしていた。最初のほうに呼ばれれば、それが何を意味するかは明白だった。他の部員たちにとっては、誰かが呼ばれるたびに自分は被弾を免れたことになる。そして最後にマネージャーが会議室から出てきて部署に「空襲警報解除」を伝えると、空気がほっとやわらいだ。

解雇する側にとっても、痛みは避けられなかった。全員が一緒に地獄をくぐり抜けてきた仲である。友だ。仲間たちだ。その日解雇されたビータのように、創業当初からのメンバーもいた。そんな彼らに私は今、辞めてほしいと告げている。私は皆と一緒に泣いた。

すべてが終わると、私は心が涸《か》れ果てたようになって執務室のソファにあおむけになり、サッカーボールを空中に何度も投げ上げながら自分のしたことを頭の中でリプレイしていた。

最後のレイオフ対象者は、入社して日の浅かったアナリストのひとり、ジェニファー・モーガンだった。彼女のキューービクルに近づいたとき、彼女は私に背を向けてコンピュータ画面に没頭していた。こんなときでさえ目の前の問題に集中している。私が肩に手を置くと、ゆっくりと振り向いた彼女の目には涙がたまっていた。「わかってました」、やっとそれだけ言うと、彼女はバッグを持って私のあとについて会議室に向かう準備をした。「私、わかってました」

笑顔のお別れ

レイオフが終わってまもなく、私は管轄していた全部署の残ったメンバーを集めた。今後について少し語ってから、今回のレイオフが無計画かつ非情に行われたのではなく、ネットフリックスの生き残りをひたすら考えた結果であることを、自分たち自身にも他の皆にも示す厳粛な責任が私たちにはあるという話をした。全員の肩に生き残りがかかっている。

その後、全員が解散したあと——ある者はランチに、ある者は自宅に、ある者は誰が残ったのか確かめようとビル内をめぐるために——ジョエルが私の執務室にやってきた。ふたりとも口数は少なかった。言うべきことはあまりなかった。未来が始まるのは明日からでいい。私たちはただ座ってサッカーボールを投げ合っていたが、やがて視界の隅に背の高い人影が現れたのに気づいた。テニスシューズを履いているのを見ただけで、あるエンジニアだとわかった。顔を上げると、そこには何年も前に私が採用した社員がいた。熱心に働き、コーディングの腕があり、気のいい男だった。

彼はレイオフを生き残れなかった。

「ごめんなさい、マークさん」、彼は切り出した。「お邪魔するつもりはなかったんですが、マークさん大丈夫かな、と気になって戻ってきました。きっとつらい思いをされたでしょう」

私はサッカーボールを持ったままぽかんとしていた。何と答えていいかわからなかった。そんなばかな。彼はレイオフされたばかりなのに、私の心配をしている。

「じゃあ」、数秒後に彼はぎごちなく続けた。「お世話になりました」

彼は踵《きびす》を返し、歩き去ろうとした。が、キューービクルの列のはずれまで来て、突然何か思い出したように足を止めた。

「そうだ」、彼は振り返ると笑顔で叫んだ。「絶対ブロックバスターを倒してくださいよ?」

それだけ言うと、彼は去った。

1997

第18章

1998

株式公開

1999

サービス開始49カ月後

2000

2001

2002

5月

2003

つらかった9月のレイオフから数週間、数カ月が経《た》つうち、あることに気づき始めた。

会社が上向きになっている。

効率が改善し、創造性が向上し、決断力が上がった。

スタッフをふるいにかけたおかげで会社はスリム化し、集中力が増した。もう無駄にできる時間はなかったから、私たちは時間を無駄にしなかった。十分に優秀な人々をレイオフしなければならなかったのはたしかだが、それだけに残った社員はスーパースターぞろいだった。スーパースターばかりで仕事をするのだから、仕事の質がきわめて高くなるのは当然だ。

これは成功するスタートアップでよく見る現象である。少数の献身的な人々の集中力と献身と創造性のおかげで事業が軌道に乗る。会社は人を採用し、大きくなる――やがてみずから収縮する。本来のミッションにあらためて邁進《まいしん》するのだ――往々にしてそれを、もっとも価値の高いメンバーの刷新された集中力とエネルギーによって全うする。

しかしスタープレーヤーを採用し維持するのは仕事の質だけが理由ではない。それ以上に文化に大きく関わっている。**スタープレーヤーだけを残せば、競争しながら力を磨く文化が醸成される。自分が選《え》りすぐりのエリート集団の一員だという自覚があれば、仕事はもっと楽しくなる。また、スーパースター人材としての評判を確立していれば、自分のチームにエリート人材を引っ張ってくるのもはるかに容易になる。**

翌日配送保証

ある意味、2001年後半のネットフリックスは1998年6月が再来したかのようだった。きわめて能力の高い選りすぐりのチームが、会員数100万人というたったひとつの目標に向かって全力疾走していた。そして1998年当時と同様、目標を達成した——今回は何カ月も早く、クリスマスまでに。

目標達成が早まったのは、アメリカ全国のユーザーに迅速な配送——翌日配送——を保証する方法を考案したトム・ディロンの功績が大きい。それは主にサクラメント・テストと、ユーザー間でDVDを送付してもらおうという以前のアイデアを応用したものだった。ユーザーが観《み》たがるDVDの9割がすでに倉庫を出た状態にあるなら、高コストの倉庫を全国に建設する必要はない。「映画について人は小動物レミングのような集団行動をとる」という誰もが直観的に理解していた原則をトムは配送に適用した。人はたいてい、皆が観ているものを観たがる。昨日あなたが『アポロ13』を観終わったとしたら、今日は他の誰かがそれを観たがる確率は非常に高い。逆に、あなたのキューの次に控えている映画が『ブギーナイツ』だとしたら、他の誰かが今日それを返却する確率も高い。ユーザーが返却したDVDの送り先がコストコサイズの倉庫である必要はない、と発想したのがトムのアイデアの優れた点だ。棚に戻す必要などない。折り返し別のユーザーの家に送ればいいわけだ。それならごく小さな施設で運営できる。

リフレクション・ポイント

トムは何十万ものデータポイントを分析し、近所のギリシャ料理店くらいの規模の小さなネットフリックス配送「ハブ」を設置する場所をはじき出した。場所の選定がしっかりできていれば、全国に60ほどのハブを置くことでアメリカ国内の95％に翌日配送サービスを実現できるとデータは示していた。ハブは倉庫ではない。「反射点《リフレクション・ポイント》」である。ここにはＤＶＤを実質的に保管しない。入ってきたＤＶＤはほぼ即座に別の顧客の元に「跳ね返され」るのである。

トムの反射点《リフレクション・ポイント》メソッドの仕組みを具体的に説明しよう。顧客が観終わったＤＶＤをその地域の反射点《リフレクション・ポイント》にもっとも近い郵便局に送る。毎朝9時に、地元の社員が郵便物を集荷し、それから3時間のうちに4～5人の社員がカッターで封筒を開け、ディスクを出し、1枚ずつスキャンしてネットフリックスの在庫プログラムにデータを入れる。ＤＶＤは一時的にテーブルの上に積まれる。社員はデータをロスガトス本社に転送し、彼らが昼休みを取っている間にわが社のサーバーが返却されたＤＶＤと顧客が次に観たい映画をマッチングする。ランチから戻ってきた社員が再びディスクをスキャンすると、今度は次にそのディスクを求めている顧客の住所を記載した郵送ラベルがシステムから吐き出されてくる。

このプロセスが嘘《うそ》のようにうまくいった。一日に到着する100枚のディスクのうち90枚は同じ地域に住む顧客が希望したため、すぐ発送された。残りのうち7～8枚は新作か需要の高い作品で、当日は希望者がいなくても1、2日で希望する顧客が現れることがあてこめた。そういうディスクは反射点《リフレクション・ポイント》の小さなライブラリに保管された。返却された100枚のうち、次の送り先が決まっておらず、近日中に顧客が現れないと思われるDVDは2～3枚にすぎなかった。そういうディスクのみサンノゼのメイン倉庫に返送された。

大げさに聞こえるかもしれないが、トムのメソッドは配送史に残る大イノベーションに数えられよう。効率的で早くて安い。大型倉庫に無駄なコストをかけなくてすむ。一晩でも棚に眠らせておく映画がなかったから、在庫回転率は桁外れに高かった。数十軒の安い店舗と200名のリモート勤務社員と保管箱さえあれば、アメリカ国内のほぼ全戸への翌日配送が可能になったのだ。

スーパースター集団

ネットフリックスは生き残った。そして目標を達成しようとしていた。だが社内の風景は変わった。創業チームのメンバーは多くが会社を去っていた。ジムはワインショッパーというアマゾン子会社に移った。ティーはネットセキュリティのスタートアップ、ゾーンラブズで働いていた。ビータは9月にレイオフされ、エリックも同様だった。クリスティーナは1999年に健康上の問題から休職し、以来フルタイムでは復帰できずにいる。

元いた腕利きのゼネラリストたちはスーパースターの専門家集団に入れ替わっていた。シリコンバレーでもピカイチの優秀な頭脳と一緒に働くのは嬉《うれ》しいことだ。だが会社に残った創業チームのひとりとして、自分の将来の役割について私は思いをめぐらせるようになった。自分の居場所はどこにある？　そしてもっと重要なのは――自分がいたい場所はどこにある？

2002年前半には、私は製品開発に自分の時間の大半を注いでいた。私にとってはそれが本当に打ち込める仕事だった。私たちは当時すでにDVDがなくなる日を視野に入れていた。2000年代前半のブロードバンドDSL技術の成長により、インターネット上でコンテンツをストリーミングすることが新たに実現可能になりつつあった。ストリーミングが物理媒体と競合するようになるのは時間の問題だとわかっていたから、技術の変化を活用できるポジションをとっておきたかった。なんだかおかしなことではあった――郵送DVDというもともとのアイデアをうまく運用する方法をようやく見つけた今になって、DVDも郵送も存在しない未来を目指している。

デジタル配信が未来であるのはわかっている。だがその未来がやってくるのはどれくらい先なのか。どんな形で実現するのか。映画をダウンロードするようになるのか、それともストリーミングか。コンピュータ画面で前かがみになって観るようになるのか、ソファにもたれてテレビ画面で観るようになるのか。技術が普及するにはどんなインフラが整備されねばならないのか。コンテンツについては？　一ジャンルに絞って始めるのか、だとすればどのジャンルか。そして簡単にコピーして共有できてしまうデジタル形態になったとき、映画スタジオに対して、うちが預かった映画は安全だとどう説得するか。

デジタル配信への期待と不安

こうした疑問に答えを出すため、私は映画スタジオ、テレビネットワーク、ソフトウェア企業、ハードウェアメーカーと話をした。そしてわかったことがいくつかあった。

第一に、映画スタジオとテレビネットワークが「ナップスター化」を恐れていること。彼らは音楽業界が、横行する海賊行為の被害に遭って売上に大打撃を受けるのをまのあたりにしていたから、デジタル著作権の放棄に乗り気ではなかった。私がいくら安心材料を並べても、デジタル化する未来を信用してもらえなかった。テレビ番組や映画がいったんデジタル化されてしまったら、自社商品のコントロール権もそこから収益を上げる力もすべて失う、と彼らは見ていた。

第二に、ハードウェア企業とソフトウェア企業はデジタル著作権などおかまいなしにフルスピードで前進していること。アップルやマイクロソフトはじめコンピュータ大手各社は帯域速度の飛躍的向上を活用しようと夜遅くまで働き、視聴者の自宅に大容量のファイル――映画サイズのファイル――を直接配信できる製品を設計していた。

皆が同じ獲物を目指して競っていた。視聴者のリビングルームにエンターテインメントを直接届ける入り口を手にするのは誰か。映画スタジオやテレビ局のようなコンテンツ製作会社か。家庭でコンテンツを視聴するために必要なハードウェアやソフトウェアの開発会社か。何百万もの家庭にすでにコンテンツを配信しているケーブルテレビ会社か。

私はその秋から冬にかけて、多くの時間をニール・ハントとのブレーンストーミングに費やした。ニールは1999年にネットフリックスに入社し、当時はプログラミング部門の統括をしていた。背が高くて針金のようにやせており、キュービクルから出てくるときは毎度のようにコーヒーカップを持っていた。時にはなみなみと入ったフレンチプレス・コーヒーメーカーを会議室に持ち込んで、数分後、タイミングがよければ自分の意見を主張するまさにその瞬間にプランジャーを思い切り押す。ニールは語り口が穏やかで、繊細で、どこか内向的なところがあった。コードレビュー［ソースコードのチェック］をこれからやらなければならないとき、彼が駐車場を何往復もして部下に耳の痛い指摘を伝える勇気を奮い起こそうとしている姿を、執務室の窓からよく見かけた。頭脳の明晰《めいせき》さはずばぬけていた。会議がいつもアイスホッケーNHLのスタンレー・カップ決勝戦もかくやという音量になるわが社でも、ニールは声を張り上げる必要がなかった。彼が話し始めると、皆が前に乗り出して耳を傾けた。

私と同じく、ニールもインターネットの帯域幅拡大に可能性を見出《みいだ》していた。デジタル手段を利用してネットフリックスの映画を直接テレビに配信すれば、映画レンタルの利用間隔をさらに短縮できる。2002年当時はストリーミングによる即時配信はまだ不可能で、ダウンロードには何時間もかかったが、それでも寝ている間や仕事中に機器まかせで映画をダウンロードするほうが、わざわざ車に乗ってブロックバスターに出かけるより好ましいはずだと私たちは考えた。ブレーンストーミングでは、顧客がテレビ台に置いた機器にダウンロードした映画を常に何本かスタンバイさせていて、キューにはさらに長くなった映画のリストが控えているという理想を想定した。観たい映画を選んで、観終われば完了のマークを入れるだけでよい。そうしたらキューが自動的にリスト上の次の映画をダウンロードし始める。

翌日は、新しい映画が用意されているというわけだ。

しかし映画スタジオやテクノロジー企業に私たちのアイデアの良さを説得するのは難航し、それを実現するのが私たちであることを納得してもらうのにはさらに苦労した。彼らにしてみれば、ネットフリックスなど郵便局の活用法を編み出したコンテンツ企業にすぎない。デジタル配信？それは大企業の仕事だろう。

お呼びじゃない

マイクロソフト幹部との会談後、ニールと一緒に悄然《しょうぜん》と車で帰ったときのことは特に忘れられない。マイクロソフト本社はシアトル郊外のレドモンドにある。3年前、リードとアマゾンを訪問したときのことを思い出さずにはいられなかった。しかし今回は、治安の悪い地域にあるみすぼらしいオフィスではなく、清らかな人工湖に隣接し、聳《そび》え立つセコイアの木々が影を落とす、きらめくようなキャンパスを抜けて車を走らせた。薬物依存症治療センターの外に身を寄せ合うつらそうな顔の男たちのかわりに、きれいに手入れされた芝生の上でフリスビーをしているマイクロソフト社員たちの姿があった。

会談の相手は、発売予定のゲーム機Ｘｂｏｘを手がけていた大物技術者ふたりだった。発売まであとわずか数週間だったが、マイクロソフトはすでに出遅れており、ソニーと任天堂に追いつこうと必死だった。競争相手を一気に追い抜くため、Ｘｂｏｘはイーサネットポートとハードディスクという二つの目玉機能を搭載する予定だった。それによりＸｂｏｘはインターネットへの接続と、ダウンロードしたものの保存が可能になる。マイクロソフトは表向きこれらの機能をゲーム体験を向上する手段と位置づけていたが、テレビ番組や映画のダウンロードに使用することを視野に入れているのはわかっていた。そこで提携の可能性に目をつけたのだ。マイクロソフトは技術、私たちはコンテンツで協力できるというのが私たちの見立てだった。

だが話し合いは不発に終わった。例によって、相手の返答は丁重ではあったものの、言わんとすることは同じだ。「おたくなどお呼びじゃない」

「まったくの徒労でしたね」、マイクロソフトの環状交差点で猛スピードでハンドルを切る私の横で、助手席にぐったりと沈み込みながらニールは言った。「レンタカーを借りてはるばるここまで来て、あげく丁重に断られるとは」

「ノーという言葉は必ずしもノーを意味しないよ」、と私は言って微笑《ほほえ》んだ。「励ま
ニールはうめき声を上げ、私の発言を陳腐な気休めの嘘だろうとばかりに手を振った。

そうとなんかしないでくださいよ」

だが私は嘘をついているつもりはなかった。以前もあったじゃないか。うちの「DVD3枚無料！」クーポンは家電メーカー3社すべてに断られた。アレクサンドル・バルカンスキーにはあきれ顔で頭を振られた。ネットフリックスを創業して以来、私は人からノーと言われ、やがて少しずつ相手の評価が変わるのを——あるいは相手のほうがまちがっていたのを何度も見てきた。

私たちのアイデアがいいのはわかっている。今ではないかもしれないが、いつか実現する。

それを私は身をもって学んだ。**夢を実現しようというとき、手持ちの最強の武器は愚直で一途《いちず》な粘り強さだ。ノーと言われても引き下がらない人間でいることは報われる。ビジネスの世界では、ノーは必ずしもノーを意味しないからだ。**

ノーをイエスに変えるのが仕事

例を話そう。

大学卒業を控えていたとき、私の夢は広告業界への就職だった。地質学専攻で卒業する人間と

してはずいぶんな飛躍だったが、私は楽天的な性分だ。そしてしつこい。

資格も何もなく四大を出た学生が唯一アプローチできた広告業界の仕事はアカウントマネージャー、つまりクライアントと広告代理店のクリエイティブチームの接点となるスーツを着た営業職だった。主にMBAを持つ院卒が就く仕事だが、採用枠を四大卒にも広げた代理店もあったので、N・W・エイヤーの担当者が大学キャンパスに来たとき、私は面接のチャンスに飛びついた。

われながら意外にも私は最初の選考に残り、10名ほどの他の学生とともにニューヨークでの面接に呼ばれた。一日かけて社内のほぼ全部署からの代表者と面接したのち、私の大学から唯一、二次選考にも通ったと知らされた。アメリカ北東部地区から選抜されたたった5人のうちの一人として、ひとつの椅子を争うことになった。

そして落ちた。

だがすぐに立ち直った。夢見た仕事をつかめなかった失望感はたちまち疑問に変わった。他の候補者にあって自分に欠けていたものは何だったのだろう？　自分に適用された見えない基準（のちに自分が採用する側の立場になってよくわかった）を知らなかった私は、自分に何が足りなかったのか皆目見当もつかなかった。

そこで、聞いてみようと思い立った。

私は面接してくれた一人ひとり全員に長い手紙を書き、まずあらためて自分の長所をすべて伝えた。そして、自分には何か大事なものが不足していたのだと思いますが、よろしければ私の至らなかったところを具体的にお教えいただけませんでしょうか、と手紙につづった。「来年も必ずこの仕事に応募させていただきます。それまでに自分に欠けているスキルを養いたいのです」

今思うと赤面ものだ。

ところがこれが奇跡を起こした。わずか4日後に私は電話をもらった。代理店のシニアパートナーのひとりが私に会いたいという。広告代理店のビジネスサイド全体を取り仕切っていた人だった。6番街に面したビルの42階にある立派な重役室で差し向かいに座った私に、彼は採用を告げた。実は、前回の面接で採用された候補者はひとりもいなかった。アカウント・エグゼクティブは営業職。ノーをイエスに変える仕事である。だからN・W・エイヤーは私たち全員にノーと言ったのだ。

そして候補者の中でノーと言われて引き下がらなかったのは私ひとりだったそうだ。

自分の持ち株を売る

マイクロソフトは私たちとの提携話に乗らなかった。だがどこかは乗ってくれるはずだ。

その間にも、私はネットフリックスでの自分の役割を静かに見直しつつあった。社長ではもうなくなっていた。肩書上はエグゼクティブ・プロデューサーだった。当時からすでに、ネットフリックスは技術ゴリゴリのソフトウェア系スタートアップから本格的なエンターテインメント企業へと変貌し始めていた（今となっては、例のニューメディアルックをどのクリーニング店に出したのだったか……）。

会社はリードが采配していた。その資格が彼にはあった。1億ドルの資本調達は彼がいなければ絶対にできなかった。彼のリーダーシップがドットコムバブル時代の根拠なき熱狂の中を――そしてその先へと私たちを導いた。

私は変な立場にいた。私はネットフリックスを創業した。インターネットの波が来るのを見て、絶妙なタイミングでこの世界に船を漕ぎ入れた。最初は私の会社だった。だが少しずつ、リードのあの運命の宣告以来、状況は変わっていった。それは納得している。リードが会社の顔として前面に出てくれたおかげで、私たちは助かった。しかしそれによって私は過去と未来のはざまに取り残された状態になった。２００２年に私がよく考えていたのは将来についてだった。

私には愛する家族がいる。三人の子供たちに恵まれ、最高の親友とのすばらしい結婚生活があった。家族一人ひとりに安心できる未来を保証したかった。また、これまでに在籍してきたスタートアップで快適に暮らせるだけのお金を得てきたが、今回は桁がまったく違う。簡単に言えば自分の全資産を、どれだけ信じてはいても一社の株に集中させたくはなかった。自分の力が及ばない状況のせいですべてを失う人をあまりにも多く見てきたから、私にはその轍《てつ》を踏むまいと用心する知恵ができていた。２００２年に株式公開するとすれば――12月に会員数１００万人を達成してから、バリーは再び銀行や投資家候補めぐりを始めており、株式公開の可能性が浮上していた――自分の持ち株を売れるようになっておきたかった。

そこで障害となるのは、会社で高い役職にある幹部が株を大量に売却するとたいてい、銀行と投資家から良くないサインととらえられることだ。その幹部が自分たちの知らない何かを知っているのではないか、と疑惑を招いてしまう。

私が株を売却したかったのはそういう理由からではない。ネットフリックスの今後の成功は100パーセント信じていた。自分たちが築き上げた会社は長期的に成功するはずだというゆるぎない確信があった。ただ売却という選択肢を求めていただけである。

売却できるようになるには、銀行と投資家から目立たない存在になる必要があった。S－1様式に「社長」として名前を記載されるわけにはいかない。そのためには二つの条件があった。第一に、経営に関わっているとみなされない肩書に移ること。第二に、ネットフリックスの取締役を降りること。

ベンチャーキャピタルと創業者の違い

ひとつ目の条件は簡単だった。私は肩書にこだわりがないし、過去に気にしたこともない。「創業者兼エグゼクティブ・プロデューサー」で十分満足だった。

しかし取締役会を去ることには少し葛藤があった。その席に残るために必死で戦ったのだ。すでに一度、失いかけている。リードはＣＥＯを引き継いでまもなく、ある投資家を取締役につけるために私に席を譲ってくれと頼んできた。私は頑として拒んだ。ＣＥＯの肩書は手放してもいい、持ち株の一部さえ手放したっていい――だが取締役の座は手放したくないと主張した。そこまでは譲れない。会社の方向性をある程度は決められる力を持っていたかったし、ベンチャーキャピタルの利害に対抗する勢力として会社の創業メンバーがいるのは重要だと思っていた。

「取締役の席に座った人間は誰でも会社の成功にだけ関心があると言う」、と私はリードに言った。「だがお互いわかっているじゃないか、『成功』の意味がベンチャーキャピタルと創業者では少し違うって」

話はそれるが、これは本当だ。私は今、スタートアップの創業者に必ずこの話をする。**ベンチャーキャピタルはいつも、自分たちの考えは会社のミッションと同じである、会社にとってのベストを望んでいると言う。だが彼らが本当に望んでいるのは会社に対する自分たちの投資にとってのベストだ。両者は必ずしも一致しない。**

順風満帆なときは全員の意識がそろっている。お互いの目標と目的が異なることが突如あらわになるのは嵐がやってきたときだ。

リードにはこの考えが伝わらなかった。しかしリードの通訳であるパティは私に同意してくれた。

「状況が悪くなったとき、取締役会にいてほしいのは誰？」とパティはリードに聞いた。「難しい決断をしなければならないとき、正直な進言をしてくれるとあてにできる、そのためにいてほしいのは誰？」

パティにこの質問をされた瞬間、私を取締役に残すのは私だけでなく会社にとって正しいのだとわかった、とリードはあとで私に話してくれた。

だから、あれだけ必死に守った取締役の座を2002年に降りるのは苦渋の決断だった。しかしまとまった量の持ち株を現金化して財政的な安全性を手に入れるには、しなければならない決断だった。その年の初めまでに、今回はドットコムバブルに邪魔される心配はないことが明らかになっていた。ネットフリックスは株式公開する。それは人生が変わるできごとになるはずだった。

残念ながら、それがどんな変化になるのか私にはまったく見えていなかった。

株式公開前夜

「パパ、テールナンバーって何？」

ローガンがダッシュボードの向こうを見ようとシートベルトにさからって首を伸ばした。車の前で金属製の門がゆっくりと開くのと同時に私は窓を上げた。行く手には、夜明け前の空を背景に翼照明灯を点滅させながら、飛行機が滑走路の上で私たちを待っている。私は車を発進させ、飛行機に向かった。

「パパも前回、同じことを聞いたんだよ」、私は息子に言った。

２００２年５月22日。ＩＰＯの前日である。車の中でリードにＤＶＤ郵送レンタルのアイデアを初めてぶつけてから約５年が経っていた。今乗っている車はもうボルボではない。６カ月前、経済的な安心感が増したので、とうとう思い切って新車を購入した。アウディ・オールロードだ。雪の中も走れる四輪駆動で、お気に入りのサーフスポットに向かうときの未舗装道路にも対応できる車高調整式、もちろん後部２座席のスペースもある。世間一般的には高級車ではないが、私には立派な高級車だった。お金ができたからとこんな贅沢《ぜいたく》な買い物をしてしまった気恥ずかしさをごまかすために私は一度も洗車せず、車の後ろに常にサーフボードと自転車とウェットスーツを置いていた。

失敗に終わったダラスのブロックバスター本社訪問以降、私の生活でアップグレードしたのはアウディだけではない。飛行機もランクアップした。これから乗り込もうとしているのはヴァンナ・ホワイトのリアジェットではない。リードはガルフストリームＧ４５０をチャーターしていた。リアジェットがおもちゃの飛行機のように小さく繊細にできていたのに対して、ガルフストリームは重厚でパワフルで威圧感があった。タラップはリアジェットの薄くて頼りないものとは違い、がっしりと厚い。ビロード張りの内装で大きな革のクラブチェアが置かれた内部は高級ホテルのラウンジのようだ。背をかがめる必要はない——天井には十分な高さがあった。壁はほとんど丸みを感じさせない。丸い窓がなければ、このラウンジがまもなく時速700マイル弱で東海岸に飛ぶことを忘れそうだった。

ローガンは自分の目が信じられないようだった。私を押しのけて入り口をくぐり抜けた彼は飛行機の豪華な設備を一つひとつ興奮気味に数え上げた。「見て！」ローガンは通路を駆け出しながら言った。「ソファだよ！　飛行機の中なのに！」

ローガンはソファに身を投げ、起き上がると今度はクッション二つ分ほど先の別の位置に飛び込んだ。しばらくしてから彼なりの特等席を選んで気持ちよさそうに身を沈め、足を組んで満面の笑みを浮かべた。「ここ僕の席」、と彼は宣言した。

私は4脚のクラブチェアの間にある磨き上げられたクルミ材のテーブルの下にバックパックを入れ、腰を落ち着けた。窓の外を見ると、ちょうどリードのゴールドのアバロンが飛行機の横につけられたところだった。滑走路の上をきびきびと歩いてくる彼は明らかにビジネスモードだ。黒の麻のパンツにグレーのタートルネック。胸にネットフリックスのロゴが入っている。

ふたりの金融マン

私もそれなりにビジネスを意識した服装をしてきた。唯一持っているこぎれいなチノパンにグレーのブレザー、その下から黒いポロシャツの襟が無造作にはみだしている。黒のタッセル・ローファーは前の晩に引っ張り出して磨いておいた。そして自分ではこれをかけると経済学者みたいに見えると思っている、鼈甲《べっこう》フレームの「オシャレ」眼鏡をかけた。エレガントなファッション性にハイテク起業家っぽさを加味しようと、仕上げに愛用の携帯電話StarTACをベルトに装着した。

「いよいよ明日だな」、私の向かいの席に座りながらリードが言った。「メリルリンチはうちがおそらく13～14ドル台になるだろうと予想している」

彼は通路から身を乗り出して息子に手を振った。「やあ、ローガン。キマってるな！」

ローガンはにっこりして手を振り返した。実際ばっちりめかしこんでいた。ロレインが腕によりをかけて身なりを整えてくれた。ローガンをニューヨークに同行させようとふたりで決めたとき、いつもの短パンとTシャツではふさわしくないだろうということになり、ロレインはキャピトラモールにあるディスカウント衣料店、マービンズに出かけて行った。そして紺のブレザー（「特価！　39・99ドル！」）と18・49ドルのしゃれた黒のローファーを買って帰ってきた。

「今回どれだけのお金が入ってくるかは関係ないの」、ロレインは新しいジャケットから慣れた手つきで値札を取りながら説明した。「この子はまだ10歳でしょ。すぐ大きくなって着られなくなるものに大金を使うなんてもったいない」

「上に何かこぼすかもしれないしね」、私は同調した。

ロレインは赤いネクタイも見つくろってくれたが、私がノーネクタイで行くつもりだと知るとローガンは自分もネクタイはしない、かわりにジュニアライフガードとしてひと夏ビーチで過ごして以来外そうとしなかったサメの歯のネックレスをしていくと言い張った。

ローガンにシートベルトの留め方を教えようと立ち上がったとき、バリーがブリーフケースを手に機内に乗り込んできた。いつものように、三人の中で一番洗練された身なりをしている。銀行家らしい髪型、紺のブレザー、まぶしいほど白いシャツ、そして他の誰もしていなかった美しい絹のネクタイ。

「バリーと申します」、と彼は言って座席から腰を浮かし、ローガンと握手した。「株式公開をお手伝いいただけるそうで、光栄です」

10歳の子供に会社の幹部のように——少なくとも将来の幹部候補のように——接したのはいかにもバリーらしかった。誰がいずれ役に立つかわからない。

「ジェイは遅れるそうです」、椅子に腰を沈めながらバリーは誰にともなく言った。ブリーフケースから黄色いメモパッドを出すと、ブリーフケースを座席の横のスペースにしまった。

ジェイとはジェイ・ホウグ、うちのベンチャーキャピタリストの一人だ。彼が私たちと一緒に東海岸に行きたがったのは無理もない。うちの最大の投資家だったからだ。ジェイはＩＰＯの前だけでなく後にも投資して企業を支援することをミッションとした、テクノロジー・クロスオーバー・ベンチャーズ（ＴＣＶ）というベンチャーキャピタル会社の共同創業者である。彼の支援はネットフリックスの成功に不可欠だった。ＴＣＶは１９９９年前半のシリーズＣの資金調達で最高額の６００万ドルを投資してくれたばかりか、フランスの高級ブランド・コングロマリットであるＬＶＭＨに投資を説得するというさらに大きな功績があった。ＬＶＭＨの代表者がシリコンバレーに飛び、私とリードを相手に1時間のミーティングを1回して、わずか数日後に２５００万ドル以上を出資してくれたのは、ひとえにジェイがネットフリックスに太鼓判を押してくれたおかげである。

何より、２０００年4月4日——ドットコムバブルが本格的にはじけるわずか10日前——にＴＣＶは４０００万ドルを追加投資して私たちに賭けてくれた。投資のタイミング——そしてその後のシリコンバレーの惨状——を思えば、ジェイは投資の回収はできないだろうと覚悟したに違いない。だから2年後の今、荒波に揉《も》まれた旅路の締めとしてネットフリックスのＩＰＯに立ち会う一行に加わる喜びはひとしおだっただろう。

二週間のロードショー

ネブラスカ州のどこかで、給油のため着陸したときに、バリーは電話を取り出した。

「ブックビルディング〔新規公開株の需要予測〕の状況を確認したいので」、と言いながら彼は電話を耳と肩の間にはさんでメモパッドの新しいページを開いた。「市場がもうすぐ閉場するところですから。明日の予測がほぼついているはずです」

「ブックビルディング」はＩＰＯのプロセスの最終段階である。プロセスの山場となったのはほんの数日前、リードとバリーが投資家候補にネットフリックスのプレゼンを行ったロードショーだった。

会社が上場する日、個人が購入するのは公開された株式のごく一部にすぎない。これをウォール街の用語では「リテール」という。初日に売り出される株式の大半は機関投資家、すなわち長期的視野で投資を行う投資の専門家が運用する大型ファンドが購入する。例えば年金基金、大学基金、退職基金、ミューチュアルファンド――管理に投資の専門家集団を雇うほどの巨額の資産を持つ「超富裕層」は言うまでもない。

ネットフリックスのＩＰＯ引き受け銀行団の幹事銀行であるメリルリンチは公開日に7000万ドル以上に相当する株式を売らなければならなかったから、運まかせは許されなかった。だからメリルリンチはＩＰＯに先立って二週間にわたり、主な金融市場をすべて対象とする周到に準備した「ロードショー」を組んだ。ブロードウェイミュージカル『ミス・サイゴン』をニューヨークで上演する前にまずニューヘイブンで初演するように、ロードショーはウォール街から遠い場所で始めてニューヨークを最終地とした。ハイテクに理解のある投資家を対象に行われたサンフランシスコを皮切りに、チャータージェット機はロサンゼルス、デンバー、ダラス、シカゴ、ボストンを経て、最後にニューヨークに2日間滞在した。各都市でバリーとリードはオフィスからオフィスへ、会議室から会議室へ、ブレックファスト・ミーティングからランチ・プレゼンテーションへと駆け回り、ネットフリックスが魅力的な投資先である理由を繰り返し説明した。

ふたりが売り込み文句を洗練させる――何が効果があり、何が誤解を招き、何は触れずにおくべきかを見きわめるにはしばらく時間がかかった。ロードショーの途中、私が泣いている子供に一晩つきあったあげく翌朝5時に出社すると、ジョエルとスレーシュがすでにデスクにいた。

「早いね」、と声をかけた私と同じくらい、ジョエルとスレーシュは憔悴《しょうすい》してバテた様子だった。

「というかここで徹夜したんですよ」、とジョエルは答え、リードとバリーが離反率、つまり会員が契約を解除する率についてさんざん追及されていたのだと説明した。

「私たちはセグメントごとの行動の違いを観察していたんです。ところが要求されたデータをリードに送るたびに、折り返し別の質問が来る」

「あの人は寝ないんですかね？」。スレーシュが目をこすりながら言った。

その質問の答えは、ほとんど寝ない、である。

しかしさすがのリードも疲労はする。ニューヨークに着いたときにはバリーともども朦朧《もうろう》とした状態でプレゼンしていた。しかしその頃にはプレゼンは練り上げられ、要点が絞り込まれていた。バリーからのちに聞いたところによると、ロードショーの最後のほうでは投資家が口にする前から質問がわかってしまい、阿吽《あうん》の呼吸で話をしていたという。

バリーとリードがロードショーを終えてからはバトンはメリルリンチに引き継がれ、営業部隊が二人の訪問先をフォローしてバリーとリードが生み出した投資需要をニューヨークの本部に集約し、そこでいまだに慣習として「帳簿《ブック》」と呼ばれている電子登録簿に需要が集計された。

初値のつけかた

帳簿《ブック》はもちろん確定情報ではない。仮注文——もとい「関心表明」——は、ざっくりした予想株価をもとになされる。株価がいくらになろうとネットフリックスを買いたいという顧客もいれば、最終的な取引価格についてもっと明確な考えを持ち、厳しい上限を設定する顧客もいる。その価格以下であれば買い、超えれば手を引く。

IPO当日の朝、銀行の腕の見せどころは、初値をいくらにつけるかである。株価が高すぎれば関心を持っていた買い手が離れ、7000万ドルの目標に届かない。低すぎればネットフリックスは何百万ドルも取り損なう。

やっかいなのは、どちらかを選ぶとしたら銀行は低すぎる価格に傾くことだ。銀行がネットフリックスのIPO引き受けを熾烈《しれつ》に争った理由には、莫大《ばくだい》な手数料に加えて、自分たちの上客に開場で安く買い、閉場時に高く売るチャンスを与えることがあった。これを銀行では初日の「反発」という。

反発は必ずしも悪くはない。株価が急上昇すれば一般投資家に会社が「人気があり」「勢いに乗っている」と伝えられる。だが初日に大儲《おおもう》けするのはメリルリンチの顧客ではなくネットフリックスでありたい。私たちは健全な反発を望んでいたが、トランポリンに乗せられたような気分を味わうのはごめんだった。

大興奮のローガン

「パパ！」

ローガンがスプーンに乗せた大きなバニラアイスクリームの塊をかじりかけて止まった。「バリーが電話で話してるよ。飛行機の上なのに。そんなことができるの」

彼は私に向かって目を丸くしながらアイスクリームを大事そうに口に入れ、それから目を落としてサンデーの下のほうからブラウニーを掘り出した。

「すごいよね！」いちいち新鮮に驚く息子に思わず頬《ほお》が緩《ゆる》んだ。「電話してみたい？　ママに電話しようか」

私は自宅の短縮ダイヤルを押し、ロレインが電話を取るのを待った。

ロレインが応答すると「こちらオマハからです」と私は言った。「あなたとお話ししたい者がおります」

ローガンは奪い取るように電話をつかむと、ロレインにプライベートジェットの旅についてことこまかにしゃべった。ランチメニューを読み上げるまでほとんど息を継ぐ間もなかった。シーザーサラダ、ベイクドポテト、フィレミニョンは言えずに「ミニン」という発音になった。

「大興奮の様子ね」、私がようやく電話を取り返すとロレインが言った。

「ちょっと肩に力が入ってるね。でも大喜びだよ。巡航高度に達したときのあいつを見せたかったよ。通路ででんぐり返ししてた。ほんと。座席の間で前転してたんだ」

「まあ、喜んでるなら何よりだわ」とロレインは答えてから、前回のバリーのように声を落としてささやいた。「これに慣れちゃダメとあの子に言ってやって」

私は振り返って、最後に残ったチョコレートソースをスプーンでかき集めているローガンに目をやった。私も息子に負けず劣らず興奮していた。私のほうが隠すのがうまいだけだ。実のところ、私たち皆がそうだったのではないかと思う。自分の気持ちに正直になれたら、全員がローガンと一緒にでんぐり返しをしていたはずだ。

お金で私は変わるか

市内タクシーがチャパクアにある両親の家の柱廊式車寄せに砂利を踏んで停《と》まったときにはすっかり暗くなっていた。ローガンは私の肩にもたれてぐっすり寝入っていた。

またうちに帰ってきた。

「おかえりなさい、ニューメディア企業の重役さん」、と母が言いながらドアを押さえてくれ、私はローガンを抱えて玄関の階段を上がりキッチンに入った。降ろすと彼は突然の明かりの中で眠そうに目をしばたたいた。

「趣味室を寝られるようにしてあるからね」と母はローガンに言った。彼はうなずくとおぼつかない足取りで階段を上がっていった。

私はその晩、かつての子供部屋で自分の本、ビール瓶のコレクション、リトルリーグ時代のトロフィーに囲まれて眠った。なんとなく、ずっとここにいたような気分だった。もう44歳になっている。結婚して自分の子供が三人できた。大きな家とアウディ・オールロードも所有している。でも心の中はまだ高校生で、フォックスレーン高校とのサッカーの試合を翌日に控えて興奮しているような気がしていた。

明日、終わったらどんな気持ちになるのだろう。もっと大人になった気がするのだろうか。お金については？　お金は私を変えるだろうか。

ロレインと私の心配ごとが確実に減るのはわかっていた。しかし幸福度が上がるとは思わなかった。チャパクアで育って教えられたことがあるとすれば、それは幸福がお金とはまったく違う軸に存在することだった。少年時代、周囲には途方もなく裕福で途方もなくみじめな人々がいた。1マイル先からでもわかる――非の打ちどころのないローファーを履いて美しいオーダースーツに身を包み、顔にむなしい薄笑いを貼りつけた人々。

その夜はありとあらゆる悪い予想がとめどもなく浮かび、寝返りを打ってばかりでほとんど眠れなかった。朝起きたら一夜にして市場が崩壊していたら? またテロ攻撃があったら? リードがバスに轢《ひ》かれたら? あれだけ心血を注ぎ込んだあげく、また一からやり直しになったら?

唯一私の心を落ち着かせてくれたのは、壁際のドレッサーに置かれた模型を見つめることだった。父が70年代半ばに完成させた、もっとも見事な作品のひとつだ。蒸気機関車は月明かりに輝き、ピストンが今にも動き出しそうだった。それを見ているうちに私はようやく眠りに落ちた。

ナスダック市場

いろんな意味で、それはあっけなく終わった。

ほとんどのテクノロジー企業と同じくネットフリックスはナスダックに上場する予定だったが、ナスダックは100パーセント電子取引である。そこには立会場も、派手なブレザー姿で殺気立って怒鳴っている大勢の場立ちも、ベルが鳴らされるバルコニーもない。ナスダックではすべての取引――買い手と売り手のマッチング――が、目には見えない効率的で静かで整然としたコンピュータサーバーの中でほとんど瞬時に成立する。

人波の向こうで紙テープを浴びながらベルを鳴らす、幸せそうな起業家のイメージがある? それはニューヨーク証券取引所だ。残念ながらナスダックではない。

完全デジタル化によって市場は効率化したかもしれないが、5年近くIPOを目指して努力を重ねてきた身には少々拍子抜けの感がある。初取引を祝おうと思ったら、選択肢は二つあった。ニュージャージー州ウィーホーケンのどこかにある窓のない温度・湿度調整されたナスダックのサーバールームに集まるか、メリルリンチのトレーディングルームから成り行きを見守るかだ。後者も、読者をがっかりさせて悪いが、ドラマのなさでは窓のないサーバールームとさしたる変わりはない。だが少なくとも自動販売機はある――エレベーターの正面の壁が引っ込んだ部分に販売機の長い列があった。

ローガンが真っ先に販売機の列を見つけた。

「ランドルフ叔父さんが言ってたやつってあれ？」

「みたいだな」、私は答えた。ローガンの叔父にあたる私の弟はメリルリンチの行員だった。ある晩わが家で弟はトレーディングルームでのできごとを話し、ローガンは興味津々で聞き入った。「ギャンブルを飯の種にしてる連中なんだ」と弟は話し始めた。「だから常に何かしら賭ける対象を探している。それこそ何にでも賭けるんだよ。一度、あるトレーダーが自動販売機の商品を全種類一日で食べられるかがネタになった。皆一口20ドルずつ出して、制覇したら全額君のものだと彼に言ったんだ。でも正気の沙汰じゃなかったのはサイドベット［メインの賭けとは別の賭け］だ。彼がやりきるかどうか、ダメだった場合どこで脱落するかをめぐって何百ドルも飛び交った」

この時点でローガンの目はまんまるになっていた。

「午前中いっぱいはなかなか順調だった。彼はスニッカーズ、フリトス、スペアミントガムと食べ進んだ。ガムは1回噛《か》んで飲み込んだよ。でもドリトスまでたどりついたときには見るからに苦しそうになっていた。3列もあったからね。僕の友達はやりきるほうに多額のサイドベットをしていたから、ビルの1階に入ってたコンビニのデュアンリードに走ったんだよ」

「なんで？」とローガンがたずねた。

「料理用ミキサーを買いにさ」、ランドルフは言って大笑いした。

今ローガンは自動販売機の前に立ち、商品を眺めながら自分なりの計算をしていた。「ありえない。絶対無理だ」

本社へレポート

トレーディングルームは静かではあったが巨大だった。フットボール場ほどもありそうな部屋が、切れ目なく並んだデスクの列で埋まっている。それぞれのデスクに3台のモニターが少し角度をつけて囲むように並べてあり、ステーションの主が端から端まで一続きに見渡せるようになっていた。その3台の上にもう1列スクリーンを並べているトレーダーもいる。画面いっぱいにさまざまな金融商品の一見ランダムな動きを追跡する色分けした線が映し出されている。ステーションごとに特大のキーボードが置かれていて、これには標準的なキー配列に何十個ものキー

——ほとんど意味をなさないように見えるでたらめな組み合わせの文字と数字——が追加されていた。しかしトレーダーたちはこの奇妙なキーボードを難なく操作し、超高速でショパンを弾きこなす神童のごとく指を動かしていた。

ステーションには巨大な電話機が置かれており、機械の赤いボタンはすべてめまぐるしく点滅していた。ローガンと私が部屋に着いたとき、バリーが電話のひとつを肩と耳にはさんでジャケットを脱ぎかけたまま、誰かと活発に話していた。リードは隣のデスクで落ち着いてメールの返信をしている。ジェイ・ホウグはデスクの列からはずれたところに立ち、しわだらけの青いオックスフォードシャツ姿でいつものようにくつろいだ様子だった。

「まだ動きはない」とジェイは報告した。「市場がこれから開くところだが、値付けはまだ検討中だ。あと1時間くらいかかるかな」

ジェイはトレーディングルームの隅を指さした。4、5人のトレーダーが電話に向かって必死にしゃべっている。2台の電話に同時にしゃべっている人もいた。

「新しい値をつけるたびに皆に連絡しないとならないからね。もうしばらくかかるよ」

それは少々問題だ。私たちは一日中でも待てるが、ロスガトスの本社は事情が違う。ロスガトスはニューヨークより3時間遅れだから、全社員がＩＰＯ当日は午前6時からの朝食会のためにいつもより早く出社していた。

全員が1階片側に集まって、取引の開始を今か今かと待っている。私はトレーディングルームから定期的に電話して報告すると約束していたが、何を言えばいいのか。

まだ何も始まっていない。

NETFLIXの初値は？

東部標準時の午前9時15分、開場15分前に私は会社に電話した。

「ロスガトスの皆さん、おはよう！」設置されていた大きなスピーカーから自分の声が響き渡っているのを想像しながら私は挨拶した。全員が会話を中断してコーヒーカップを下に置く姿を思い描いた。運命の瞬間だ。その瞬間が実はまだ来ていないのを皆は知らない。

「今私はリード、バリー、ジェイと一緒にメリルリンチのトレーディングルームにいます」と私は続けた。「開場約15分前ですが……」ここで一呼吸置き、何と言おうか思案した。「ええと、あー、お知らせすることがまったくありません」

部屋に集まった姿も見えず声も聞こえない大勢の相手に「板寄せ〔株の注文をまとめて始値を決定すること〕」のプロセスを説明しようとするのはどうにも難しい。雨で試合が中断した間をつなごうとしている野球の実況アナウンサーのような心境だった。デスクでぎっしり埋まったトレーディングルームを面白く伝えるには相当な話術がいると痛感した。私自身がつまらないと自覚していたのだ――聞く側にはどれだけ退屈だったかは想像もつかない。

ついに見かねたパティが電話を取って、報告する情報が出たときまた電話してはと提案してくれた。

意外にも、ローガンは進行の遅れにまったく退屈していなかった。見るものすべてに目を輝かせていた。トレーダーのひとりが彼に市場相場価格の出し方を見せてくれた。ブルームバーグの端末を使ってサンタクルーズのニュースを検索する方法も教わった。ローガンはご満悦で端末をたたいていた。

しかし私にとって、待ち時間は耐えがたかった。たまにロスガトスに報告の電話をかける合間に――「2台の電話に同時にしゃべってる人がいるよ。植物に水をやってる人がいる」――私は爪を噛みながらフロアを行き来した。愛する者が手術室から出てくるのを待っているような気分だった。結果についてありとあらゆる可能性――ほとんどは悪いことばかり――を想像して、いてもたってもいられなかった。何かしていたかった。ようやく、ロレインが上着のポケットに使い捨てカメラをしのばせてくれたのを思い出し、私は写真撮影で気をまぎらわせた。電話しているバリー、沈思黙考しているリード。ローガンを撮った一枚――胸の前で両手を組み、南アのクルーガーランド金貨の不安定な値動きを憂慮しているかのような神妙な顔で、デスクの椅子からこちらを見上げている――は今でもお気に入りの息子の写真だ。

ようやくその瞬間が訪れたときは、カメラのフラッシュもトランペットのファンファーレもなかった。アナウンスさえもなかった。ジェイとリードと私が集まっていた場所にバリーがふらっと近づいて告げただけだ。

「うちに値がつきましたよ」

壁の長い電光表示板と部屋中のモニターの上部に、成立した取引を表示する文字と数字が流れていく。経験のあるトレーダーならこの文字列を見てすぐ直観的に取引内容を理解する。APPL－16・94－MSFT－50・91－CSCO－15・78。私たち全員が電光表示板に目を向け、まばたきで見逃さないように凝視した。ローガンまで何か大事なことが起きているのがわかって目を上げ、皆が何を見ているのか確かめようとした。

そして、それは流れてきた。NFLX－16・19。

ついにパティに報告することができた。

「スピーカーにつないでくれ」、と私は言った。

ニューヨーカーの洗礼

トレーディングルームはそれらしからぬ感動的な祝賀の場になった。私はリードと抱き合った。バリーとジェイとは握手した。かがんでローガンをしばらくぎゅうっと抱きしめた。IPOまでのプロセスでお世話になったメリルリンチの幹部の面々が立ち寄ってお祝いを言ってくれた。誰かがシャンパンのボトルを開けた。ローガンまで味見させてもらった。どうやら彼の口には合わなかったようだ。

リードとバリーは残って記者の取材を受けることになっていたが、実況アナウンサーとしての私の仕事はロスガトスで大歓声が上がるのが聞こえた瞬間に終わった。ローガンと私はもう帰れる。私たちが乗る飛行機がテターボロ空港――ニューヨーク発着のプライベートジェットを扱うジェネラル・アビエーション用空港――を離陸するのは夕方の5時だった。それまでは午後いっぱいフリータイムだ。

やりたいことはもう決まっていた。

ハドソン川の桟橋に恒久的に係留されている第二次世界大戦時代の空母「イントレピッド」を見たい。同じところに博物館と潜水艦もある。

しかしその前に、ローガンと私にはもっと大切な用事があった。

階下に降りて回転ドアを押して舗道に出ながら、私は二人の入館用の名札をていねいにはがして記念にバックパックにしまった。手を上げるとタクシーがスピードを落として縁石に停まった。

「11丁目と6番街の角まで」、ローガンに続いて乗り込みながら私は運転手に言った。

「どこに行くの？」ローガンがたずねた。

「行けばわかるよ。君はカリフォルニアっ子だけど、この機会にニューヨーカーの洗礼を受けてもらう」

夢見た日

タクシーが昼前の車の流れに乗ると、私はひび割れた座席に背中を預けて半分開いた窓から流れていく街を眺めた。たった今、人生が後戻りのできないコース変更をした実感がわいてきた。あのティッカーシンボル〔上場銘柄につけられた会社のコード〕が電光表示板を流れる間に、まったく新しい道が目の前に開けていた。大人になって初めて、私は働かなくてもいい身になった。一生、二度と。

タクシーが赤信号で停車し、私は目の前の横断歩道を渡る人々を窓から見つめた。ドーナツに顔をしかめているスーツの男性。24時間シフトのあとで疲れている看護師の制服姿の女性。黄色いヘルメットを手に持っている建設作業員。

どの人も働かなければならない。でも私は働く必要がなかった。たった数時間前まで、私も彼らと同じだったのだ。ところが急に状況が変わった。この変化についてどう感じているのか、自分でもわからなかった。

お金の問題ではない。自分の存在意義、人の役に立つ喜びの問題だった。私にとって、働くことがお金持ちになるためだったためしはついぞなかった――それはいい仕事をしている快感、問題を解決する喜びだった。ネットフリックスではその問題が難しさをきわめ、優秀な人々と額を突き合わせて死に物狂いで解決に挑戦することが喜びだった。

ネットフリックスを愛していたのはいつか自分をお金持ちにしてくれると思っていたからではない。ネットフリックスを愛していたのは水鉄砲のためだ。水合戦。戯れ歌《リメリック》。便器のコイン。会議室での壮絶な論争。車の助手席で繰り返した奔放なブレーンストーミング、街の食堂やホテルの会議室やプールでのミーティング。会社を築き、会社がつまずきそうになり、再建するのが楽しかった。人との出会いと別れ、成功と失敗――合宿での割れるような笑い声、ヴァンナ・ホワイトのプライベートジェットでの茫然《ぼうぜん》とした沈黙がいとおしかった。

ネットフリックスが好きだったのはクリスティーナが、ティーが、ミッチが、ジムが、エリックが、スレーシュが、そして夜や週末を捧《ささ》げ、休日も働き、予定をキャンセルし約束を変更してくれた何百人もの皆がいたからだ。すべて、リードと私の夢の実現を手伝うために。

お金じゃない。お金を手にしたとわかる前に何をしたかが問題なのだ。

そして今がある。

お金はすぐに私のものになるわけではない。大量の売りが出るのを防ぐために、銀行から6カ月間は株式を持っているよう同意を求められた。だから実際には何も変わっていないともいえる。数時間後、私は飛行機に乗ってカリフォルニアに戻り、たぶんオフィスに直行して2時間ほどメールの処理をしてから帰宅するだろう。

なんだかんだいっても、まだやることはたくさんあるのだ。ブロックバスターがうちをつけ狙っている。ウォルマートがネットレンタルに参入しようとしているという不穏な噂《うわさ》も聞いていた。実験したいことはまだ山ほどある。ストリーミングに関する調査を再開したいと気がはやっている。

だが心のどこかで、旅路のひとつのフェーズがたった今終わったのがわかっていた。夢は現実になった。私たちはやりとげたのだ――封筒に入れた1枚のパッツィー・クラインのCDを、上場企業に変えた。それは皆が願っていた成功の形であり、うちに投資してくれた人々に約束したことだった。そして時間を投資してくれた人たちへの報酬でもあった。おおかたの人にとっては、キャビアとシャンパンとディナー皿ほどもある特大ステーキを注文したくなるような成功だった。高級フレンチレストラン「ル・ベルナルダン」で長々とディナーを楽しみ、リッツでナイトキャップを1杯、いや3杯引っかけるに値する。

だが私が息子と向かったのはそういう店ではなかった。

タクシーが停まり、私はパーティション越しに20ドル手渡した。外に出ると、「フェイマス・レイズ・ピザ」の看板が日差しの中で鈍く輝いていた。窓の中でペパロニとソーセージとチーズを載せたピザが回転している。ドアを開けようとした瞬間、私はこの場面を胸に刻み込んだ――何年も夢見てきた日、人生の道筋ががらりと変わった直後に、本物のニューヨークピザをこれから長男と食べるのだ。

私は今まさに自分がいたい場所にいた。

「まだ着かないの、パパ?」。ローガンがトレーディングルームから持ち出してきた、何千もの株価が載ったプリントアウトから目を上げて言った。

「着いたよ、ローガン」、私は答えてドアを開けた。「おいで。やっと着いた」

1997

エピローグ

1998

ランドルフ家の成功訓

1999

2000

2001

2002

2003

私が大学を卒業して初めての就職を目前にしていた21歳のとき、父は手書きの訓示をくれた。全部で1ページの半分もないそれは、父の技術者らしい几帳面《きちょうめん》な筆跡で次のように書かれていた。

ランドルフ家の成功訓

1. 言われたことを最低1割増しでせよ。
2. 誰に、対しても絶対に、自分が知らないことについての意見を事実のように言うな。よくよく慎重にふるまい、自制すべし。
3. 常に礼儀正しく、思いやりを持て——相手の立場の上下にかかわらず。
4. 非難や不平を言うな——あくまで建設的で真摯《しんし》な批判に徹せよ。
5. 根拠となる事実があるなら決断を恐れるな。
6. 可能な限り数値化せよ。
7. 心をオープンに、ただし疑いを持て。
8. すぐにやれ。

父の手書きのリストは今も残っていて、額装してわが家のバスルームの鏡の横にかけてある。毎朝、歯を磨きながら読み返している。子供たちにも一人ひとりコピーを渡した。そしてこれまでの人生でずっと、8カ条の教えすべてを守ろうと努めてきた。

ランドルフ家の成功訓は広範にわたっており、視野が大きく、読点のつけ方が独特だった（子供たちと私は第2条の読点にいつも笑ってしまう）。ここにはきわめて一般的なこと（「心をオープンに、ただし疑いを持て」）と妙に具体的なこと（簡潔な「すぐにやれ」でリストが締められているところが私は気に入っている――これほどささいに思える教えはないのに、置かれた位置からその重要さがうかがえる）がなぜか同居している。8カ条が指南しているのは率直で勤勉な合理主義に貫かれた行動である。好奇心旺盛で、人としての品位があり、何事にも誠実に尽くした父が身をもって生きた理想だった。

成功訓の実践

私は学校でランドルフ家の成功訓に助けられた。野外活動で助けられた。そして仕事ではかりしれないほど助けられた。私のたえざる**実験の習慣**（第2条と第6条）、**好奇心と創造の精神**（第7条）、**目標のためならリスクをとることをいとわない覚悟**（第5条）、その基盤はこの成功訓にあると思っている。**徹底的な正直さというネットフリックスの社風**は、第4条**「あくまで建設的で真摯な批判に徹せよ」**の戒《いまし》めに根っこがあると思っている。そしてもちろん第1条――**「言われたことを最低1割増しでせよ」**――は、ネットフリックスのオフィスでのエスプレッソとピザを燃料にした残業の日々に直結している。

私の父が息子の職業人としての側面を見ることはごくまれにしかなかった。両親は東海岸に住んでいたから、仕事をしているときの私を実際に目にする機会はなかった。確かにネットフリックスのシード・ラウンドでは母に出資を頼んだ。ボーランドにいたときも、インテグリティQAにいたときも、ネットフリックスにいたときも、両親に自分の仕事について何でも話していた。1999年に私がニューヨークを訪れてDVD業界の幹部らを対象にスピーチをした折り両親を招待したときには、ふたりともネットフリックスが成功し成長しているのをもう知っていた。しかし両親はそれをじかに目で見たわけではなかった。あの晩までは。

緊張したのを覚えている。そして誇らしくもあった。満員になった講演会場を見渡して、後ろの席にいる両親の姿を見たとき、たとえようもなく誇らしかった。

終わってから、人が去った会場の観客席に私は父と並んで座った。目の前のステージはがらんとしていた。父は私の肩に手を置き、おめでとう、誇りに思うと言ってくれた。それから、頭部X線検査で異常が見つかり、翌日マウントサイナイ病院で脳の生検を受けると打ち明けた。

息が止まりそうになった。母から最近父の行動が少しおかしいという話はすでに聞いていた――だから病院に行ったのだ――が、それにしてもあまりいい状況には聞こえなかった。私はいつものやり方で不安をごまかした。ジョークを言ったのだ。

「頭に風穴を開けられちゃうんだね」

父は笑った。
私たち親子は同じユーモアのセンスを持っていた。

父の死

父は2000年3月に脳腫瘍で亡くなった。本当につらい時間だった。これまで話してきた物語の大部分の裏では父の闘病が同時進行していたのだ。1999年から2000年前半にかけて、最終的にマーキーとなるプランの実験を繰り返しシネマッチの仕上げをしながら、私は月に一度はニューヨークに飛び、治療を受ける父に付き添った。あれほど長く父と一緒に過ごしたのは何年ぶりだっただろう。

父は病気に対しても人生の基本姿勢を貫いた。病状に明るい診断が出れば心はオープンに、だが疑いを持って聞いた。不平を言わなかった。医師、看護師、用務員、医療助手、病院で接するすべての人に礼儀正しく思いやりを持って接した。診察や面談にはすぐにおもむいた。

父が逝ったとき、私は1週間休暇をとってニューヨークで母と悲しみをともにした。そしてカリフォルニアに戻った。

だがそれ以来、何かが変わった。父の死で、私はものごとを大きな視点で見るようになった。人生で本当に大切なのは何かを考えるようになった。父として、夫として、起業家としての自分の本分は何だろうか。そして人として。

ロウワーマンハッタンの講演会場であの夜に感じた誇らしさは、会場が大勢の人で埋まっていたからではなく、成功した自分の姿を両親に見てもらえたからだったのだと気がついた。

それも、ひとつの理由ではあると。

だがそれよりも大きな理由は、自分があの夜発信したメッセージに感じていた誇りだ。メディアを取り巻く状況がいかに変化しており、その変化を起こしている企業から皆さんが何を学べるか。

父はインターネットバブル崩壊のほんの数日前に亡くなった。バリュー投資家だった父には、あの誇大宣伝、あの熱狂がまったく理解できなかった。自分が結局正しかったのを見ていたら、口に出さずとも喜んだのではないだろうか。

父がバブル崩壊を見ることができていたらと思う。そして私たちが生き延びたのを見せたかった。私たちが会社を上場させるところを父は見ずじまいだった。私が息子を連れてプライベートジェットでニューヨークに行った話を聞かずに父は逝った。私がＩＰＯで大きな財産を手にし、家族の生活もすっかり変わったのを知らずに逝った。

でも、いいのだ。それは重要ではない。私が壇上で大好きなことについて話す姿を父に見せられた。問題解決。チーム作り。血の通った企業文化の醸成。スタートアップ起業家としてのメンタリティの磨き方。

私が好きなことをしている姿を父に見てもらえた。本当に大切なのはそれだ。

二つの重要なこと

年齢を重ね、あなたが多少なりとも自分をわかっていれば、二つ重要なことを自覚しているだろう。**好きなことと、得意なことだ。その両方をして暮らせるようになった人は運がいい。**

ネットフリックスを創業して7年目に入った頃には、会社は大きく変わっていた。私の役割も変わった。まだウェブサイトの運営には携わっていた——顧客の契約方法、課金方法、映画の選択方法、出荷の順番に継続的に手を入れていた——が、他の業務の多くは自分よりも有能な幹部に徐々に移管していた。

会員数100万人の道標はとうに通過していた。増える一方の人員で建物の容量が次々にオーバーし、本社を二度移転した。

国内の大部分で翌日配送を実現する方法をついに編み出し、それによって生まれた好意的なクチコミで成長は加速した。

そして上場を果たした。IPOで調達した資金と評判の高まりのおかげで、優秀な人材を集められるようになった。それぞれの分野のスター人材をだ。自分の会社を経営してきたような、あるいは多国籍企業の物流を組み上げたような、あるいはネットインフラを構築したような人々だ。

私たちはいまやブロックバスターとレンタル業界の覇権争いのまっただなかにいた。リードが会社の起源にまつわる例の逸話を披露するようになったのはこの頃である。覚えているだろうか。こういう話だ。リードが自宅にかなり前に借りた『アポロ13』のビデオを見つけ、ブロックバスターに返却に行って40ドルもの延滞料金を取られた。「もうこんな目に遭わずにすむとしたらどうだろう」と思ったそのとき、ネットフリックスの構想が生まれた。

本書があなたに何がしか伝えられたとすれば、ネットフリックスの裏にあるのがそんな単純な話ではないと知ってもらえたことであるのを願っている。同時に、ナラティブ〔語り手による主観的な意味を持った物語〕の便利さも伝わっていればとも願っている。強大な敵を倒そうというときに、会社創業の物語は本書のような500ページもある大作であってはならない。パラグラフひとつの分量でなければならない。リードが繰り返し持ち出した創業物語は最高のブランディングである。そのことで彼に腹を立てる気持ちはまったくない。

あれは嘘《うそ》なのか。そうではない――あれは物語だ。それも、非常に優れた。

実のところ、イノベーションの生みの親が誰とは簡単に言えないものだ。イノベーションには必ず複数の人間が関わっている。皆が奮闘し、自説を主張し、議論する。それぞれが異なる経歴や発想を持ち寄る。通販ビジネスの経験、アルゴリズムへの情熱、顧客のために尽くしたいというひたむきな思い、費用対効果の高い第一種郵便の活用法についての知見、パーソナライゼーションの効果に関する知識。そう、レンタルビデオの延滞料金もそのひとつかもしれない。何日も、何週間も、ひょっとしたら何年もかかるプロセスかもしれないが、この人々の集団が新しい、今までとは違う、すごい何かを考え出す。お読みになったとおり、私たちの場合はそうして生まれたのがネットフリックスだった。

だがその物語はすっきりとわかりやすくはできていない。

メディアや投資家やビジネスパートナーに話すとき、相手は込み入った物語は聞きたがらない。こぎれいにまとめられててっぺんにリボンが飾られたバージョンを求める。リードはほぼ瞬時にそれを察して、ひとつの物語を考案した。シンプルで、明確で、記憶に残る、優れた物語だ。ネットフリックスが何であるかの本質を見事にとらえたこの物語が、私たちの大きな課題を解決してくれた。

この物語が私たちにナラティブを与えてくれたのだ。

問題を見抜く目

2003年には、ネットフリックスにはダビデとゴリアテの対決になぞらえた自社の物語を語れるほどの歴史ができていた。そしてどうやらダビデのほうに勝ち目がありそうだった。

ネットフリックスは成長を果たしたのだ。だが自分もそうだと私は気づいた。

会社を愛する気持ちはまだあった。親ならではの熱い思いを注いで愛していた。まちがいを正し、敵をつぶし、たえず成功に向かって背中を押した。しかし四半期ごとの業績の数字が毎年規則正しく入れ変わっていくにつれ、自分が会社を愛してはいたが、ここで働くことをもう愛していないのにゆっくりと気づいていった。

自分が好きで得意なことは知っている。それはネットフリックスのような大企業ではない。進路を模索してもがいている小さな企業だった。それは再現性がありスケーラブルなビジネスモデルをまだ誰も発見していない、卵から孵《かえ》ったばかりの夢だった。それは危機的状況だらけの会社の中に飛び込んで、ずばぬけて優秀な人々とずばぬけて複雑な問題を解決することだった。

自慢めくが、私はこれが得意中の得意なのである。どんなスタートアップも同時に何百もの問題を抱え、そのいずれもが急を訴えている。その中で要となる2、3の問題がどれかを見抜く目が私にはある。たとえもっとも目立つわけでなくても、これさえ解決すれば他はおのずとおさまるところにおさまる、そんな問題だ。

肝心かなめの問題だけに目を据えて、他のすべてを犠牲にしても、地面に組み伏せるまでひたすら格闘する、ほとんどとりつかれたような集中力が私にはある。

人の心を奮い立たせて、前職を辞め、減給を受け入れ、圧倒的に見える敵を相手にした無謀な戦いに加わらせてしまう能力が私にはある。

これらはスタートアップの経営に不可欠なスキルだ。何百人単位の従業員と何百万人もの契約者を抱える企業の経営にはあまりそぐわない。

潮時だった。

ＩＰＯのあとしばらくは自覚していたと思う。だがようやく実行に移したのは２００３年の春、ミッチ・ロウと一緒にネットフリックス・キオスクの開発に携わりたいと申し出たときだった。

ユーザーに即時サービスを提供するブロックバスターとどう戦うか、私たちはたびたび策を考えていた。ネットフリックスの顧客には次に観《み》る映画が自宅に何本も控えていたが、それが私たちにできる最大限のインスタント・グラティフィケーションだった。顧客があとから別の映画が観たいと思ってもあきらめるしかない。しかしブロックバスターなら、顧客は郵便を待つかわりに何千もある店舗のひとつに車を走らせるだけでいい。これが私たちのアキレス腱《けん》だった。ブロックバスターがネットと実店舗を融合させたビジネスモデルを展開するのは致命的な脅威だった。そうなったら顧客を一気に持っていかれるだろう。

キオスク・サービス

ミッチ・ロウは解決策としてキオスクをしつこく提唱していた。会員がＤＶＤのレンタルと返却に利用できる小さなサービス拠点だ。彼はネットフリックスに入社するずっと前から、ビデオドロイドの一サービスとしてこの技術の開発を夢見てきた。このアイデアを実際に試すことをここへきてリードも首を縦に振る気になったようだった。

「ミッチとラスベガスにうってつけの実験の場を見つけた」と私はリードに言った。「彼と一緒に現場に行くべきだと思っている。このプロジェクトに集中したい。これだけに専念させてもらえないか」

「いいだろう」とリードは言った。「君が担当していたフロントエンドの業務はすべてニールに移管すればいい。プロジェクトマネージャーとフロントエンドのエンジニアを統括する人間がひとりになったほうが、全体のためにもいいかもしれない」

「だがもしプロジェクトがうまくいかなかった場合……」、私はリードの顔を見て、ふたりとも同じ理解に至ったのを確認した。「6カ月後に担当を取り上げてまた私に戻すのはニールに対してフェアだろうか」

リードはその言葉を受け止めて、頭を傾けた。「わかった。退職の条件を話し合っておくべきだということだな。万が一のために」

ぎごちない沈黙があり、それから私はがまんできなくなり――声を出して笑った。

リードは困ったような笑みを浮かべた。

「だって、この話はもうしていただろ」、私は言った。「お互いいずれこうなるとわかっていたじゃないか」

それは本当だった。リードと私はたびたび私の気持ちについて話し合ってきた。私のスキルが将来のネットフリックスにはもう必要とされないのを頭のいい彼は気づいていたし、それを私からいつまでも隠すには彼は正直すぎた。

今、彼はほっとした顔をしていた。こういう流れになれば、彼は私と気まずい会話をせずにすむ。また例のパワーポイントを書き上げ、またウンコ・サンドイッチを作らずにすむ——決めたのは彼ではないからだ。

私はこれから最後のプロジェクトに挑む。それが実を結ばなければ、私は会社を去る。自分の意志で。

送別会

6カ月後、私は最後に再びニューメディアルックでロスガトスに戻ってきた。まあ、同じではないがそれ風のいでたちだ。蛍光色のブレザーはまだ手元にあったが、チノパンはジーンズに穿《は》き替えた。モアレ柄のシャツはどこかに行ってしまったので、Tシャツにした。

去るときは、気楽に去りたい。

私の送別会にネットフリックスは歴史あるロスガトス・シアターを借りきってくれた。何カ月もオフィスがないまま、ホービーズに毎日通い、当初はみすぼらしいモーテルの会議室でミーティングを行っていた小さな会社が、今ではオフィス内に全員が集まれる場所がないほどの大きな会社になった。それに創業者を送り出すのにピクニックテーブルに集合するわけにはいくまい。

私は貴賓《レッドカーペット》扱いを受け、赤い絨毯《じゅうたん》ではないが赤いベルベット張りの椅子のある場を用意してもらった。ロスガトス・シアターは壁にベルベットのカーテンがかかり、座席は本物のベルベット張りである。ネットフリックスのオフィスと同じく、正面ロビーにはポップコーンマシンもある。だがこちらは、菓子売り場で買えるのがポップコーンしかなかった時代に作られた本物だ。

つまり、日常的に使われていた。

ロレインと子供たちと一緒にシアターの正面玄関に向かって歩きながら、私は今の会社の規模に思わず圧倒されていた。人々がロビーから路上まであふれ出していた。ほとんどは顔を知っていたが、全員はわからなかった。

「すごいわね」、ロレインが言った。「大きな会社だとわかってはいたけど、いまだに心のどこかでは、あなたが毎日10人の社員とダイニングルームの椅子に座って仕事しているイメージがあるの」

私は笑った。だが彼女の言うとおりだ。本当に変わった。元は8人だったチームが今は数百人になった。ＩＰＯで会社の時価総額はたちまち８０００万ドル近くになった。スティーブ・カーンや母に2万５０００ドルの出資を依頼した日々は遠い昔になった。母からの最初の投資は１００倍近くになった。母はそのお金でアッパーイーストサイドにアパートメントを購入した。

だが闘志に満ちた下積みの日々も遠い昔になった。あの日々がなつかしかった。遅くまでの残業や早朝出勤、ローンチェアや折り畳み式長机がなつかしかった。全員が総力を尽くしている感覚、毎日自分の担当業務に、厳密には該当していない問題が待っている予感がなつかしかった。

スーパーマーケットでアンケート

ミッチと過ごしたラスベガスでの日々は、ある意味あの時代の再来だった。実に楽しかった。3カ月間、私たちはラスベガス西部、レッドロックキャニオンにほど近いサマーリンという地区にあるコンドミニアムに滞在した。コンドミニアムから数ブロック先のスーパーマーケット「スミス」に、ネットフリックスの会員にその場で映画をレンタルするキオスクのプロトタイプを設置した。いかにもネットフリックスらしく、私たちは顧客が利用する本格的な電子的インターフェースは構築しなかった。かわりにいつもの実証手法を用いた。スーパーマーケットの中に小さな店を作り、厳選した品ぞろえのＤＶＤの中からネットフリックスの会員が選んだり、自分のキューの映画を返却したりできるようにしたのだ。ミッチがサンタクルーズのサーフボード職人に依頼してサーフボードを加工したネットフリックス・エクスプレスの看板を製作し、私たちはそれを小さな店の天井から吊《つ》った。私たちがテストしたのはコンピュータキオスクが機能するかどうかではなく、顧客がそれをどう使うかだった。顧客は映画を受け取っていくだろうか。返却しに来るだろうか。自分のキューに追加するだけだろうか。

その夏、私たちはスーパーマーケットで長い時間を過ごした。主に夜だ。ベガスで夏に人々が食料品の買い物に行くのは夜だからである。日中は暑さがあまりに厳しいし、カジノで働く人々の就業時間は一般とは異なる。深夜1時に、バーホステスやディーラーやストリッパーが仮設キオスクを使ってみる姿を私たちは観察した。私たちはクリップボードを手に通路を歩き回り、スーパーマーケットで映画の返却やレンタルができることについてどう思うか、アンケートをとった。相手がネットフリックスの顧客でなかった場合は、加入を勧めた。断られたら、その理由を聞き取りした。

コアビジネスに集中

多くの学びがあった。だがもっとも重要だったのは、キオスクのアイデアに手応えがあったことだ。人々はキオスクを気に入っていた。

ネバダ州での3カ月が終わったときは淋《さび》しかった。夜明け前にマウンテンバイクでサイクリングし、ミッチと夕方ハイキングに行ったり、午後に誰もいないコンドミニアムのプールの縁に座ってビジネスや人生について語り合ったりする生活にすっかりなじんでいた。ミッチは実験結果をリードに報告するのを心待ちにしていた。キオスクがネットフリックスの即応性という問題への中間的な解決策になりうるのが実験で証明されたと彼は考えていた。翌日配送ではまだ遅いときに、そのギャップをキオスクが埋めるのではないか。

しかしカリフォルニアに戻ったとき、リードからゴーサインは出なかった。

「コストがかかりすぎる。キオスクをやるとなったらハードウェア事業に参入することになるし、アメリカ全国にキオスクを配置するために大勢の人員を雇用し管理しなければならなくなる。アイデアはいいが、本来のコアビジネスに集中したほうが有意義だ」

「カナダ原則か」

リードはうなずいた。

カナダ原則は大原則だ。しかし私は職を失うことになった。キオスクにOKが出ないとはつまり、私が退職届を書くということだった。

ミッチはといえば、ベガスでの3カ月の実験結果をもとに別の小さな会社を立ち上げた。名前に聞きおぼえがあるかもしれない。レッドボックスという会社だ。

ロスガトス・シアターのステージ

こうして私は今、ロスガトス・シアターのステージ上に座り、ネットフリックスでの最後の日に客席のたくさんの顔を見渡していた。隣にはロレインがいる。ローガンも、IPOの日に着ていたブレザーとローファーでそこにいる。モーガンはハンター――5歳になり、ずっとよく動くようになっていた――が靴を脱いで観客に向かって投げようとするのを止めようとしている。が、うまくいっていなかった。

「感無量だね」、リードがマイクスタンドに向かって歩いてきたとき、私はロレインに言った。

「この7年間の集大成が今ここにある」

「郵便局で人を募集しているそうよ」、ロレインが微笑《ほほえ》んで言った。「モンタナ州ミズーラ郡の近くでひとり空きがあるとか。応募する？」

私が笑いを押し殺している間にリードが咳払《せきばら》いしてスピーチを始めた。いかにもリードらしく、簡潔だった。だが心がこもり、真情にあふれていた。彼は会社の歴史を圧縮して語り、その中で創業当時の私の役割にスポットを当ててくれた。私たちの仕事上の関係と、それが時とともにどう進化していったかを雄弁に述べた。私への感謝でスピーチを締めると、リードは仕事仲間の何人かをステージに呼んだ。

そこから先はネットフリックスの伝統の真骨頂である。自分の葬式は華やかで明るいのがいいという人がよくいる。お通夜のかわりにパレードをやってほしいと。ネットフリックスはそれを地で行っていた。誰かが退職するとき、送別会はしめっぽい雰囲気にはならなかった。美しい思い出話なんかしない。むしろ面白おかしく野次り倒す。人が入れ代わり立ち代わりスピーチをするが、戯れ歌《リメリック》でさよならを言うのが腕の見せどころだ。

この晩の戯れ歌は長く、語呂合わせは下手くそで、下ネタ満載だった。二度ローガンの耳をふさがなければならなかった。だが私は涙を流して笑い転げた。

最後のスピーチ

ついに私の番が来た。この日のスピーチは即興だったので、ここに再現はできない。しかし会社と仲間たちが自分にとってどれだけ大きな存在だったか、世界を本当に変えている集団の一員になれてどれほど幸運に思っているかを話した。同僚に感謝を述べ、リードに感謝を述べた。今のネットフリックスを築いた会場のすべての人に感謝した。

締めは自作の詩を披露した。スピーチで事前に用意したのはこれだけである。紙を開いて咳払いすると、私は読み上げた。

今日の皆のスピーチに
私はちょっと驚いてる
賛辞が出ると思いきや
出たのはなんと、野次ですか？
それならこっちもやりますよ

続けて、たくさんの同僚たち、そのほとんどがすでに私についての詩を読み上げた仲間たちを野次っていった。

やがてリードをやり玉にあげた。

そしてリード、職場でもウォール街でも
まったく隙のない男
だが返し忘れたあの映画
『アポロ13』だと？　嘘つけ！
ほんとは『女狐《めぎつね》たちの発情期』だったくせに

聴衆は大爆笑した。リードに目をやると、彼は笑いながら頭を振っていた。

終盤に入った。残りあと1節だ。聴衆の中にパティ・マッコードの姿を見つけ、私は彼女にウインクした。そして一呼吸置き、最後に観客席の友人や仲間たちを見渡して、微笑んだ。

紙の上の最後の言葉を私は読み上げた。

ラストは、最後の「問題」行動に
お怒りモードのパティさん
「タマ毛」ポスターの件以来

野次ってやろうと待っていた

やーい、クビにはできないぞ　私は自分から辞めるんだ

ちょっと待って――話はここで終わりではない。

今まで読んできたあなたにはもうおなじみのパターンだろう。だが事実そうなのだ――当然ながら、ネットフリックスの物語はまだまだ終わらないのだから。

ネットフリックスのメンバーは今

リードは今もネットフリックスにいる。今もCEO兼会長で、今も大活躍している。私とは違い、リードは創業段階のCEOとして並外れているだけでなく、上場後のCEOとしても同様に（あるいはそれ以上に）優れている。彼は私には夢見ることしかできないほどの高みに会社を引き上げた。私たちは今でも親友同士だ。たまに彼は「NETFLIX」のバニティプレートをつけた車に道路で横入りされた、絶対お前だろうという怒りのメールをもらうそうだ。

クリスティーナは数年の休養期間を経て、ポールテンシャルというエクササイズの会社を立ち上げた。同社はレッドウッドシティで女性たちをエンパワーメントするポールダンス・エクササイズの教室を運営している。この転身には驚かされた。だが彼女の誠実さ、天才的な業務遂行能

力、女性の健康に対するひたむきな責任感は、何千人もの人々に自分の心身を健やかに育むきっかけを与えている。

ティーはマークモニターやリカーリーなどいくつかの会社でマーケティング担当副社長を歴任した。今もボストンなまりは健在だ。

エリック・メイエはネットフリックス退職後、ロウワーマイビルズのＣＴＯ職に声がかかり、ビータも（その後ボリスも）連れて行った。現在はアラインという３Ｄプリンティングの大企業でソフトウェア部門の担当副社長を務めている。

ボリスはやがて本人がＣＴＯになった。最初はシューダズル、次にカーボン38のＣＴＯに就任した。ビータは数年ほど技術者として働いたのち、まったく畑違いの分野に軌道変更して心理学の博士号を取った。最後に聞いたときには南カリフォルニア大学で博士研究員をしていた。

ジム・クックはネットフリックス退職後、ワインショッパーに2年いて、その後モジラで念願のＣＦＯになった。そこにもう15年近くいる。

スティーブ・カーンがあの立派な家に住んでいたのはあまり長い期間ではなかった。彼は今サンディエゴにいて、プロのフォトグラファーになる夢を追っている。彼の作品のうち2点はわが家の目立つところに飾られている。

仲間の中でエンターテインメント業界に唯一残った（もちろんリード以外でだが）のはコーリー・ブリッジスだ。彼は長年ジェームズ・キャメロンのマーケティング戦略を担当したのち、独立して自分のコンサルティング会社を立ち上げた。

スレーシュ・クマールは21年後の今もまだネットフリックスにいる。現在はエンジニアリング部門のマネージャーになっており、100件目の注文達成を言い当てて手に入れた1ドル硬貨は今でも持っているそうだ。

そしてコー・ブラウンは？　コー・ブラウンの行方は杳《よう》として知れない。

私が去ったあと、ネットフリックスはめざましい進化をとげた。本書を執筆している現在、会員数1億5000万人を超えたところで、世界のほぼすべての国に顧客がいる。オリジナルのテレビ番組や映画を製作し、人々のエンターテインメント消費の方法を一変させた。ビンジ・ウォッチング［シリーズ作品をまとめて視聴すること］の概念を導入し、ネットフリックスの名は「ベッドイン」のよく使われる婉曲《えんきょく》表現にもなった。

株式市場が本当の価値の指標でないのは十分承知しているが、ブロックバスターが5000万ドルで買えたはずの小さなDVD郵送レンタルの会社が、現在1500億ドルの価値になっていることにはつい触れずにはいられない。

そしてブロックバスターは今どうなったか。

彼らは最後の1店舗にまで縮小した。オレゴン州ベンドにある。

いつか表敬訪問したいと考えているが、いまだ果たせずにいる。

ネットフリックスの大躍進

退職後のネットフリックスの成功は私の手柄ではない。だが、同社の施策の多くは私がいなくなってから行われたとはいえ、私の指の跡が残っているものは明らかに多数あると思う。

企業文化の多くの要素はリードと私の互いに対する接し方、皆に対する接し方から生まれた。徹底的な正直さ。自由と責任。いずれも最初からあったものだ——ハイウェイ17号線を走っていた車内、ホービーズの店内、元銀行の金庫室で過ごした創生期に。

ネットフリックスのアナリティクス重視もまたしかり。車に（その後は会議室、さらにその後は役員室になったが）ダイレクト・マーケティングの経験者と優秀な数学の頭脳を持った人間が同乗した成果である。

リードは事業をスケール化した。私は会社が個々の顧客に注目することを決しておろそかにしないように気を配った。そしてふたりとも、個々の顧客の扱いは会員数が1億5000万人だろうと150人だろうと同じように重要だという理解に至った。

ネットフリックスには現在数千人の社員がいる。私が最後に会社の駐車場から走り去って16年が経《た》つ。だがネットフリックスの映画契約についてのニュース記事を目にしたり、リードのインタビュー記事を読んだり、自宅でネットフリックスのオリジナルドラマ『オザークへようこそ』

を再生したりするたびに、私は誇りで胸が高揚する。これは私の会社だったのだ、そして今も私のDNAを受け継いでいるのだ、と思う。わが子は私に生き写しではないかもしれないが、鼻の形はまちがいなくそっくりだ。

ネットフリックスをビンジ・ウォッチングしたり本書を執筆したりしていないときの私は何をしているかって？　スタートアップ起業家は死ぬまでスタートアップ起業家だ。2003年の退職後、すぐ新しい会社を始める気にはならなかったが――機が熟したのは2012年である――、完全に縁を切れないのもわかっていた。しかし起業のかわりに、若い企業の創業者が夢を実現する手伝いをして自分のこの性分を満足させればいいと気づいた。この15年間、私はCEOのコーチとして数々のスタートアップを支援し、アーリーステージ投資家として数十社に投資をし、世界中の若き起業家数百名のメンターを務めた。ネットフリックス時代と同じように、今も危機的状況に飛び込んで優秀な人々と一緒に複雑な問題の解決に知恵を絞っている。ただし今は、夜を徹して夢の実現に取り組むのは彼らにまかせ、私は午後5時に帰宅している。

夢から身を引くとき

自分の夢から身を引かなければならないときがある――特に、すでに実現したと思ったときには。夢が本当に形になったときだ。私の場合、ネットフリックスを去ったのは、完成品となったネットフリックスはもはや私の夢ではないとさとったからだった。私の夢は創造、ネットフリックスを作り上げるプロセスだったのだ。

退職したおかげで私は創造を続け、他の人たちが自分の夢を現実に変えるプロセスの手伝いができた。そして次のステージに移ったおかげで人生で大切な別のことを追求する時間ができた。会社員の身分ではなくなったが、A型人間であるのはやめられない。いまだにＴｏＤｏリストを作る癖は抜けていない。ただし今、リストにあるのは私の自発的な課題だけだ。私は好きなことに心のままに従っている。完璧なカプチーノの作り方をマスターする。自分でブドウを栽培してワインを作る。ローマの教会の床タイルの変遷について勉強する。

（あなたが今何を思ったかわかる。変わった趣味のオタクは一生変わった趣味のオタクなのだ）

私たちがネットフリックスでなしとげたことを私は心から誇りに思っている。ネットフリックスは私の思い切り大胆な予想をさらに超えて成功した。しかし、成功は会社の実績で定義されるものではないとわかるようになった。私は成功を違う定義でとらえている。成功とはあなたが何をなしたかだ。自分が好きで得意なことをやれる立場に身を置き、自分にとって大切なものを追いかけることだ。

その定義に照らせば、私はまあまあよくやってきた。

だが成功についてもう少し広い定義もできる。夢を抱き、自分の時間と才能と粘りを通じてその夢が現実になるのを見ること、と。

その定義にも私はあてはまると胸を張って言えると思う。

しかし私がもっとも誇りに思っているのは何かと言えば、そのすべてと両立させながら最高の親友との結婚生活を維持し、子供たちの成長にしっかり立ち会っていい関係を（私が認識している限り）築いてきたことだ。先日もロレイン、ローガン、モーガン、ハンターとビーチに2週間滞在してきたばかりだ。**まったく何もしなかった。**家族との時間、それだけを楽しんでいた。

これがランドルフ家の家訓が目指す成功の形——父がずっと私のために願っていたことではないかと思っている。**目標を達成し、夢を実現し、家族の愛から心の栄養をもらう。**

お金じゃない、ストックオプションでもない。

これが成功ではないだろうか。

あなたの物語

さて、しつこいようだがもう一度——**物語はここでは終わらない。**

なぜなら、ここからはあなたの物語だからだ。

「絶対うまくいかない」

ネットフリックスのアイデアを話した夜、ロレインの口から真っ先に出た言葉だ。彼女だけではない。何十人もの人から何十回もこの言葉を聞いた。

（彼女のために公平を期して言うと、もともとの案ではうまくいかなかっただろう。うまくいくアイデアに着地するには、数年がかりの修正、戦略変更、新たなアイデア、そして運の力が必要だった）

しかし夢がある人なら誰でもそれを経験しているのではないだろうか。ある朝目覚めて、世の中を変えるはずのすばらしいアイデアを思いつく。階段を駆け下りる間ももどかしく夫にアイデアを話す。子供たちに説明する。教授に聞いてもらう。上司の執務室に飛び込んで滔々《とうとう》と語る。

相手が口をそろえて言うセリフは？

絶対うまくいかない。

そのセリフに対する私の答えを、もうあなたは知っているだろう。

先のことは誰にもわからない。

私がこの本を書くのは一度きりだ。だからあなたにアドバイスもせずにこの物語を終えてしまったら、せっかくの機会を無駄にした気がするだろう。

夢を現実に変えるために取れる最強の手段は簡単、とにかく始めてみればいい。アイデアがいけるかどうか本当にわかる唯一の方法は実行することだ。一生かけて考えるより、1時間やってみるほうが多くを学べる。

だからこの一歩を踏み出してほしい。何かを創造し、形にし、テストし、売ってみよう。自分のアイデアがいけるかどうかを実地に学ぼう。

アイデアがうまくいかなかったらどうなるだろうか。実験が失敗し、誰もあなたの商品を注文しなかったら、あなたのクラブに加入してくれなかったらどうなるだろうか。売上が伸びず、顧客の苦情が減らなかったら？　小説の執筆の途中でスランプに陥ったら？　何十回とトライしても——何百回やってみても——まだ夢が実現にほど遠かったら？

あなたには解決策ではなく問題を愛することを覚えてほしい。それが、予想より時間がかかってもあきらめないための方法である。

そして実際、夢の実現には予想より時間がかかる。ここまで読んでくれたあなたは、夢が現実になるまでのプロセスがドラマチックな弧を描いているのを見たはずだ。すぐにはかなわないし簡単でもない、途上には障害も問題もある。

ウィリアム・ゴールドマンの『映画稼業』から**「先のことは誰にもわからない」**以外で学んだことのひとつは、どんな映画も必ず、筋書が動き出す「きっかけとなるできごと」から始まることである。映画の主人公は何かを求めており、映画が面白くなるためには主人公と主人公が求めるものの間に障害がなければならない。

私の場合、ネットフリックスという夢とその実現の間に障害——脚本家風に言えば紆余《うよ》曲折《きょくせつ》——はたくさんあった。しかし**夢を持つ醍醐味《だいごみ》は自分で物語を書くところだ。あなたは映画の主人公であると同時に脚本家でもある。**

あなたのアイデアは「きっかけとなるできごと」だ。

これまで私が語ってきたことのせめていくつかは、あなたに自分が持っている夢について考えさせたと信じている。あなたが達成したいこと。立ち上げたい会社。作りたい商品。就きたい仕事。書きたい本について。

アタリの共同創業者、ノーラン・ブッシュネルがかつて言った言葉に私はずっと共感してきた。**「誰でもシャワーを浴びながらアイデアを思いついた経験はある。だが世の中を変えるのはバスルームから出て体を拭き、実際に行動に移す人間だ」**

あなたはもう、夢を実現するために私が伝えたコツのどれかが使えないかと考えているところかもしれない。夢を現実に変えるための難しい最初の一歩を踏み出す方法があると自信を得たかもしれない。バスルームから出て体を拭き、実際に行動に移す気になったかもしれない。

だとしたら、私の仕事は終わった。

ここからは、あなた次第だ。

謝　辞

本を書いたと人に言うと、たいてい最初に「自分で書いたんですか？」と聞かれる。ゴーストライターを使ったか、「聞き語り」手法で書いたと思うのだろう。あるいは逆に、レンタルビデオの延滞料金についての夢を契機に、水差しから水を注ぐように私の中からするすると言葉が流れ出てきたと思うのかもしれない。

だがもうお察しのとおり、どんな企ても、本であろうと会社であろうと、ひとりの人間が生み出すものではない。さて、この本は私が自分で書いたのかといえば、もちろん違う。ネットフリックスと同じく、この本は大勢の人々が少しずつ自分の何がしかを持ち寄ってくれてできた作品である。彼らにどれだけ感謝しても足りそうにないが、あと数ページがまんしておつきあいいただけるなら、やってみようと思う。

まずはジョーダン・ジャックスに大きな感謝を。彼は辛抱強く指導し「すばらしいですよ」と何度となく励ましながら、原稿を読み、揉《も》んで、再構成し、形を整え、どこまでも掘り下げてくれた。ジョーダン、本当にありがとう。

友人のアイデア・アーキテクツ創業者、ダグ・エイブラムズにも感謝を。何時間も一緒に森を散歩していたとき、私の体験は本になると説得し、その後も膨大な時間を費やして本が生まれるまでを手伝ってくれた。この本は彼がいなければ存在しなかった。

編集者の皆さんへ。リトルブラウンのフィル・マリーノは、私が当初売り込んだハウツー本を採用し、回想録にしたほうがもっと力を引き出せると見抜いてくれた。彼は正しかった。彼がまめに編集の手を入れ提案を続けてくれたおかげで、この本ははるかによくなった。そしてエンデバー社でイギリス版の編集を担当してくれたクローディア・コナルは、英米のスペルの違い（エンデバー《endeavour》もそうだ）による国際問題の発生を防いでくれただけでなく、どの国でも本書が漏れなく明確に伝わるようなすばらしい提案をたくさんしてくれた。

原稿整理をしてくれたジャネット・バーンはカンマの打ちまちがい、スペルミス、事実関係の相違をきめこまかく見てくれた。こういうものは人から指摘してもらわないと気がつかない。彼女がいなかったら、私のせいで読者は映画『オースティン・パワーズ』のドクター・イーブルの睾丸《こうがん》がたんに「毛を剃《そ》られた」（こちらのほうが正しい）のではなく「剃りたて」だったと思ったかもしれない。

何時間も電話や対面で私につきあってくれたネットフリックス創生チームの皆さんに大きな感謝を捧《ささ》げる。クリスティーナ・キッシュ、ティー・スミス、ジム・クック、エリック・メイエ、スレーシュ・クマール、ミッチ・ロウ、パティ・マッコード、スティーブ・カーン。それぞれの話をシェアして私の記憶の穴を埋め、本書の初期の原稿に目を通して口調や内容を確認してくれた。皆さんのすばらしい話のすべてを収録できなかったのは申し訳ないが、本当に楽しく聞かせていただいた。

『ＮＥＴＦＬＩＸ　コンテンツ帝国の野望』〔牧野洋訳、新潮社〕の著者ジーナ・キーティングには特別にお世話になった。ご著書のもとになった取材メモやインタビュー記録を惜しみなく提供してくださったおかげで、登場人物の話の内容だけでなくセリフまでより正確に再現できた。

最初に見本を読んでくれたサリー・ラトリッジは、東海岸と西海岸の間を移動する機内で最後まで読み通し、本書が一気読みできる本だと最初に証明してくれた（ネットフリックスについての本全般に言えることだが）。

アイデア・アーキテクツのダグ・エイブラムズのチームの皆さん。ララ・ラブ、タイ・ラブ、コーディ・ラブ、マライア・サンフォード、ジャネル・ジュリアンは２日間にわたって私のネットフリックス物語に辛抱強く耳を傾け、それをナラティブらしいものに近づける手助けをしてくれた。

リトルブラウンの出版チームの皆さん、クレイグ・ヤング、ベン・アレン、マギー・サウザード、エリザベス・ガスマン、アイラ・ブーダ。そしてエンデバー社のチームの皆さん、アレックス・ステッター、ショナ・アビナカール、カロ・パロディ、ジュリエット・ノースワージー。出版業界の仕組みを理解しようとしつこく質問する初心者に、どの方も辛抱強くつきあってくださった。おっと……皆さんが本書を世に出し、プロモーションしてくださったのは言うまでもない。

カスピアン・デニスとカミラ・フェリアーは本書を他の外国の読者に届ける手伝いをしてくだ

さった。

そしてオーディオブックを担当してくださったアンソニー・ゴフとクリッシー・ファレルにも簡単ながら一言（文字どおり）声をかけさせていただく。私がずっと「timbre〔タンバー、「音色」の意〕」と「inchoate〔インコエイト、「初期段階の」の意〕」をまちがって発音していたことを教えてくれてありがとう。

本書の宣伝には大勢の方々が関わってくださった。特にK2コミュニケーションズのハイディ・クラップ、マライア・テリー、ジェン・ガーボウスキー、アラナ・ジェイコブス、リンゼイ・ウィンクラー、コリーン・マッカーシー、カリー・ローム、ビッグスピークのバレット・コーデロ、ケン・スターリング、ブレア・ニコルズ、ダリア・ワガナー、アジー・アービズ、グループ・オブ・ヒューマンズのロブ・ノーブル、ジャイナル・シャー、サイモン・ウォーターフォール、カイル・ダンカン、ポール・ビーン、Kスレッドのクリステン・テイラー、キャッチ・ザ・サン・メディアのコルビー・デビット、そして私の知る限り社名を持たずに仕事をしているT・J・ウィドナーにお礼を申し上げる。

直前のパラグラフを読んでずいぶん大勢いるなとお思いだろうか。よくこれだけの人数を調整して同じ方向に動かせたものだとお思いだろうか。私もそう思う。というわけで、友人のオーニー・アビグレンにはこれだけの多彩な人々をまとめる縁の下の力持ちを務めていただいたことに格別の感謝を捧げる。ありがとう、オーニー。これがドッグフードのコマーシャルを手がけるよりも面白かったことを願っている。

そろそろ終わりにしたいが、その前に長年にわたって新しいベンチャーのアイデアを私にシェアし、私が起業家として学んだ教訓が実現したい夢を持つ誰にでも活用できると気づかせてくれた、ハイポイント大学とミドルベリーカレッジの学生たちにも触れておきたい。特に、ミドルベリーカレッジのミドコア・プログラムの元ディレクター、ジェシカ・ホームズにお礼を申し上げる。私が苦労して獲得した真理を他の人に理解できるよう明確に言語化するに至ったのは、彼女の助力と忍耐のおかげである。

過去および現在のネットフリックスの友人たちや仲間たちがいなかったら、本書は生まれなかった。7137名のネットフリックス社員全員に感謝を述べるには別冊をお待ちいただかねばなるまい。しかしそれまでの間、まずはサービス開始前からフルタイムで従事してくれた社員の皆さん——先にお名前を挙げた方々以外——にお礼を申し上げたい。コーリー・ブリッジス、ビル・クンツ、ハイディ・ナイバーグ、キャリー・ケリー、メリー・ロー、ボリス・ドラウトマン、ビータ・ドラウトマン、グレッグ・ジュリアン、ダン・ジェプソン。さて、誰を忘れているかな？

リード・ヘイスティングスへの感謝の言葉はいくらあっても足りない。彼が関わってくれなかったら、私はこの本を書いていないだろう。少なくともあなたはこの本を読んでいないはずだ。遠い昔に起きたできごとを思い返してみて、彼の貢献がどれほど大きかったか、私が彼からどれほど多くを学んだかがあらためてよくわかった。私たちの友情と私たちが一緒に創り上げたものに栄誉を与えるのが最大の目的のひとつだった。達成できていることを願っている。リード、君がネットフリックスを卒業して次の事業を始める気になったときには、一緒にやろう！

そして最後に、家族へ。君たちの愛と支えに心から感謝している。寛大さにも。今だって、皆で旅行に来ているのに、プールにいる妻と娘をほったらかして私はホテルの部屋にこもって執筆しているのだ。ごめんね。

子供たち、ローガン、モーガン、ハンターにもありがとう。ふだんも助けてもらっているが、三人とも本書の草稿の改版が繰り返されるたびに目を通して貴重なフィードバックをくれた。本書に初めて手応えを感じたのは、昨年のクリスマス休暇のとき、君たち三人が順番に各章を読み上げていたときだった。頼まれもしないのに自分からそうしてくれていたのだ。

ロレイン、君にはどれだけ感謝しても足りない。君の支え、君の助言、君の愛に。本書の執筆が私にとっては大切なのだと察し、ずっと寄り添ってくれたことに感謝している。愛しているよ。

そして、コー？　どこにいるかわからない君にも、ありがとう。

訳者あとがき

本書は、ネットフリックスの誕生から株式公開をクライマックスとした数年間の物語である。語り手はネットフリックスの共同創業者、マーク・ランドルフ。彼が在籍していた会社が買収され職を失うことになり、自分で新たに会社を始めたいと事業アイデアを練るところから物語は始まる。相談相手となったリード・ヘイスティングス（現ネットフリックスCEO）は投資家として参加し、ランドルフはみずから声をかけて集めた数人の仲間たちと手探りでネット上に「店《ストア》」を開設し、DVD郵送レンタルのビジネスを形にしていく。その後、経営に加わったヘイスティングスとの二人三脚から、業界のゲームチェンジャーとなるようなイノベーションが次々に生まれた。

ネットフリックスの歴史の中で本書がカバーしているのは創生期の数年間にすぎないが、密度の濃い数年間である。カルチャーデックで有名になった独特の社内文化はもちろん、ランドルフは映画視聴がDVDからストリーミングに変わる未来を見据えて技術企業との提携にも奔走しており、現在のネットフリックスの種がこの数年間にすでに蒔《ま》かれていることがわかる。

ネットフリックスの創生期についてはすでに『NETFLIX　コンテンツ帝国の野望』（新潮社）が出ているが、こちらがネットフリックスをめぐる群像劇を描いたドキュメンタリーであるのに対して、本書はマーク・ランドルフという一個人が語る回想録だ。現場にいた人の視点で、時には映画を観《み》ているような臨場感をもって初期のネットフリックスの内側が再現されている。会社の知名度のわりに経営者としてあまり表に出ることのないヘイスティングスCEOの人物像が、盟友ランドルフの目からユーモラスに描かれるところも本書の魅力のひとつだろう。そしてCEOをヘイスティングスに譲った際の苦悩、自分が創業した会社が大企業に変貌する中で社内の立場の変化を自覚し退職を決めるまでの心の葛藤と、内面に踏み込んで正直に語られているのも読みどころである。

そして本書はネットフリックス誕生もひとつのテーマではあるが、人生の物語でもある。生きがいのある人生を生きることについて、父親が高校生だった自分に伝えようとした思いをランドルフは自身の経験を通じて理解するようになり、それをまた別の誰かに伝えたいと願って本書を著した。実はこの本はもともと自己啓発エッセイ集として書かれる予定だった。最終的に回想録という形に変わったが、著者が意図したメッセージはそこここに盛り込まれている。ネットフリックスの退職後、著者は若い起業家のメンターや講演家として活動し、自分の体験から得た知恵を人に伝える仕事に打ち込んできた。本書はネットフリックス創業という濃密な体験を中心に、彼の人生の知恵のエッセンスが読める本にもなっている。

最後に、翻訳の機会を与えてくださったサンマーク出版の武田伊智朗氏とオフィス・カガの加賀雅子氏に感謝申し上げます。

That Will NEVER Work
By Marc Randolph
Copyright © 2019 by Marc Randolph

Japanese translation published by arrangement with PodiumCraft Inc.
c/o The Marsh Agency Ltd. Acting as the co-agent for IDEA ARCHITECTS
through The English Agency (Japan) Ltd.

✣ 著者紹介
マーク・ランドルフ（Marc Randolph）
ネットフリックス共同創業者で初代CEO。同社ウェブサイトのエグゼクティブ・プロデューサー、取締役を務めた。他にも数社のスタートアップ企業を共同創業して成功させ、そのキャリアは40年以上。また、会社を立ち上げたばかりの起業家のメンターを務めるとともに、多くのテクノロジー系ベンチャーへの投資家としても活躍してきた。業界イベントに講演家として招かれることも多く、若い起業家を対象としたさまざまなプログラムに関わっている。

✣ 訳者紹介
月谷真紀（つきたに まき）
上智大学文学部卒業。訳書に、グレース・ボニー『自分で「始めた」女たち』（海と月社）、アーリック・ボーザー『Learn Better』（英治出版）、ライアン・エイヴェント『デジタルエコノミーはいかにして道を誤るか―労働力余剰と人類の富』（東洋経済新報社）など。

不可能を可能にせよ！　NETFLIX 成功の流儀

2020年2月20日　初版印刷
2020年2月25日　初版発行

著　者　マーク・ランドルフ
訳　者　月谷真紀
発行人　植木宣隆
発行所　株式会社 サンマーク出版
　　　　東京都新宿区高田馬場 2-16-11
　　　　（電）03-5272-3166
印　刷　中央精版印刷株式会社
製　本　株式会社若林製本工場

定価はカバー、帯に表示してあります。落丁、乱丁本はお取り替えいたします。

ISBN978-4-7631-3743-2　C0030
ホームページ　https://www.sunmark.co.jp